图1-12　公交车站设计示例一

图2-39　2010年温哥华冬奥会会徽

图2-40　法国国旗

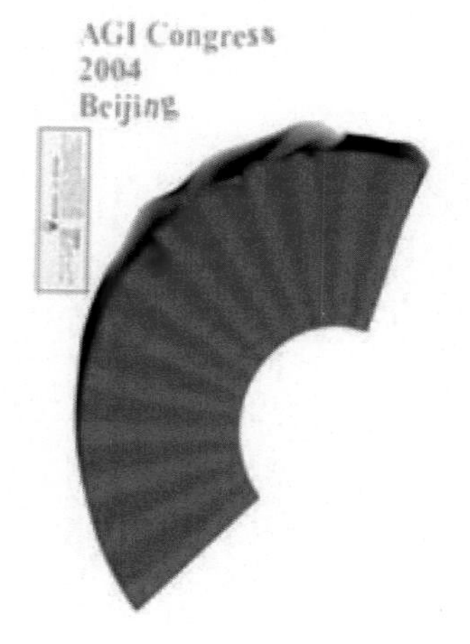

图2-41　设计应用案例

图3-5　从众习性应用示例

图4-17　Thatsit balans　椅子

图4-39a　法国的公共坐具设计

图4-47　书桌（设计：杨春青）

图4-43d　信息系统设计案例

图4-43b　信息系统设计案例

图5-3　空间旷奥度示例

图5-5　起居室示例

图5-24b 茶室设计

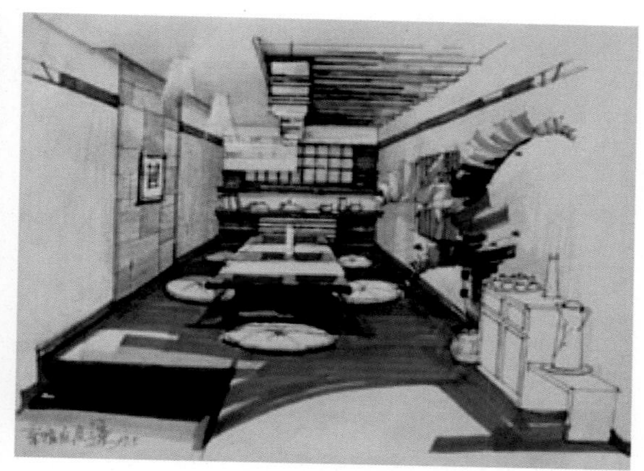

图5-24c 茶室设计

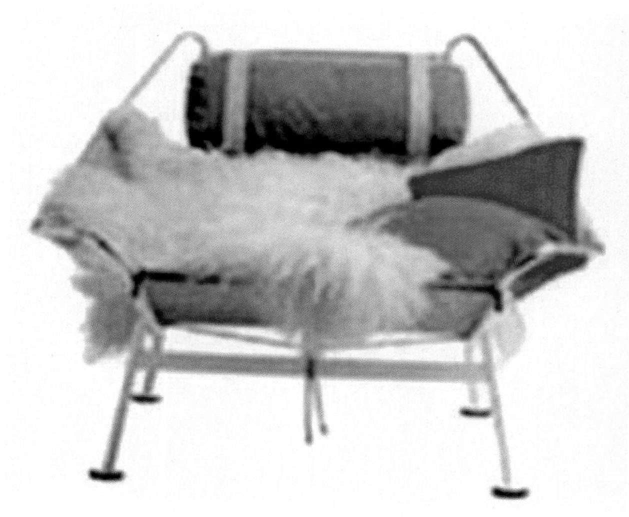

图5-26 丹麦家居设计

图5-29 PH灯

图5-31 美容保健疗养院洗头区室内设计

图5-32 康复之家室内环境设计

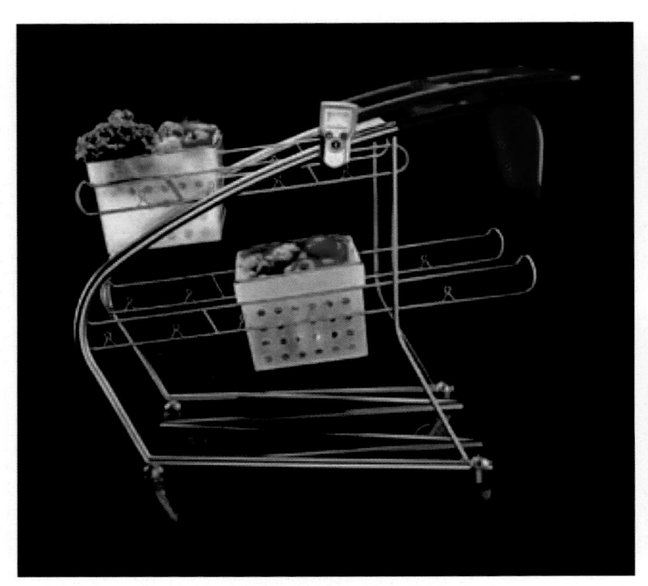

图6-1　超市购物车

图6-22　控制面板触摸屏界面

图7-9　设计案例

图7-16　诊所入口

图7-19　滤茶器

图8-3　驾驶室人机界面设计

高职高专艺术设计类专业系列教材

人体工程学与设计应用

杨春青 编

机械工业出版社

本书是一本全面、系统的人体工程学教材，首先从基础理论入手，介绍人体工程学的相关知识，再通过对具体设计案例的解析，阐明人体工程学在产品设计、室内设计、家具设计中的应用程序、应用方法。本书内容翔实、图文并茂，通过对本书的学习，读者能认识到人体工程学作为设计基础的重要性，并能掌握和应用到设计中去。

本书配有电子课件，凡使用本书作教材的教师可登录机械工业出版社教育服务网（http：//www. cmpedu. com）下载，或发送电子邮件至 cmp-gaozhi@ sina. com 索取。咨询电话：010-88379375。

本书可作为艺术设计、工业设计、家具设计等专业的基础教材，还可供相关专业培训班学员、成人教育学生及专业工作者参考。

图书在版编目（CIP）数据

人体工程学与设计应用/杨春青编．—北京：机械工业出版社，2011. 11（2024. 8 重印）
高职高专艺术设计类专业系列教材
ISBN 978-7-111-35082-8

Ⅰ. ①人…　Ⅱ. ①杨…　Ⅲ. ①工效学—应用—设计学—高等职业教育—教材　Ⅳ. ①TB21-39

中国版本图书馆 CIP 数据核字（2011）第 222670 号

机械工业出版社（北京市百万庄大街 22 号　邮政编码 100037）
策划编辑：王英杰　责任编辑：王英杰　武　晋
版式设计：霍永明　责任校对：刘怡丹
封面设计：鞠　扬　责任印制：单爱军
北京虎彩文化传播有限公司印刷
2024 年 8 月第 1 版第 10 次印刷
184mm×260mm · 13. 25 印张 · 2 插页 · 326 千字
标准书号：ISBN 978-7-111-35082-8
定价：39. 90 元

电话服务
客服电话：010-88361066
010-88379833
010-68326294

网络服务
机　工　官　网：www. cmpbook. com
机　工　官　博：weibo. com/cmp1952
金　　书　　网：www. golden-book. com
机工教育服务网：www. cmpedu. com

前　言

随着经济的快速发展，社会对设计人才的需求量不断增加。全国高校艺术设计、工业设计、家具设计、建筑设计等专业的在校学生人数已过百万，各种相关专业培训班学员、成人教育学生及从业人员的数量更是惊人。另一方面，我国设计艺术起步较晚，长期处于一种模仿和经验型状态，人才沉淀薄弱。

社会对设计人才的定位，要求设计师具备多方面的知识和技能。设计师的知识基础中，人体工程学是一门关于人的学科研究。设计中人体工程学的应用，体现了科学与艺术的结合，使设计更科学化、人性化。

本书是作者在充分调研的基础上，结合多年的设计实践和教学研究，对以往的一些教材进行有机整合，内容上以延续经典，面向未来为思想。本书既介绍经过多年沉淀的、已规范化的经典教学内容，同时也注重创新，纳入新的科研成果和试验性、探索性内容，并配有新颖的图片，以体现教材的时代感；结合优秀设计案例和其他院校师生的优秀作品，增加了教学案例的示范意义，体现设计专业的实践性、实用性。具体特点如下：

(1) 把握艺术设计教育厚基础、宽口径的原则，内容涵盖学科简史、人体作业效率、人体尺寸、数据处理、环境因素、人的心理、行为及相关知识在家具设计、环境设计、工业设计、界面设计等方面的应用。

(2) 注重人体工程学理论及应用方法和应用程序的研究。通过对优秀设计案例的解析、课题的选择、设计过程的讲解，增加了教学案例的示范意义，体现设计专业的实践性、实用性特点。

(3) 本书注重教学需要，引入最新的理念和最新的设计资料，体现设计的现代特点和市场化、国际化趋势。基于中国社会当前发展的需要，本书对体验设计、通用设计、情感化设计、老年产品设计等作了特别的关注，并对人体工程学的虚拟运用作了介绍，体现了设计的人性化和前瞻性。

本书引用了一些同类相关资料，在此对其作者表示感谢。由于时间和水平有限，难免会有纰漏和不足，请广大读者批评指正。

编者

目　录

第1章 绪论

人体工程学是研究人、机、环境之间相互作用的学科，是20世纪40年代后期发展起来的跨不同学科领域、应用于多种学科的一门边缘科学，是一门关于人的学科，其内容综合性强，学科应用广泛。

1.1 人体工程学概述

1.1.1 人体工程学国际上较常见的名称

（1）人类工效学　或简称工效学，英文是Ergonomics。这个学科名称出现最早，欧洲各国和世界其他国家和地区，根据这个名称翻译为本国文字的较多，因此这个学科名称在世界上应用最广。

（2）人的因素　英文是Human Factors。这是美国一直沿用的名称。由于美国在该学科的影响力，某些东南亚国家和我国台湾地区也采用这个名称。由这个名称派生出来的名称还有人因工程（学），英文是Human Factors Engineering。

（3）人类工程学　英文为Human Engineering，类似的名称有人体工程学。

（4）工程心理学　英文为Engineering Psychology。有人认为在这个名称下的学科研究更专注于心理学方面，因而与其他名称多少有点差异。

（5）其他名称“人-机-环境”系统工程学、宜人性设计（人机工程设计）等，其研究内容相同或相近。在日本，该学科的日文汉字是“人间工学”。

1.1.2 人体工程学的定义

在人体工程学发展的不同历史时期，不同的学者提出过多种关于人体工程学的定义，分别反映了当时人体工程学学科思想的侧重点。国际人体工程学协会（IEA，International Ergonomics Association）对人体工程学进行了定义。这个定义反映了人体工程学已经相对成熟时期的学科思想，也为各国多数学者所认同。该定义如下：

人体工程学是研究人在某种工作环境中的解剖学、生理学和心理学等方面的因素（研究对象），研究人和机器及环境的相互作用（研究内容），研究在工作中、家庭生活中与闲暇时怎样考虑人的健康、安全、舒适和工作效率的学科（研究目的）。

这个定义分别阐明了人体工程学的研究对象、研究内容和研究目的。

人体工程学的研究对象是“人-机-环境”系统中，人、机、环境三要素之间的关系。

人，指操作者或使用者。在“人-机-环境”系统中，人是最关键的因素，人的心理特征、生理特征以及人适应机器和环境的能力都是重要的研究课题，具体包括：人体尺寸；对信息的感受和处理能力；运动的能力；学习的能力；生理及心理需求；对物理环境和生理环境的感受性；知觉与感觉的能力等都是研究的内容。

机，泛指一切人造器物，大到飞机、轮船、火车、生产设备，小到一把钳子、一支笔、一个水杯，也包括室内外人工建筑、环境及其中的设施等。其研究内容为：工作系统中由人使用的机如何更适应人的使用，包括显示器、操纵器、机具、软件界面等的设计及使用研究。

环境，指人们工作和生活的环境，以及噪声、照明、气温等环境因素对人的工作和生活的影响，是研究的主要对象。

“人-机-环境”系统指共处同一时间和空间的人与其所使用的机及他们所处周围环境组成的系统。

人体工程学从系统的高度研究人、机、环境三者的关系，也从系统的高度研究各个要素，其目的就是使人们在工程技术和工作的设计中实现人、机、环境的合理配合，实现系统中人和机器的安全、舒适、高效。

1.2 人体工程学的发展历史

1.2.1 人体工程学的形成、发展和学科思想的演进

现代不少社会科学和自然科学的理论，在古代文明中都曾经有过孕育和萌芽。人体工程学作为一门学科，尽管其发展历史很短，但是它所研究的基本问题即人与机器、环境间的问题，却同人类制造工具一样历史悠久。人体工程学在人们早期创造与劳动中已经萌芽，例如，旧石器时代制造的石器多为粗糙的打制石器，造型多为自然形，不太适合人使用；而新石器时代的石器多为磨制石器，造型也更适合人使用。从某种意义上说，人类技术发展的历史也就是人体工程学发展的历史。

随着工业的发展，人类制造了很多先进的工具和设施。工具发展的高速和人类体能发展的缓慢使两者之间产生了巨大的鸿沟，产生了很多关于人类的能力与机械之间关系的复杂问题，人们开始采用科学的方法研究人的能力与其所使用的工具之间的关系，从而进入有意识的人机关系的新阶段。

1. 第一阶段：对劳动工效的苛刻追求——人体工程学的孕育

美国工程师 F. W. 泰勒（图 1-1）（Frederick W. Taylor，1856—1915）开创的“时间与动作研究”（Time and Motion Study）包括泰勒的“铁锹作业实验”和吉尔布雷斯夫妇的“砌砖作业实验”等多项研究。“铁锹作业实验”是将大小不同的铁锹交给工人使用，比较他们在每个班次 8h 里的工作效率，结果表明工效有明显差距。这其实是关于体能合理利用

的最早科学实验。另一个专题是对比各种不同的操作方法、操作动作的工作效率，这是关于合理作业姿势的最早科学研究。吉尔布雷斯夫妇的“砌砖作业实验”是用当时问世不久的连续拍摄的摄影机，把建筑工人的砌砖作业过程拍摄下来，进行详细的分解分析，精简掉所有非必要的动作，并规定严格的操作程序和操作动作路线，让工人像机器一样刻板、“规范”地连续作业。他们合著的《疲劳研究》（1919 年出版）更被认为是美国“人的因素”方面研究的先驱。

图 1-1　F. W. 泰勒

1914 年，美国哈佛大学心理学教授闵斯特伯格（Munsterberg）把心理学与泰勒等人的上述研究综合起来，出版了《心理学与工业效率》一书；1915 年，英国成立了军火工人保健委员会，研究生产工人的疲劳问题；1919 年，此组织更名为“工业保健研究部”，展开有关工效问题的广泛研究，内容包括作业姿势、负担限度、男女工体能、工间休息、工作场所光照、环境温湿度以及工作中播放音乐的效果等。

至此，提高工作效率的观念和方法开始建立在科学实验的基础上，具有了现代科学的形态，但这一时期研究的核心是最大限度地提高人的操作效率。从人机关系这个基本方面考察，总体来看是要求人适应于机器，即以机器为中心进行设计，研究的主要目的是选拔与培训操作人员。这在基本学术理论上与现代人体工程学是南辕北辙，存在对立的。因此，应该把这段时期看成是人体工程学产生前的孕育期。

2. 第二阶段：二战中尖锐的军械问题——科学人体工程学的诞生

二战期间，由于战争的需要，军事工业得到飞速发展，武器装备变得空前庞大和复杂。20 世纪的两次世界大战期间，制空权是交战各国必争的焦点之一。飞行员在高空复杂多变的气象条件下控制飞行，本来就不轻松，不仅要驾驶战斗机与敌机格斗，还要高度警觉地搜索、识别、跟踪和攻击敌机，躲避与摆脱对方的威胁，短短几十秒内，在观察窗外敌情的同时，还要巡视、认读各种仪表，立即作出判断，完成多个飞行与作战操作，真是不易。二战期间的美国飞机高度表设计如图 1-2 所示，将三个指针放在同一刻度盘上，要迅速读出准确值非常困难，导致飞行员判断失误而频繁发生事故。从第一次世界大战到第二次世界大战，随着科技的进步，飞机逐渐实现了飞得更快更高、机动性更优的技术升级。与之相适应，机舱内的仪表和操作件（开关、按钮、旋钮、操纵杆等）的数量也急剧增多。例如，一战时期英国的 SE. 5A 战斗机上只有 7 个仪表，二战时期的“喷火”战斗机则增加到 19 个；一战时期美国“斯佩德”战斗机上的控制器不到 10 个，二战时期的 P-51 上增加到 25 个。这就使得经过严格选拔、培训的“优秀飞行员”也照顾不过来，致使意外事故、意外伤亡频频发生。据统计，美国在二战期间发生的飞行事故，90% 是由于人的失误造成的。失败的教训引起决策者和设计者的高度重

图 1-2　飞机高度表

视。他们发现，人的各项生理机能都有一定的限度，并非通过训练就能突破、再突破的。一味追求飞机技术性能的优越，倘若不能与使用人的生理机能相适配，那实在是器物设计方向上的歧途和误区，必不能发挥设计的预期效能。

类似的问题不同程度地普遍地存在着。二战中入侵苏联的德国军队的枪械问题，也是一个典型的事例。俄罗斯冬季极冷，枪械必须戴上手套使用，但德军的枪械扳机孔较小，于是在天寒地冻的俄罗斯的广袤大地上，戴了手套后手指伸不进扳机孔，不戴手套则手指立即冻僵，甚至能被冰冷的金属粘住。这说明，器物不但要与人的生理条件相适应，而且还必须考虑环境的因素。

针对前面这些问题，有的国家开始聘请生理医学专家、心理学家来参与设计。例如，通过改进仪表的显示方式、尺寸、数值标注方法、指针刻度和底板的色彩搭配、重新布置它们的位置和顺序，使之与人的视觉特性相符合，结果就提高了认读速度、降低了误读率；通过对操作件的形状、大小、操作方式（扳拧、旋转或按压）、操作方向、操作力、操作距离及安置的顺序与位置的研究，使之与人的手足的解剖特性、运动特性相适应，结果就提高了操作速度、减少了操作失误。这些做法并不需要增加太多的经费投入，却收到了事半功倍的显著效果。

从第二次世界大战到战后初期，上述正反两方面的现实，使各国科技界加深了这样的认识：器物设计必须与人体解剖学、生理学、心理学条件相适应。这就是现代人体工程学产生的背景。

1947 年 7 月，英国海军部成立了一个研究相关课题的交叉学科研究组。次年英国人默雷尔（K. F. H. Murrell）建议构建一个新的科技词汇“Ergonomics”，并将它作为这个交叉学科组的学科名称。新的学科名称及其涵盖的研究内容为各国学者所认同，意味着现代人体工程学的诞生。Ergonomics 是由两个希腊词根“ergon”和“nomos”缀接而成的，前一词根意为出力、工作、劳动，后一词根意为规律、规则。一些专家在当时对人体工程学所做的阐释便反映了这一时期的学科思想。例如，美国人伍德（Charles C. Wood）说：“设备设计必须适合人的各方面因素，使操作的付出最小，而获得最高的效率。”与人体工程学的孕育期对比，学科思想至此完成了一次重大的转变：从以机器为中心转变为以人为中心，强调机器的设计应适合人的因素。

1949 年恰帕尼斯（A. Chapanis）等三人合著的《应用实验心理学——工程设计中人的因素》一书出版。该书总结了此前的研究成果，最早系统地论述了人体工程学的理论和方法。

3. 第三阶段：向民用品等广阔领域延伸——人体工程学的发展和成熟

直到 20 世纪五六十年代，在设计和工程方面，人体工程学的研究和应用还主要局限于军事工业和装备。但从那时以后，人体工程学的应用迅速地延伸到民用品等广阔的领域，主要有：家具、家用电器、室内设计、医疗器械、汽车与民航客机、飞船宇航员生活舱、计算机设备与软件、生产设备与工具等。事实上，近几十年来，人机工程常常成为设计竞争的焦点之一。例如在电子性能水平趋同之时，手机等通信设备的设计竞争在较长时期内集中在产品的造型、使用方便等方面，其中，“使用方便”即优良的人机性能尤为关键。

20 世纪五六十年代以来，人体工程学的学科思想在继承中又有新的发展。设计中重视人的因素固然仍是正确的原则，但若单方面地过于强调机器适应于人、过于强调让操作者

"舒适"、"付出最小"，在理论上也是不全面的。宇航员远离人间进行空间探索，心理、生理负担都很重，理当为他们提供优良适宜的生活与工作环境，但即使如此，也需要在多种因素中确定合理的平衡点。美国阿波罗登月舱设计中，原方案是让两名宇航员坐着的，即使开了4个窗口，宇航员的视野也有限，无论倾斜或垂直着陆，都看不到月球着陆点的地表情况。为了寻找解决方案，工程师们互相讨论，花了不少时间。一天，一位工程师抱怨宇航员的座位太重，占的空间也太大，另一位工程师马上接着说，登月舱脱离母舱到月球表面大约一个小时而已，为什么一定要坐着，不能站着进行这次短暂的旅行吗？一个牢骚引出了大家都赞同的新方案。站着的宇航员眼睛能紧贴窗口，窗口虽小，而视野甚大，问题迎刃而解，整个登月舱的重量减轻了，方案也更为安全、高效和经济了。今天说到这件往事，会觉得新方案并无出奇之处，但当时确实囿于"让宇航员尽量舒适"这一思维定势，硬是打不开思路。这一特殊事例是发人深省的，它告诉人们此前过分强调"让机器适应人"也有片面性。

20世纪五六十年代，系统论、信息论、控制论这"三论"相继建立与发展，对多种学科的思想有所影响。受到上面所述事例的启发，也由于"三论"、尤其是系统论的影响与渗入，人体工程学的学科思想又有了新的发展。前面已经介绍的IEA关于人体工程学的定义，就是在这一时期提出的，反映了新转变之后的学科思想。与人体工程学建立之初强调"机器设计必须适合人的因素"不同，IEA的定义阐明的观念是人-机（以及环境）系统的优化，人与机器应该互相适应、人与机之间应该合理分工。人体工程学的理论至此趋于成熟。

4. 第四阶段：对工业文明的反思与可持续发展——现代人体工程学

现代人体工程学发展有三个特点：

1）不同于传统人体工程学研究中着眼于选择和训练特定的人，使之适应工作要求，而是着眼于工程设计及各类产品设计。

2）密切与实际应用相结合，通过严密计划规定的广泛实验性研究，尽可能利用所掌握的基本原理，进行具体的应用设计。

3）力求使实验心理学、生理学、功能解剖学、人类学等学科专家与物理学、数学、工程技术等方面的研究人员共同努力，密切合作。

现代人机工程学的研究方向是：把"人-机-环境"系统作为一个统一的整体来研究。即在充分考虑人与机相互关系的同时，还要考虑到各种环境因素（如声、光、气体、温度、色彩、辐射等）以及在高空或水下作业的生命保障系统等。这样，就把人机相互适应的柔性设计提高到"人-机-环境"的系统设计高度，使"人-机-环境"系统和谐统一，从而获得系统最佳的综合使用效能。

4）人、机、环境、未来四者和谐统一。反思200年以来，尤其是近半个多世纪工业文明的负面后果，可持续发展的理念成为当代文明的强音，影响了当代很多学科的思想。由于可持续发展理论的渗透，现今人体工程学的学科思想也正经历着又一次新的演进。可持续发展理论下的设计观有节能设计、再生设计（可回收利用）、生态设计等。总的说是要求保护生态环境，人与自然保持持久和谐，设计伦理回归到中国古代"天人合一"的理念。人体工程学此前的观念是：要求人、机、环境三者和谐统一；吸取可持续发展理念以后，人体工程学可以表述为：要求人、机、环境、未来四者和谐统一。即由原先的三维（人、机、环境）和谐统一，加上一维（时间、未来），演进为四维的和谐统一。

1.2.2 人体工程学在中国的发展

1935 年——陈立和周先庚等在清华大学研究过工作疲劳、劳动环境等问题。

20 世纪 60 年代——对信号、仪表等做过人体工程学方面的研究。

1985 年——中国人类工效学标准化技术委员会成立。

1989 年——成立中国人类工效学学会。

近年来，人体工程学在我国许多领域都取得了显著的发展，但与很多先进国家比较，人体工程学的基础理论、方法及成果的应用还有很大的差距。

人体工程学的研究与应用具有很强的民族性和地域性，不同的国家、不同的地区，人体尺寸存在很大的差异，其发展历史、文明程度、地域环境资源等皆有不同。因此，结合中国特点开展人体工程学的研究和应用势在必行，任重道远。

1.3 人体工程学的研究内容和研究方法

1.3.1 人体工程学的研究内容

人体工程学研究的主要内容就是“人-机-环境”系统，简称人机系统（Man - machine system）。

构成人机系统“三大要素”的人、机、环境，可看成是人机系统中三个相对独立的子系统，分别属于行为科学、技术科学和环境科学的研究范畴。人体工程学研究的主要内容归纳为四个方面：工作系统中的人；工作系统中机的设计；环境控制；综合因素。

1. 工作系统中的人的因素

（1）人体尺寸参数　主要包括动态和静态情况下人的作业姿势及空间活动范围等，它属于人体测量学的研究范畴。

（2）人的机械力学参数　主要包括人的操作力、操作速度和操作频率，动作的准确性和耐力极限等，它属于生物力学和劳动生理学的研究范畴。

（3）人的信息传递能力　主要包括人对信息的接受、存储、记忆、传递、输出能力，以及各种感觉通道的生理极限能力，它属于工程心理学的研究范畴。

（4）人的可靠性及作业适应性　主要包括人在劳动过程中的心理调节能力，心理反射机制，以及人在正常情况下失误的可能性和起因，它属于劳动心理学和管理心理学研究的范畴。

（5）人的生理及心理需求。

（6）对社会环境的感受性　主要包括人在工作和生活中的社会行为、价值观念、人文环境等。研究它目的是解决各种机械设备、工具、作业场所及各种用具和用品的设计如何与人的生理、心理特点适应的问题，从而为使用者创造安全、舒适、健康、高效的工作条件。

（7）人的习惯、个体差异等。

总之，“人的因素”涉及的学科内容很广，在进行人机系统设计时应科学、合理地选用各种参数。

2. 机的因素

（1）操纵控制系统　主要指机器接受人发出指令的各种装置，如操纵杆、转向盘、按键、按钮等。这些装置的设计及布局必须充分考虑人输出信息的能力。

（2）信息显示系统　主要指机器接受人的指令后，向人发出反馈信息的各种显示装置，如模拟显示器、数字显示器、屏幕显示器，以及音响信息传达装置、触觉信息传达装置、嗅觉信息传达装置等。无论机器如何把信息反馈给人，都必须快捷、准确和清晰，并充分考虑人的各种感觉通道的“容量”。

（3）安全保障系统　主要指机器出现差错或人出现失误时的安全保障设施和装置。它应包括人和机器两个方面，其中以人为主要保护对象，对于特殊的机器还应考虑到救援逃生装置。

（4）家具、设备等。

3. 环境因素

环境因素的研究内容十分广泛。无论在地面、高空或在地下作业，人们都面临种种不同的环境条件，它们直接或间接地影响着人们的工作、系统的运行，甚至影响人们的安全。一般情况下，影响人们作业的环境因素主要有以下几种：

（1）物理环境　主要有照明、噪声、温度、湿度、振动、辐射、粉尘、气压、重力、磁场等。

（2）化学环境　主要指化学性有毒气体、粉尘、水质及生物性有害气体等。

（3）心理环境　主要指作业空间（如厂房大小、机器布局、道路交通等），美感因素（如产品的形态、色彩、装饰以及功能音乐等）。

（4）社会环境　主要研究社会环境对人心理状态构成的影响。

（5）特殊环境　主要包括冶金、化工、极地探险等环境和高温、高压、振动、辐射等特殊环境。

4. 综合因素

（1）人机间的配合与分工（也称人机功能分配）　应全面综合考虑人与机的特征及机能，扬长避短，合理配合，充分发挥人机系统的综合使用效能。列出人与机的特征机能比较，可供设计时选用参考。根据列表分析比较可知，人机的合理分工为：凡是笨重的、快速的、精细的、规律的、单调的、高阶运算的、操作复杂的工作，适合由机器承担；而机器系统的设计、维修、监控、故障处理，以及程序和指令的安排等，则适合由人来承担。

（2）人机信息传递　是指人通过执行器官（手、脚、口、身等）向机器发出指令信息，并通过感觉器官（眼、耳、鼻、舌、身等）接受机器的反馈信息。担负人机信息传递的中介区域称为人机界面。人机界面至少有三种，即操纵系统人机界面、显示系统人机界面和环境系统人机界面。研究人机信息传递的目的是使人与机器的信息传递达到最佳，使人机系统的综合效能达到最高。

（3）人的安全防护　人的作业过程是由许多因素按一定规律联系在一起的，是为了共同的目的而构成的一个有特定功能的有机整体。因此，在作业过程中只要出现人机关系不协调，系统失去控制，就会影响正常作业，轻则发生事故，影响工效，重则机器损坏，造成人员伤亡。运用间接安全技术措施，使设备从结构到布局，均能保证其危险部位不被人体触及到，避免事故发生。

1.3.2 人体工程学的研究方法

由于学科来源的多样性和应用的广泛性，人体工程学采用的研究方法种类很多，广泛采用了人体科学和生物科学等相关学科的研究方法和手段，也采用了系统工程、控制论、统计学等其他学科的一些研究方法；而且本学科的研究也建立了一些独特的新方法，它们更多的是从应用的目标出发被创造出来的，以探讨人、机、环境要素间复杂的关系问题。

1. 自然观察法

自然观察法是研究者通过观察和记录自然情景下发生的现象来认识研究对象的一种方法。动作分析、功能分析、工艺流程分析都用此法。有目的、有计划的科学观察，是在不影响事件的情况下进行的。观察者不参与研究对象的活动，避免对其产生影响，可以保证研究的自然性与真实性。

自然观察法也可以借助特殊仪器，这样可以更准确、更深刻地获得感性知识。例如，要获取人在厨房里的行为，可以用摄像机把对象在厨房里的一切活动记录下来，然后逐步分析整理。松下电器为了设计电熨斗，曾在公司上百名员工家熨衣处安放摄像机，从中发现了电熨斗线妨碍工作、电熨斗放置麻烦等问题。

室内及环境设计中，可以通过对人的行为、状态的观察，发现人在空间中的流动及分布状况，为设计提供依据。

2. 实测法

实测法是借助仪器、设备对人体进行实际测量的方法。实测法是人体工程学中研究人形体特征的主要方法，主要包括以下几个方面：

（1）静态人体尺寸的测量

（2）人体动态测量　测量关节的活动范围和肢体的活动空间，如动作范围，动作过程，形体变化，皮肤变化等。

（3）生理测量　如肌肉疲劳测量、触觉测定、出力范围大小等。

（4）物的测量　包括系统参数、作业参数的测量等。

当设计人员测量或调查的是一个群体时，其结果就会有一定的离散度，必须运用数学方法进行分析处理，才能转化成具有应用价值的数据库。通过对所测的人体数据进行统计处理，为研究者和设计者提供依据。人体测量数据被广泛用于建筑业、制造业、航空、宇航等。例如，为了获得坐椅设计所需要的人体尺度，必须对使用人群进行实际的测量，对所测的数据进行统计处理，为座椅的设计提供人体尺度依据。

3. 实验法

实验法是实测法受到限制时采用的一种方法，一般在实验室进行，但也可以在作业现场进行。如为了获得人对各种不同显示仪表的认读速度和差错率的数据时，一般在实验室进行。如需了解色彩环境对人的心理、生理和工作效率的影响时，由于需要进行长时间和多人次的观测才能获得比较真实的数据，通常要在作业现场进行实验。

4. 模拟和模型试验法

由于机器系统一般比较复杂，因而在进行人机系统研究时常采用模拟的方法。模拟方法包括各种技术和装置的模拟，如操作训练模拟器、机械模型以及各种人体模型等。通过这类模拟方法可以对某些操作系统进行逼真的实验，可以得到更符合实际的数据。因为模拟器或模型通常比它所模拟的真实系统价格便宜得多，可以进行符合实际的研究，所以得到较多的应用。这是设计师必不可少的工作方法。设计师可通过模型构思方案，规划尺度，检验效果，发现问题，有效地提高设计成功率。图 1-3 所示为研究车辆碰撞的人机系统的模型，就是根据人体测量数据进行统计处理，得出标准人体数据，从而做出二维人体模板，用于试验及工作环境的设计。

5. 计算机数字仿真法

由于人机系统中的操作者是具有主观意志的生命体，用传统的物理模拟和模型方法研究人机系统，往往不能完全反映系统中生命体的特征，其结果与实际相比必有一定的误差。另外，随着现代人机系统越来越复杂，采用物理模拟和模型方法研究复杂人机系统，不仅成本高、周期长，而且模拟和模型装置一经定型，就很难修改变动。为此，一些更为理想而有效的方法逐渐被研究创建并得以推广，其中的计算机数字仿真法已成为人体工程学研究的一种方法。

数字仿真是在计算机上利用系统的数学模型进行仿真性实验研究，研究者可对尚处于设计阶段的未来系统进行仿真，并就系统中的人、机、环境三要素的功能特点及其相互间的协调性进行分析，从而预知所设计产品的性能，并进行改进设计。应用数字仿真研究能大大缩短设计周期，并降低成本。图 1-4 所示是数字人体模型在作业系统中的视野分析。

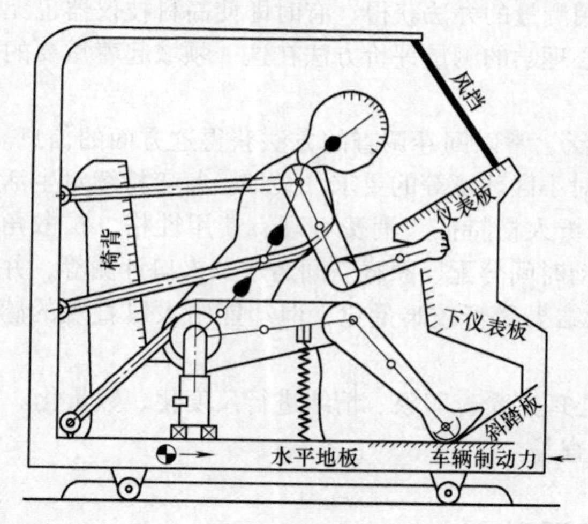

图 1-3 研究车辆碰撞的人机系统的模拟模型

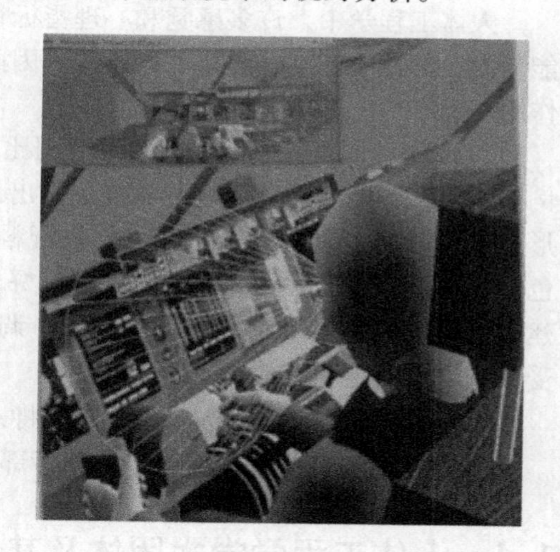

图 1-4 数字人体模型在作业系统中的视野分析

6. 分析法

分析法是通过上述各种方法获得了一定的资料和数据后采用的一种研究方法。目前，人体工程学研究常采用如下几种分析法：

（1）瞬间操作分析法 生产过程一般是连续的，人和机械之间的信息传递也是连续的，但要分析这种连续传递的信息很困难，因而只能用间歇性的分析测定法，即采用统计学中的随机取样法。对操作者和机械之间在每一间隔时刻的信息进行测定后，再用统计推理的方法加以整理，从而获得研究“人-机-环境”系统的有益资料。

（2）知觉与运动信息分析法 由于外界给人的信息首先由感知器官传到神经中枢，经大脑处理后，产生反应信号再传递给肢体，以对机械进行操作，被操作的机械状态又将信息反馈给操作者，从而形成一种反馈系统。知觉与运动信息分析法，就是对此反馈系统进行测定分析，然后用信息传递理论来阐明人与机之间信息传递的数量关系。

（3）动作负荷分析法　在规定操作所必需的最小间隔时间的条件下，采用电子计算机技术来分析操作者连续操作的情况，从而可推算操作者工作的负荷程度。另外，对操作者在单位时间内的工作负荷进行分析，也可以获得用单位时间的作业负荷率来表示操作者的全工作负荷。

（4）频率分析法　对人机系统中的机械系统使用频率和操作者的动作频率进行测定分析，其结果可以获得调整操作人员负荷参数的依据。

（5）危象分析法　对事故或近似事故的危象进行分析，特别有助于识别容易诱发错误的情况；同时，也能方便地查找出系统中存在的而又需用较复杂的研究方法才能发现的问题。

（6）相关分析法　在分析方法中，常常要研究两种变量，即自变量和因变量。用相关分析法能够确定两个以上的变量之间是否存在统计关系。利用变量之间的统计关系可以对变量进行描述和预测，或者从中找出合乎规律的东西。例如，对人的身高和体重进行相关分析，便可以用身高参数来描述人的体重。

7. 心理学测量评价方法

人体工程学中，许多感觉和心理指标很难用测量的办法获得，有时即使高科技仪器也无能为力，如社会态度、爱好、印象等。因此，心理学的测量评价方法在这一领域起着重要的作用。

（1）问卷调查法　问卷调查法应用比较广泛，常以问卷调查的方法获得这方面的信息。例如，对人群的居住环境进行调查，得出人们对小区环境等的要求。又如，每年持续对生活形态进行调查，通过问卷的方式收集资料，分析人格特征、消费心理、使用性格、扩散角色、媒体接触、日常用品使用、设计偏好、活动时间分配、家庭空间运用及人口计测等，并建立起相应的资料库为产品设计所用。调查的结果尽管较难量化，但却能给人以直观的感受，有时反而更加有效。

（2）语义微分法（SD 法）　它是将人的心理感受、印象、情绪进行尺度化、数量化。

（3）疲劳自觉症状调查、身体疲劳部位调查等。

1.4　人体工程学学术团体及其主要活动

1. 国际上的学术团体及其主要活动

（1）各主要工业国的学术团体及其活动　最早建立的人体工程学学术团体是英国人机工程学会，成立于 1950 年。随后建立国家人体工程学学会的有：联邦德国（1953 年）、美国（1957 年）、苏联（1962 年）、法国（1963 年）、日本（1964 年）。现在世界上工业与科技较发达的国家均建立了本国的国家人体工程学学术团体。

英国人体工程学会从 1957 年起发行会刊《ERGONOMICS》（人机工程），几十年来一直坚持着，对国际人体工程学的发展贡献卓著。

美国人因工程学会除发行会刊外，还出版书刊、发布专利。美国是提供人体工程学研究成果、数据资料最多的国家。如前所述，在人体工程学建立与发展过程中，军事背景是相当突出的。在20世纪漫长的冷战年代里，为了军备竞赛，美国是世界上对人机工程研究投入人力和经费最多的国家。据统计，1971年美国有4400人从事人因工程研究，其中直接属于军事部门的人员850名。期间，美国的陆、海、空三军和宇航局（NASA）每年把数以亿计的美元投入人因工程的研究。一份研究报告称，美国海军曾研制出一种技术非常先进的推进系统，并安装在许多舰艇上准备使用，但由于这种推进系统的操纵过于复杂，部队难以正常使用，不得不又把它们拆卸下来，换上原来技术性能较差的推进系统，造成巨额资金的浪费。这样的例子在调研报告里成串地列出，用以表明军费中人机研究方面可观的支出是具有必要性的。军事领域人机工程研究成果主要用于两个方面：武器装备设计研制和军事人员选拔训练。这里所说的武器装备涵盖面非常广泛，从单兵携带的枪械等轻武器，到火炮、装甲车、坦克、飞机、战舰、潜艇，宇宙飞船和宇航员工作生活环境（这也具有军事性质），直到后勤辎重保障系统。通过上述研究，美国陆、海、空三军已经制定了很多军事方面的人机工程技术标准。在1960年，美国的人因工程学会约有会员500人；到1980年，增加到了3000人以上。

（2）国际人机工程学协会　国际人机工程学协会（IEA，也译作国际人类工效学学会）成立于1960年，1961年在瑞典斯德哥尔摩举行了第一届国际人体工程学会议。此后，每三年一次的人体工程学国际会议依次在德国、英国、法国、荷兰、美国、波兰、日本等国举行。其中，1982年8月在日本东京举行的第8届会议，参加者达800余人，我国学者也首次应邀参加了这次会议。

（3）国际人机工程学标准化技术委员会　其代号为ISO/TC—159，成立于1957年。

2. 我国的学术团体及其主要活动

1）1981年，在著名科学家钱学森院士的亲自指导下，一门综合性边缘技术科学——人-机-环境系统工程（Man-Machine-Environment System Engineering，MMESE）在我国诞生。

2）中国人类工效学学会（Chinese Ergonomics Society，CES），1989年6月30日成立，是我国与IEA对应的国家学术团体，是中国科学技术协会下的一级学会。该学会自成立以来已组织召开了多次学术会议，协同国家技术监督局制定了数十个关于人机工程的国家技术标准，对人体工程学在我国的发展做出了贡献。

3）中国人类工效学标准化技术委员会于1980年4月成立。

4）1989年中国人类工效学学会成立，1995年9月创刊学术会刊《人类工效学》，1991年成为国际人类工效学学会正式会员。

我国在其他一级学会下或行业部门中，也设有人机工程方面的学会或专业委员会。如冶金工业系统中的人体工程学会于1985年建立；中国系统工程学会下的“人-机-环境系统工程专业委员会”成立于1993年。我国人体工程学的起步虽然较晚，但二十多年来发展进步很快。仅以人-机-环境系统工程委员会的工作为例，该学会自成立以来已召开11次全国性的学术会议，研究领域广泛，已取得一批有价值的应用成果。

1.5 人体工程学的应用

凡是涉及与人有关的事或物，就会涉及人体工程学的应用问题。

第二次世界大战后，各国把人体工程学的实践和研究成果，迅速有效地运用到空间技术、工业生产、建筑及室内设计、产品设计中去，并于1960年成立了国际人机工程学协会。随着人体工程学与有关学科的结合，出现了很多相关的学科，包括理论和应用两部分，但侧重于应用。对于学科研究的主体方向，由于各国科学和工业基础不同，各国的侧重点不同：美国侧重于工程和人际关系；法国侧重于劳动生理学；苏联侧重于工程心理学；保加利亚侧重于人体测量；捷克和印度侧重于劳动卫生学。虽然各国侧重点不同，但纵观本学科在各国的发展过程，可以确定本学科研究内容存在一般规律。总的来说，工业化程度不高的国家往往是由人体测量、环境因素、作业强度和疲劳等方面着手研究，随着这些问题的解决，才转到感官知觉、运动特点、作业姿势等方面的研究，然后再进一步转到操纵、显示设计、人机系统控制以及人体工程学原理在各种工业与工程设计中应用等方面的研究，最后则进入人体工程学的前沿领域如人机关系、人与环境关系、人与生态、人的特性模型、人机系统的定量描述、人际关系直至团体行为、组织行为的功能方面的研究。及至当今，社会发展向后工业社会、信息社会过渡，重视以人为本，为人服务。人体工程学强调从人自身出发，在以人为主体的前提下研究人们衣、食、住、行以及一切生活、生产活动中综合分析的新思路。

随着科技的发展和文明程度的提高，人体工程学的应用越来越广泛。除了上一段中所列的种种方面的应用会继续下去以外，以下方面可能形成热点：计算机的人机界面；永久太空站的生活工作环境；弱势群体（残疾人、老年人）的医疗和便利设施；海陆空交通安全保障；生理与心理保健产品与设施等。数字技术、信息技术、基因技术急剧地改变着人类的文明进程，可能带给人们空前的福祉，同时也可能潜伏着更多危及人们身心健康的负面影响，人体工程学以提高人们的生活质量为目的，今后无疑将任重而道远。

其实人-物-环境是密切地联系在一起的一个系统，今后可望运用人体工程学主动地、高效率地支配生活环境。仅以室内设计为例，人体工程学的主要功用在于通过对人体的生理和心理的正确认识，使室内环境因素适应人类生活及生产活动的需要，进而达到提高室内环境质量的目标。

人体工程学在室内设计中的作用主要体现在以下几方面：

1）为确定空间范围提供依据。

2）为家具设计提供依据。

3）为确定人的感觉器官对环境的适应能力提供依据。

相关网站介绍

国际人机工程学协会（IEA）

www. idea. com

不良设计　www. baddesigns. com

http：//www. dgp. toronto. edu/people/ematias/faq/contents. html

http：//galaxy. einet. net/galaxy/Engineering - and - Technology/Human - Factors - and - Human - Ecology. html

http：//www. ergoweb. com/

视觉同盟
工业设计在线
设计前沿

作业——我身边的人体工程学

作业目的：了解人体工程学，建立一种新的价值观和对设计的评判标准。

作业内容：从人体工程学角度发现设计中存在的问题并进行分析，给出解决问题的方法和建议。

作业要求：

（1）以图片或草图的方式，指出设计中存在的问题，并尝试给出解决方法。

（2）图文并茂，字数不少于2000字。

学生优秀作业

关于公交车站牌设计不合理性的调查报告

公交车在中国城市的大规模推广和应用必然使公交车站牌成为城市街头不可或缺的一道风景线。设计舒适、得体、环保、美观的站牌，不仅能给人们带来生活上的方便，也能给人们带来心灵上的愉悦；相反，设计不合理的站牌，不仅影响人们的生活，也影响整个城市的面貌和形象。因此，设计好一个城市的公交站牌，使其更符合人体功能及环境特征，在一定程度上是相当有意义的事情。

通过调查，我发现全国各地的公交车站牌形式各有不同，同时也发现一些站牌设计的不合理性，如站牌放置的位置、站牌的形状和大小、站牌的颜色，以及站牌的人性化设计等都存在着不符合人体功能的问题。我就各地公交车站牌的现状，从人体工程学的角度，分别从站牌的位置、颜色、造型、材料等方面，提出以下的一些看法和解决方案。

1. 站牌放置的高度应该适当

有些地方的站牌设计的位置过高，被固定在树上或者电线杆上，使得乘客在看站牌的时候极不方便，要把头仰起来才能看到高高在上的站牌（图1-5）。大人尚且如此，对于儿童和个子矮的人来说，看站牌就更不方便了。如果站牌上的文字稍大一点还好，文字又小，站牌又高，势必造成很多不方便。当然，如果站牌过低，乘客只能蹲在地上看站牌，那就更让人难受了（图1-6）。

我建议站牌一定要设计放置在人的视平线高度以内的位置，不能过高或者过低，影响乘客查看站牌的舒适性。公交车站牌的高度可参考图1-7所示尺寸。符合人体最科学的高度应该是在离地面90～210cm为宜。

2. 站牌的颜色在站牌的整体设计中也是很重要的一个环节

站牌的颜色过于朴素就不显眼，不易被人发现，过于花哨虽然能够吸引人的眼球，但是在繁华喧哗的城市街头，过分活跃的色彩反而会成为一种视觉污染，所以应寻找一种既醒目又优雅的颜色作为站牌的颜色。

图 1-5　站牌过高

图 1-6　站牌过低

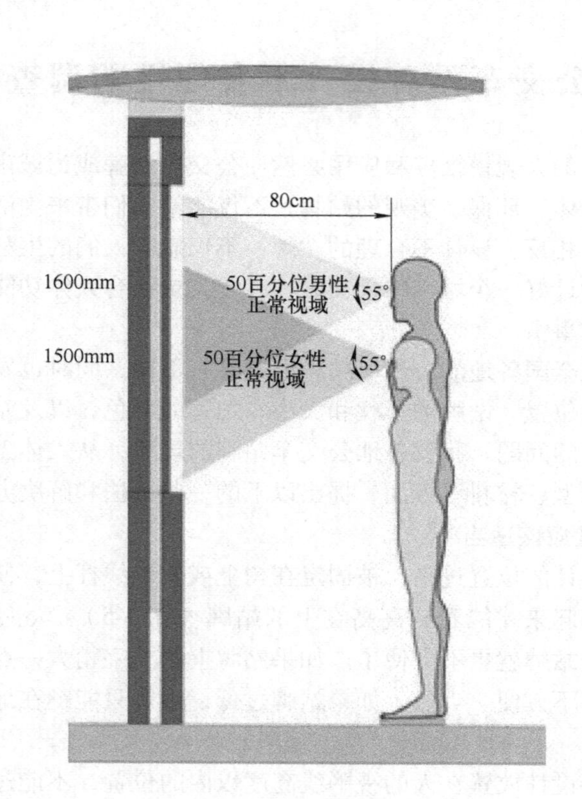

图 1-7　站牌设计参考尺寸

美国曾经有设计师在城市广场和街头安置颜色柔和的地灯，地灯发出的柔和光线安慰了夜里还没有回家的行人，有效消除了人们焦虑、暴躁、不安的心情。因此，自从这些地灯出现以来，美国城市夜晚的交通事故大大减少，路边的灯光使匆忙回家司机的焦急心情有所缓和；同时，广场上醉酒闹事的事件也大大减少。这些颜色柔和的地灯，不仅美化了城市的夜景，也发挥了它们调节人们心情的独特作用。

从这里可以得出，在城市中随处可见的公交车站牌，其色彩设计给人们的生活带来的影响应当是十分重要的。或许我们每一天的开始就是早上乘坐公交车上班或者上学，带着一份好心情开始一天的工作和学习，那该是一件多美好的事情啊。

因此，我建议公交车站牌颜色的设计，应当是朴素雅致的。

3. 站牌的造型设计应当简洁，符合大众口味

很多城市的公交车站牌设计得过于简单，没有考虑到一些人性化方面的问题。鉴于此，提出以下几个方案：

1）为了方便乘客晚上查看站牌，站牌应该采用灯箱式的设计；而大多数地方的站牌现在仍然采用的是普通平板的设计，这方面需要改进。立体灯箱式（图1-8）的站牌美观实用，值得推广。

2）考虑到雨雪天气乘客候车时的不便，公交车站牌的顶上应当设计有遮雨、遮阳的顶棚，尤其是南方多雨的城市应该推广有顶棚设计的站牌。

3）考虑方便到老人和残障人群候车，应该在站牌旁边放置候车椅；同样，为照顾到儿童候车，候车椅要有高有低。

4）现在马路上有专为盲人设的盲行道，站牌上也应该有盲文标志，方便盲人识别站牌（图1-9）。

图1-8 灯箱式站牌

图1-9 有盲文的公交站牌

5）对于一些边境城市或者对外开放的重要城市以及旅游城市，应当有中英文对照的站牌，或者其他语言形式的站牌，促进对外开放，与国际化、现代化接轨。

4. 站牌设计中对于材料的选择应当慎重

在很多地方，公交车站牌都曾遭到过不同程度的损坏，如站牌上被贴满小广告或者被涂鸦得面目全非，还有站牌被撕毁划破。这些虽然反映了部分公民的社会道德问题，但是从设计角度避免和防止此类事情，还需要设计者考虑到站牌的材料选择。为了防止公交车站牌被损坏，站牌的材料应该是坚实耐磨的。现在有一种耐磨而且防贴的有机玻璃，在这种有机玻璃上采用电脑喷绘压膜技术，非常适合做站牌。更神奇的是，这种材料有抗脏、粘的特点，不干胶、双面胶等各种材料粘上去不到五分钟就会自动脱落，易清洁，易更新。这样一来，不仅解决了站牌容易被损坏的问题，也有效地阻止了站牌被贴成“大花脸”，如图1-10所示。

5. 先进的电子站牌

电子站牌能够自动报站，功能强大，但在全国各地还不常见（图 1-11）。

图 1-10 “花脸”公交站　　图 1-11 电子站牌

这种滚动播放“下一班车距离本站约 × × 米”等实用信息的公交电子站牌，不仅有利于减轻候车人的焦急心理，而且还能提供新闻、天气等信息。

公交电子站牌的采用，从根本上改变了沿用几十年的站杆加站牌的公交站牌样式。站牌滚动屏上的信息，每 10s 更新一次，预告下班车到站距离，消除乘客因不知情而产生盲目等待的焦急心情；站牌与乘客视线平行，方便乘客尤其是老年人或视力不太好的乘客查看；沿线各站名用“十字交汇法”命名，即由行驶路名和交叉路名构成，使站点的方位更加明确，方便乘客寻找。此外，乘客能从电子站牌上配备的 68cm 液晶电视上了解新闻、交通、天气等信息。这些优点都充分符合人体功能学。

关于公交车站牌设计的不合理性，我就谈这些。同时，在这里给大家展示一些我很喜欢的设计方案，如图 1-12（彩色插图），图 1-13 所示。

图 1-12 公交车站设计示例一

图 1-13 公交车站设计示例二

第2章 人体工程学基础

2.1 人体测量的基本知识

我们在日常生活中都会用到各种各样的物理设备和设施，会发现许多设备和设施因为设计特性的原因并不适合。例如，洗手间的水槽和水龙头太矮了，椅子坐起来一点也不舒服，架子太高了都够不着，设备需要修理却没有足够的空间，手里拿着修理工具以后就没有办法再把手伸进去了。这些例子说明，在设计设备和设施时没有考虑使用者的物理尺寸。

自动化和信息革命的一个结果是工作方式正在发生变化，人们更多的时间是坐着：坐在计算机屏幕前，坐在控制台前，坐在图书馆和教室里，以及坐在电视机前，设计不好的座位和工作台能够引起人体各种问题，包括背部损伤，肩和颈的肌肉疼痛，以及腿部的血液循环问题。在设计、改善人-机-环境系统过程中，为了使各种人体尺寸和与人体尺寸有关的设计对象能符合人的生理特点，让人在使用时处于舒适的状态和适宜的环境之中，就必须在设计中充分考虑人体各部形态特征及人体的各种尺寸，其中包括人体高度、人体各部分长度、厚度及活动范围等，并熟悉有关设计所必需的人体测量基本数据的性质、应用方法和使用条件。

人体测量学是人体工程学的重要组成部分。进行产品设计时，为使人与产品相互协调，必须对产品同人相关的各种装置进行适合于人体形态、生理以及心理特点的设计，让人在使用过程中，处于舒适的状态以及方便地使用产品。因此，设计师应了解人体测量学、生物力学等方面的基本知识，并熟悉有关设计知识及应用。

人体测量主要包括以下几方面：

① 形态测量是以检查人体形态的方式进行测量，主要内容包括人体长度、人体体型、人体体积和重量、人体表面积。

② 生理测量是测量人体的主要生理指标，主要内容包括人体出力范围、人体感觉反应、人体疲劳。

③ 运动测量是在对人体静态形态测量的基础上，测量人体的活动过程和活动范围的大小，主要内容包括动作范围、动作过程、形体变化、皮肤变化。

2.1.1 测量概念和测量方法

1. 被测者姿势

（1）立姿　挺胸直立，头部以眼耳平面定位，眼睛平视前方，肩部放松，上肢自然下垂，手伸直，手掌朝向体侧，手指轻贴大腿侧面，自然伸直，左、右足后跟并拢，前端分开，使两足大致呈45°角，体重均匀分布于两足。

（2）坐姿　挺胸坐在被调节到腓骨头高度的平面上，头部以眼耳平面定位，眼睛平视前方，左、右大腿大致平行，膝弯曲大致成直角，足平放在地面上，手轻放在大腿上。

2. 测量基准面

人体基准面的定位是由三个互为垂直的轴（垂直轴、纵轴和横轴）来决定的。人体测量中设定的轴线和基准面如图2-1所示。其中，基准面有：矢状面；正中矢状面；冠状面；水平面；眼耳平面。

（1）矢状面　通过垂直轴和纵轴的平面及与其平行的所有平面都称为矢状面。

（2）正中矢状面　在矢状面中，把通过人体正中线的矢状面称为正中矢状平面。正中矢状平面将人体分成左、右对称的两个部分。

（3）冠状面　通过垂直轴和横轴的平面及与其平行的所有平面都称为冠状面。冠状面将人体分成前、后两个部分。

（4）水平面　与矢状面及冠状面同时垂直的所有平面都称为水平面。水平面将人体分成上、下两个部分。

（5）眼耳平面　通过左、右耳屏点及右眼眶下点的水平面称为眼耳平面或法兰克福平面。

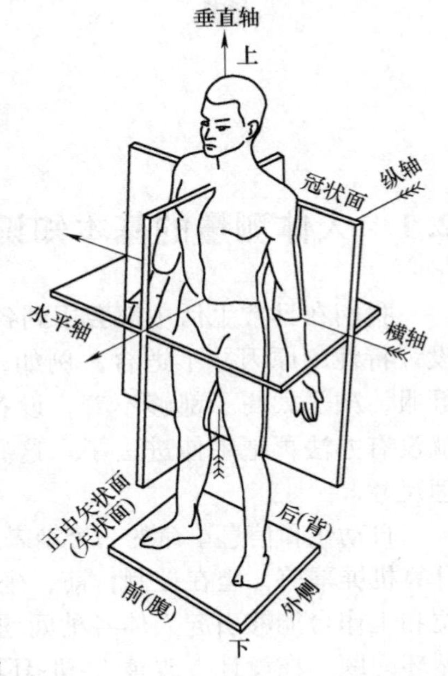

图2-1　人体测量中设定的轴线和基准面

人的肢体运动是绕一定的轴在某基本平面内进行的，这些轴都是以关节为原点，这些平面一般都是通过轴而组成的平面。人体关节没有可见的轴，因而必须依据关节的形态和运动规律，假设出这些基本轴以说明人体各部分运动，便于人体测量。

3. 测量方向

1）在人体上、下方向上，将上方称为头侧端，将下方称为足侧端。

2）在人体左、右方向上，将靠近正中矢状面的方向称为内侧，将远离正中矢状面的方向称为外侧。

3）在四肢上，将靠近四肢附着部位的称为近位，将远离四肢附着部位的称为远位。

4）对于上肢，将桡骨侧称为桡侧，将尺骨侧称为尺侧。

5）对于下肢，将胫骨侧称为胫侧，将腓骨侧称为腓侧。

4. 支承面和衣着

立姿时站立的地面或平台以及坐姿时的椅平面应是水平的、稳固的、不可压缩的。被测者裸体或尽量穿着少量内衣。

5. 基本测点及测量项目

GB/T 5703—2010《用于技术设计的人体测量基础项目》对基本测点和测量项目等作了规定，可参阅。

6. 人体测量的主要仪器

（1）人体测高仪　主要用来测量身高、坐高、立姿和坐姿的眼高以及伸手向上所及的高度等立姿和坐姿的人体各部位高度尺寸。

（2）人体测量用直角规　主要用来测量两点间的直线距离，特别适宜测量距离较短的不规则部位的宽度或直径，如耳、脸、手、足。

（3）人体测量用弯角规　用于不能直接以直尺测量的两点间距离的测量，如测量肩宽、胸厚等部位的尺寸。

2.1.2　人体测量尺寸的分类

人体尺寸的测量可分为两类，即构造尺寸和功能尺寸。

（1）构造尺寸　是指静态的人体尺寸，它是人体处于固定的标准状态下测量的。构造尺寸可以衡量许多不同的标准状态下不同部位的尺寸，如手臂长度、腿长度、座高等。它和与人体直接关系密切的物体有较大关系，如家具、服装和手动工具等，主要为人体各种工具设备提供数据。静态测量的人体尺寸可作为工作空间的大小、家具、产品界面元件以及一些工作设施等的设计依据。

（2）功能尺寸　是指动态的人体尺寸，是人在进行某种功能活动时肢体所能达到的空间范围，它是在动态的人体状态下测得的。功能尺寸是由关节的活动、转动所产生的角度与肢体的长度协调产生的范围尺寸，它对解决许多带有空间范围、位置的问题很有用。动态人体测量通常是对手、上肢、下肢、脚所及的范围以及各关节能达到的距离和可能转动的角度进行测量。

动态人体尺寸测量的特点是：在任何一种身体活动中，身体各部位的动作并不是独立完成的，而是协调一致的，具有连贯性和活动性。例如，手臂可及的极限并非唯一由手臂长度决定，它还受到肩部运动、躯干的扭转、背部的屈曲以及操作本身特性的影响。由于动态人体测量受多种因素的影响，故难以用静态人体测量资料来解决设计中的有关问题。

再如人所能通过的最小通道并不等于肩宽，因为人在向前运动中必须依赖肢体的运动。因此，在考虑人体尺寸时只参照人的结构尺寸是不行的，有必要把人的运动能力也考虑进去。企图根据人体结构去解决一切有关空间和尺寸的问题将很困难，或者至少是考虑不足的。司机的结构尺寸和功能尺寸如图 2-2 所示。

我国于 1988 年 12 月 10 日发布了《中国成年人人体尺寸》标准（GB 10000—1988）。该标准提供了 7 个类别共 47 项人体尺寸基础数据，包括人体主要尺寸、立姿人体尺寸、坐姿人体尺寸、人体水平尺寸、人体手部尺寸和足部尺寸，并按性别列表。我国地域辽阔，又是多民族国家，不同地区的人体尺寸差异较大。东北、华北地区的人身材较高，西南、华南地区的人身材较小。为了能选用合乎各地区的人体尺寸，国家标准中提供了各地区成年人身高、胸围、体重三项主要人体尺寸的均值和标准差，可以通过公式推导出各百分位数。

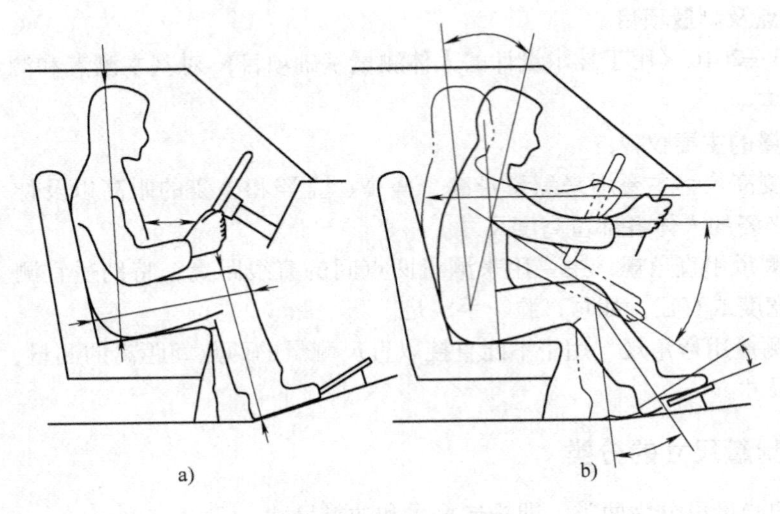

图 2-2　结构尺寸和功能尺寸

a）结构尺寸　b）功能尺寸

2.1.3　人体测量中的主要概念和统计参数

人体尺寸是千变万化的，因而一件用品的某一项设计，可能有的人使用起来很方便，而有的人则感到难以使用，为了使产品适合于一个群体的使用，设计中需要的是一个群体的测量尺寸。然而，全面测量群体中每个个体的尺寸又是不现实的。通常人体测量学工作者都是在测量群体中以一定的抽样方法测量较少量个体的尺寸，经过数据处理后而获得较为精确的所需群体尺寸。

在人体测量中所得到的测量值都是离散的随机变量，因而可根据概率论与数理统计理论对测量数据进行统计分析，从而获得所需群体尺寸的统计规律和特征参数。

（1）总体　统计学中，把所要研究的全体对象的集合称为“总体”。人体尺寸测量中，总体是按一定特征被划分的人群。因此，设计产品时必须了解总体的特性，并且对该总体命名，如中国成年人、中国飞行员等。

（2）样本　统计学中，把从总体取出的许多个体的全部称为“样本”。各种人体尺寸手册中的数据就是来自这些样本。因此，设计人员必须了解样本的特点及其表达的总体。

描述一个分布，必须用两个重要的统计量：均值和标准差。前者表示分布的集中趋势；后者表示分布的离中趋势。

（3）均值　表示全部被测数值的算术平均值，用“平均值”来决定基本尺寸。它是测量值分布最集中区，也是代表一个被测群体区别于其他群体的独有特征。按平均值设计的产品尺寸只能适合于50%的人使用，另有50%的人不适合。

（4）标准差　表明一系列变化数距平均值的分布状况或离散程度。用“标准差”作为尺寸的调整量。标准差大，表示各变数分布广，远离平均值；标准差小，表示变数接近平均值。一般只能根据需要按一部分人体尺寸进行设计，这部分尺寸占整个分布的一部分，这部分被称为适应度又叫满足度。例如，适应度90%是指设计适应90%的人群范围，而对5%身材矮小和5%身材高大的人则不能适应。

2.1.4　人体尺寸的差异

由于很多复杂的因素都在影响着人体尺寸，所以个人与个人之间，群体与群体之间，在人体尺寸上存在很多差异，不了解这些就不可能合理地使用人体尺寸的数据，也就达不到预期的目的。

人体尺寸差异主要存在于以下几方面：

（1）种族差异　不同的国家，不同的种族，因地理环境、生活习惯、遗传特质的不同，人体尺寸的差异是十分明显的，从越南人的平均身高 160.5cm 到比利时人的平均身高 179.9cm，高差幅度竟达 19.4cm。

（2）时代差异　我们在过去一百年中观察到的生长加快（加速度）是一个特别的问题。子女们一般比父母长得高，这个问题在总人口的身高平均值上也可以得到证实。欧洲的居民预计每十年身高增加 10～14mm。因此，若使用三四十年前的数据会导致相应的错误。

美国的军事部门每十年测量一次入伍新兵的身体尺寸，以观察新兵身体的变化，结论是二战时期入伍的人的身体尺寸超过了一战时期入伍的人的身体尺寸。美国卫生、教育和福利部在 1971～1974 年所作的研究表明：大多数女性和男性的身高比 1960～1962 年国家健康调查的结果要高。最近的调查表明：51% 的男性高于或等于 175.3cm，而 1960～1962 年只有 38% 的男性达到这个高度。认识这种缓慢变化与各种设备的设计、生产和发展周期之间关系的重要性，并作出预测是极为重要的。

这里还有一组数据：美国城市男性青年在1973～1986年的 13 年间身高增加 2.3cm；日本男性青年在 1934～1965 年的 31 年间身高增加 5.2cm，体重增加 4kg，胸围增加 3.1cm；我国原广州中山医学院男性在 1956～1979 年的 23 年间身高增加 4.38cm、女性身高增加 2.67cm。

根据统计，与 20 年前相比，现在中国 17 岁孩子的体重整整多了 8kg。与 20 年前的标准相比，男孩子的胸围增大了 8cm，身高增长了 5cm，未成年人平均身高增长 7.5cm。

（3）年龄的差异　年龄造成的差异也应注意。体形随着年龄变化最为明显的时期是青少年期。人体尺寸的增长过程，妇女在 18 岁结束，男子在 20 岁结束，男子到 30 岁才最终停止生长（图 2-3）。此后，人体尺寸随年龄的增加而缩减，而体重、宽度及围长的尺寸却随年龄的增长而增加。一般来说，青年人比老年人身高高一些，老年人比青年人体重大一些。

在进行某项设计时必须经常判断与年龄的关系，是否适用于不同的年龄。对工作空间的设计应尽量使其适应于 20～65 岁的人。对美国人的研究发现，45～65 岁的人与 20 岁的人比，身高减小 4cm，男性体重平均增加 6kg，女性体重平均增加 10kg。

历来关于儿童的人体尺寸是很少的，而这些资料对于设计儿童用具、设计幼儿园、学校是非常重要的。考虑到安全和舒适的因素则更是如此。儿童意外伤亡与设计不当有很大的关系。另外，针对老年人的尺寸数据资料也相对较少。由于人类社会生活条件的改善，人的寿命在不断增加，现在世界上进入人口老龄化的国家越来越多，如美国的 65 岁以上的人口有 2000 万，接近总人口的十分之一，而且每年都在增加。中国已进入老龄化社会，老年人口近 1.3 亿，所以设计中涉及老年人的各种问题不能不引起设计者们的重视。

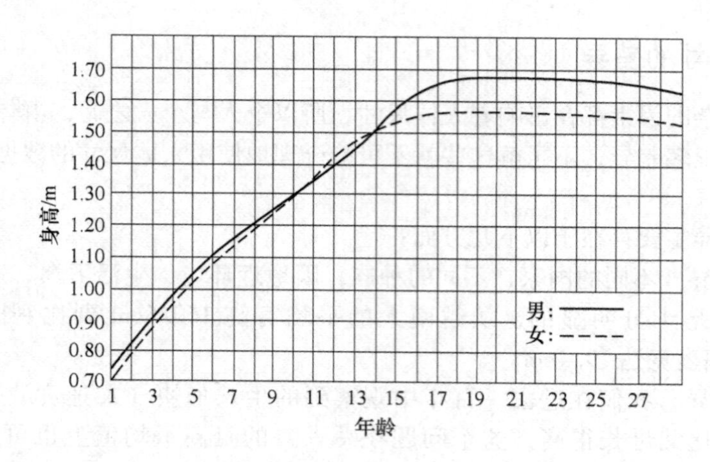

图 2-3　不同年龄人的身高曲线

（4）性别差异　3～10 岁这一年龄阶段，男女的差别极小，同一数值对两性均适用。两性身体尺寸的明显差别从 10 岁开始。一般妇女的身高比男子低 10cm 左右，但不能把女子按较矮的男子来处理。调查表明，妇女与身高相同的男子相比，身体比例是不同的。

1）对于大多数人体尺寸，男性比女性大些，但有四个尺寸即胸厚、臀宽、臂部及大腿周长正相反。

2）同整个身体相比，女性的手臂和腿较短，躯干和头占的比例较大，肩较窄，骨盆较宽。

3）皮下脂肪厚度及脂肪层在身体上的分布，男女也有明显的差别。

4）在腿的长度尺寸起重要作用的场所（如坐姿操作的岗位），考虑女性的人体尺寸至关重要。在设计中应注意这种差别。

（5）残疾人　全世界的残疾人约有 4 亿。在各个国家里，残疾人都占一定的比例。美国卫生、教育和福利部门估计 1970 年美国残疾人口达 6900 万。关于残疾人的设计问题有一个专门的学科进行研究，称为无障碍设计，在国外已经形成相当系统的体系。一般将残疾人分为如下两类：

1）乘轮椅患者。

2）能走动的残疾人。对于能走动的残疾人，必须考虑他们是使用拐杖、手杖、助步车、支架甚至靠导盲犬帮助行走的，这些东西是这些病人功能需要的一部分。因此，为了做好设计，除应知道一些人体测量数据之外，还应把这些工具当成一个整体来考虑。

此外还有许多其他的差异：地域性的差异，如寒冷地区的人平均身高均高于热带地区的，平原地区的人的平均身高高于山区的；职业差异，如篮球运动员与普通人；社会的发达程度也是一种重要的差别，发达程度高，营养好，平均身高就高。了解了这些差异，在设计中就应充分注意它们给设计带来的各种问题及影响的程度，并且要注意手中数据的特点，在设计中加以修正，不可盲目地采用未经细致分析的数据。

2.1.5　百分位的概念及适应域

（1）百分位的概念　百分位表示具有某一人体尺寸和小于该尺寸的人占统计对象总人

数的百分比，人体测量的数据通常以百分位数来表示人体尺寸等级。

由于人体尺寸有很大的变化，它不是某一确定的数值，而是分布于一定的范围内。例如亚洲人的身高是151～188cm这个范围，而设计时只能用一个确定的数值，而且并不能像一般情况下那样用平均值，那么如何确定使用的数值呢？这就是百分位的方法要解决的问题。

大部分的人体测量数据是按百分位表达的，即把研究对象分成一百份，根据一些指定的人体尺寸项目（如身高），从最小到最大顺序排列，进行分段，每一段的截止点即为一个百分位。例如以身高为例，第5百分位的尺寸表示有5%的人身高等于或小于这个尺寸。换句话说就是有95%的人身高高于这个尺寸；第95百分位则表示有95%的人等于或小于这个尺寸，5%的人具有更高的身高；第50百分位为中点，表示把一组数平分成两组，较大的为50%，较小的为50%。第50百分位的数值可以说接近平均值，但决不能理解为有“平均人”这样的尺寸。

统计学表明，任意一组特定对象的人体尺寸，其分布符合正态分布规律，图2-4所示为人体高度分布曲线及适应域，以人体尺寸测量值为横坐标，以出现的频率为纵坐标。可以看出，大部分属于中间值，只有一小部分属于过大和过小的值，它们分布在范围的两端。在设计上，满足所有人的要求是不可能的，但必须满足大多数人，所以必须从中间部分取用能够满足大多数人的尺寸数据作为依据，一般都是舍去两头，只涉及中间90%、95%或99%的大多数人，即只排除少数人。至于应该排除多少，取决于排除的后果情况和经济效果。

（2）适应域　所设计的产品在尺寸上能满足多少人使用，通常以百分数表示，即合适地使用它的用户与目标用户总体的比（图2-4）。一种产品设计只能取一定的人体尺寸范围，只考虑整个分布的一部分“面积”，称为“适应域”。适应域是相对设计而言的，对应统计学的置信区间的概念。

适应域可分为对称适应域、偏适应域。对称适应域对称于均值（图2-4a）；偏适应域通常是整个分布的某一边（图2-4b、图2-4c）。

（3）两点注意事项　一是人体测量的每一个百分位数值，只表示某项人体尺寸，如身高50百分位只表示身高，并不表示身体的其他部分；二是绝对没有一个各项人体尺寸同时处于同一百分位的人。

（4）设计中的常用百分位　在很多的数据表中只给出了第5百分位、第50百分位和第95百分位，这三个数据是人们经常见到和用到的尺寸，即常用百分位。其中，最常用的是第5和第95百分位，一般不用50百分位。这是因为第5和第95百分位概括了90%的大多数人的人体尺寸范围，适应域为90%，适合多数人的需要，而如果选用第50百分位，适应域为50%，就意味着有一半的人不适合。

（5）百分位的应用　在具体的设计中，百分位的选择有这样一个原则：“够得着的距离，容得下的空间”。在不涉及安全问题的情况下，使用百分位时建议如下：

1）由人体总高度、总宽度决定的物体，如门、通道、床等，其尺寸应以95百分位的数值为依据，能满足大个的需要，小个子自然没问题。

2）由人体某一部分决定的物体，如臂长、腿长决定的座平面高度和手所能触及的范围等，其尺寸应以第5百分位为依据，小个子够得着，大个子自然没问题。

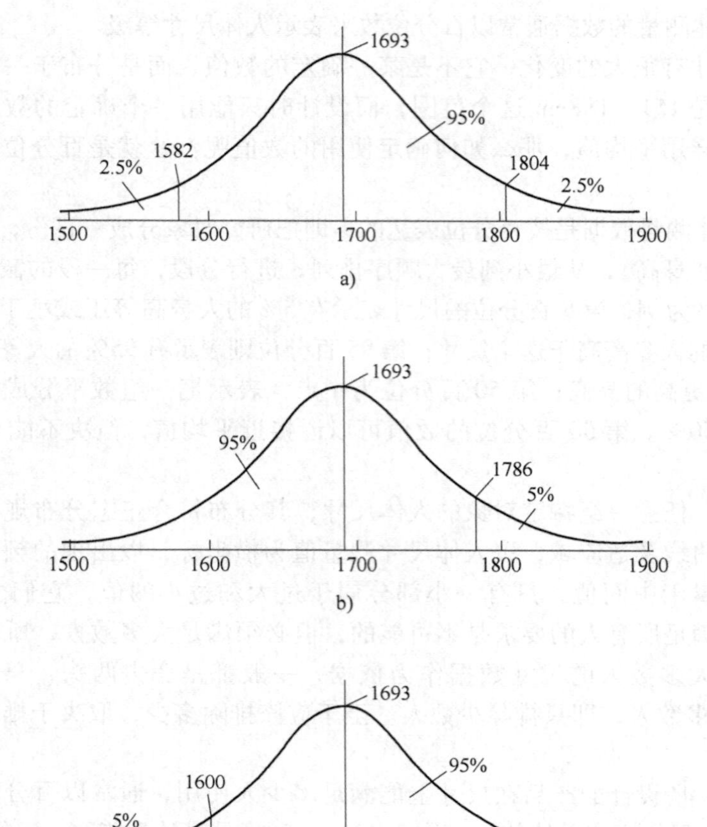

图 2-4　人体高度分布曲线及适应域（单位：cm）

3）特殊情况下，如果以第 5 百分位或第 95 百分位为限值会造成界限以外的人员使用时不仅不舒适，而且有损健康和造成危险时，尺寸界限应扩大至第 1 百分位和第 99 百分位，如紧急出口的直径应以 99 百分位为准，栏杆间距应以第 1 百分位为准。

4）目的不在于确定界限，而在于决定最佳范围时，应以第 50 百分位为依据，这适用于门铃、插座和电灯开关。

2.1.6　我国人口的测量尺寸

（1）我国成年人人体结构尺寸　我国 1989 年 7 月 1 日实施的 GB 10000—1988《中国成年人人体尺寸》，适用于工业产品、建筑设计、军事工业以及工业的技术改造设备更新及劳动安全保护。标准中所列数值，代表从事工业生产的法定中国成年人（男 18 ~ 60 岁，女 18 ~ 55 岁）。

标准中共列出 47 项我国成年人人体尺寸基础数据，按男、女性别分开，且分三个年龄段：18 ~ 25 岁（男、女），26 ~ 35 岁（男、女），36 ~ 60 岁（男）/36 ~ 55 岁（女），分别给出这些年龄段的各项人体尺寸数值。为了方便使用，各类数据表中的各项人体尺寸数值均

列出其相应的百分位数。GB 10000—1988 中的人体主要测量项目（图 2-5、图 2-6、图 2-7）及尺寸摘录见表 2-1、表 2-2、表 2-3，可在实际设计时查阅。

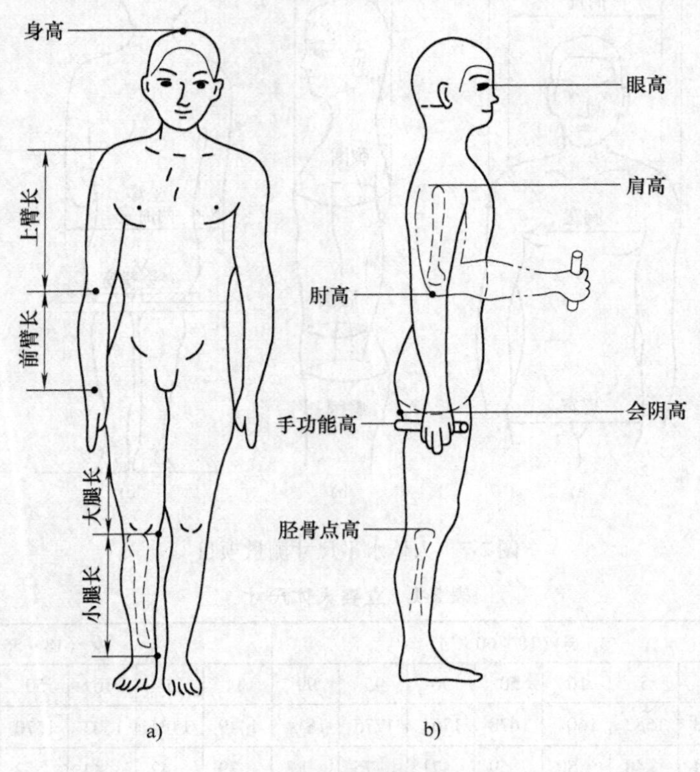

图 2-5　立姿人体测量项目

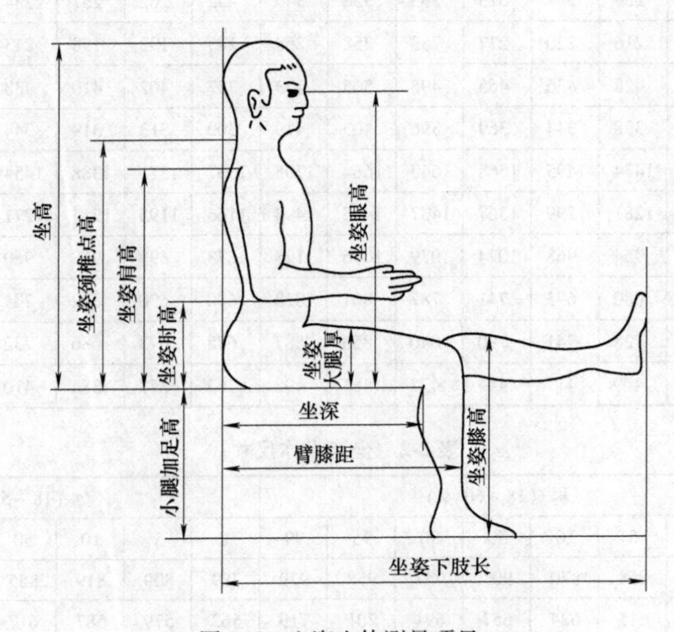

图 2-6　坐姿人体测量项目

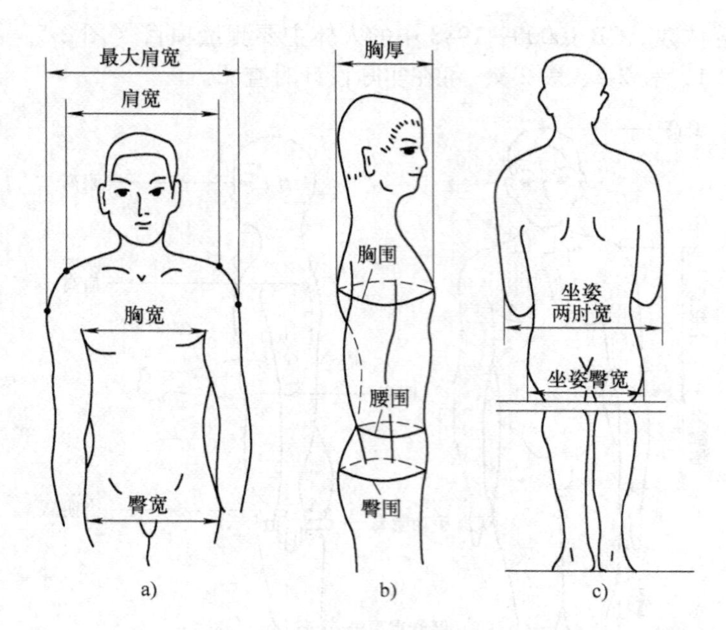

图 2-7　人体水平尺寸测量项目

表 2-1　立姿人体尺寸

百分位数	男（18～60 岁）							女（18～55 岁）						
	1	5	10	50	90	95	99	1	5	10	50	90	95	99
身高/mm	1543	1583	1604	1678	1754	1775	1814	1449	1484	1503	1570	1640	1659	1697
体重/kg	44	48	50	59	71	75	83	39	42	44	52	63	66	74
上臂长/mm	279	289	294	313	333	338	349	252	262	267	284	303	308	319
前臂长/mm	206	216	220	237	253	258	268	185	193	198	213	229	234	242
大腿长/mm	413	428	436	465	496	505	523	387	402	410	438	467	476	494
小腿长/mm	324	338	344	369	396	403	419	300	313	319	344	370	376	390
眼高/mm	1436	1474	1495	1568	1643	1664	1705	1337	1371	1388	1454	1522	1541	1579
肩高/mm	1244	1281	1299	1367	1437	1455	1494	1166	1195	1211	1271	1333	1350	1385
肘高/mm	925	954	968	1024	1079	1096	1128	873	899	913	960	1009	1023	1050
手功能高/mm	656	680	693	741	787	801	828	630	650	662	704	746	757	778
会阴高/mm	701	728	741	790	840	856	887	648	673	686	732	779	792	819
胫点骨高/mm	394	409	417	444	472	481	498	363	377	384	410	437	444	459

表 2-2　坐姿人体尺寸　　（单位：mm）

百分位数	男（18～60 岁）							女（18～55 岁）						
	1	5	10	50	90	95	99	1	5	10	50	90	95	99
坐高	836	858	870	908	947	958	979	789	809	819	855	891	901	920
坐姿颈椎点高	599	615	624	657	691	701	719	563	579	587	617	648	657	675
坐姿眼高	729	749	761	798	836	847	868	678	695	704	739	773	783	803

（续）

百分位数	男（18～60岁）							女（18～55岁）						
	1	5	10	50	90	95	99	1	5	10	50	90	95	99
坐姿肩高	539	557	566	598	631	641	659	504	518	526	556	585	594	609
坐姿肘高	214	228	235	263	291	298	312	201	215	223	251	277	284	299
坐姿大腿厚	103	112	116	130	146	151	160	107	113	117	130	146	151	160
坐姿膝高	441	456	464	493	525	532	549	410	424	431	458	485	493	507
小腿加足高	372	383	389	413	439	448	463	331	342	350	382	399	405	417
坐深	407	421	429	457	486	494	510	388	401	408	433	461	469	485
臀膝距	499	515	524	554	585	595	613	481	495	502	529	561	560	587
坐姿下肢长	892	921	937	992	1046	1063	1096	826	851	865	912	960	975	1005

表2-3 水平人体尺寸

（单位：mm）

百分位数	男（18～60岁）							女（18～55岁）						
	1	5	10	50	90	95	99	1	5	10	50	90	95	99
胸宽	242	253	259	280	307	315	331	219	233	239	260	289	299	319
胸厚	176	186	191	212	237	245	261	159	170	176	199	230	239	260
肩宽	330	344	351	375	397	403	415	304	320	328	351	371	377	387
最大肩宽	383	398	405	431	460	469	486	347	363	371	397	428	438	458
臀宽	273	282	288	306	327	334	346	275	290	296	317	340	346	360
坐姿臀宽	284	295	300	321	347	355	369	295	310	318	344	374	382	400
坐姿两肘宽	353	371	381	422	473	489	518	326	348	360	404	460	478	509
胸围	762	791	806	867	944	970	1018	717	745	760	825	919	949	1005
腰围	620	650	665	735	859	895	960	622	659	680	772	904	950	1025
臀围	780	805	820	875	948	970	1009	795	824	840	900	975	1000	1044

（2）我国成年人人体功能尺寸　静态测量参数虽然可以解决不少设计中的有关人体尺度的问题，但是人在操纵设备或从事某种作业时并不是静止不动的，而大部分时间是处于活动状态的。人体的动作形态相当复杂而又变化万千，坐、卧、立、蹲、跳、旋转、行走等都会显示出不同形态所具有的不同尺度和不同的空间需求。从设计的角度来看，合理地依据人体一定姿态下的肌肉、骨骼的结构来确定人体尺寸，能调整人的体力损耗、减少肌肉的疲劳，从而极大地提高工作效率。

人体尺寸无论是结构尺寸或功能尺寸，皆是相对静止的某一方向的尺寸，而人们在实际的生活中是处于一种运动的状态，总是处在空间的一定范围内。在布置人的工作作业环境时需要了解这一活动范围，即肢体的活动范围。它是由肢体转动的角度和肢体长度构成。在工作和生活活动中，人们的肢体围绕着躯体做各种动作，这些由肢体的活动所划出的限定范围即是肢体的活动空间。肢体的活动空间实际上也就是人在某种姿态下肢体所能触及的空间范围。因为这一概念也常常被用来解决人们在工作各种作业环境中 的问题。所以也称为作业域。作业域分轻松值、正常值、极限值，分别适用于不同的场合。

（3）人的手足活动范围　人体静态的手足活动有不同的姿态，归纳起来基本姿态有 4 种：立位、坐位、跪位和卧位。当人采取某种姿态时即占用一定的空间，通过对基本姿态的研究，可以了解人在一定的姿态时手足活动占用空间的大小。每个基本姿态对应一个尺寸群。

人在进行各种工作时都需要有足够的活动空间。工作位置上的活动空间设计与人体的功能尺寸密切相关。由于活动空间应尽可能适应绝大多数人的使用，设计时应以高百分位人体尺寸为依据。因此，以下的分析均以我国成年男子第 95 百分位身高（1775mm）为基准。现从各个角度对其活动空间进行分析说明，并给出人体尺度图。

1）立姿活动空间包括手臂及上身的可及范围（男子，95 百分位），如图 2-8 所示。

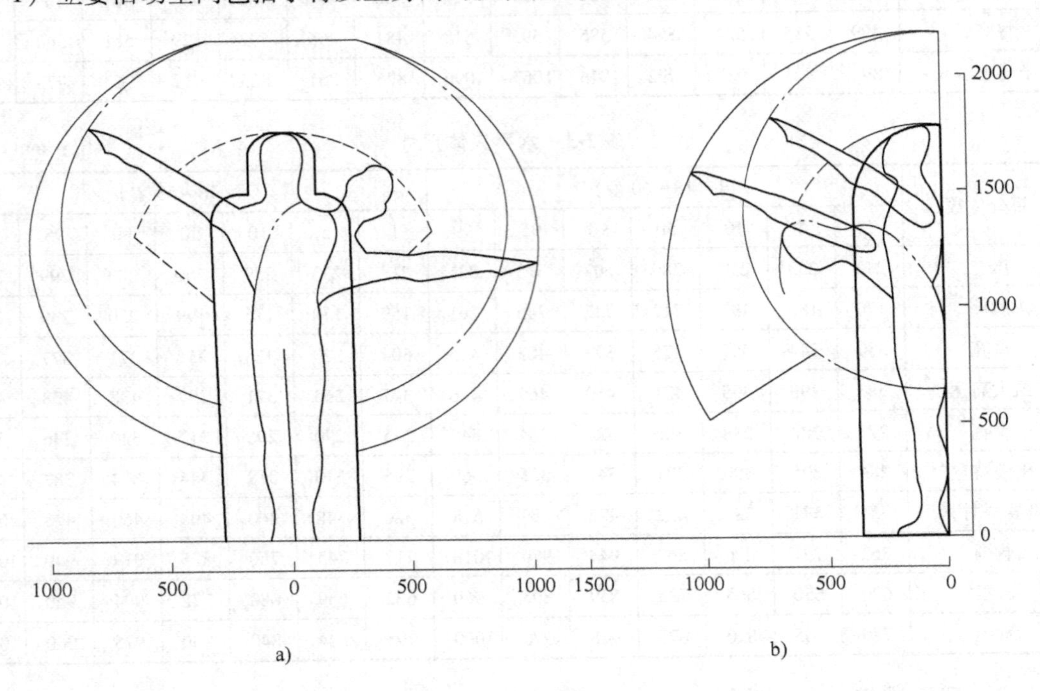

图 2-8　立姿活动空间（单位：mm）

注：———稍息站立时的身体范围，为保持身体姿势所必需的平衡活动已考虑在内

—·—上身不动时，手臂的活动空间

--------头部不动，上身自髋关节起前弯、侧弯时的活动空间

———上身一起动时手臂的活动空间

2）单腿跪姿活动空间包括手臂及上身的可及范围（男子，95 百分位）。取跪姿时，承重膝常更换，由一膝换到另一膝，为确保上身平衡，要求活动空间比基本位置大（图 2-9）。

3）坐姿活动空间（图 2-10）包括手臂及上身的可及范围（男子，95 百分位）。

4）仰卧活动空间包括手臂及上身的可及范围（男子，95 百分位），如图 2-11 所示。

前述常用的立、坐、跪、卧等作业姿势活动空间的人体尺度图，可满足一般作业空间的初步设计的需要，但对于受限作业空间的设计，则需要应用各种作业姿势下人体功能尺寸测量数据。GB/T 13547—1992 标准提供了我国成年人立、坐、跪、卧、爬等常见姿势的上肢功能尺寸数据（表 2-4）。

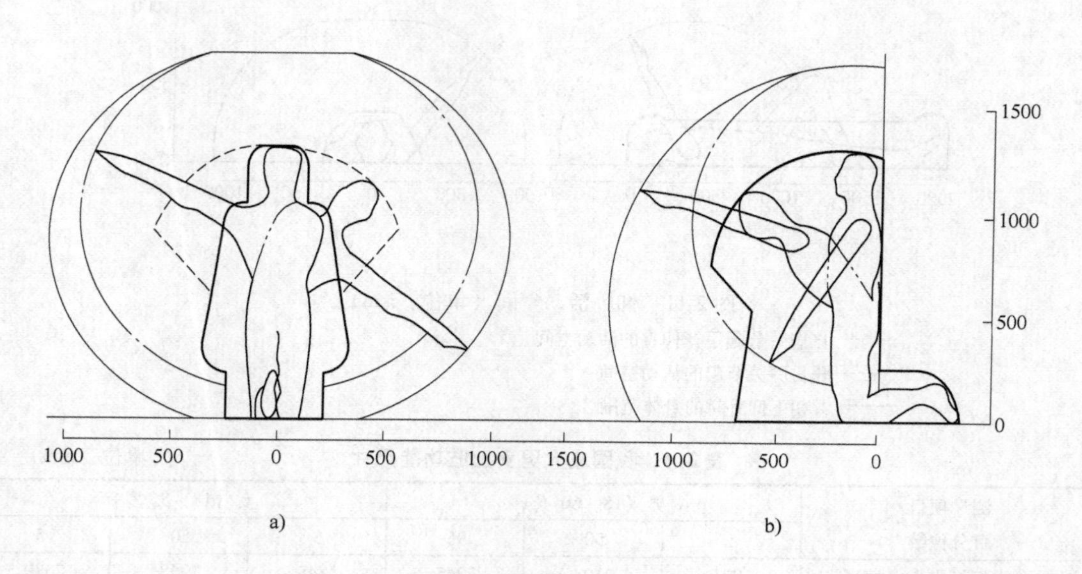

图 2-9 单腿跪姿活动空间（单位：mm）

注：———上身挺直、头前倾的身体范围，为保持身体姿势所必需的平衡活动已考虑在内
—·—上身不动时，自肩关节起手臂向前、向两侧的活动空间
-------头部不动，上身自髋关节起侧弯
———上身一起动时手臂的活动空间

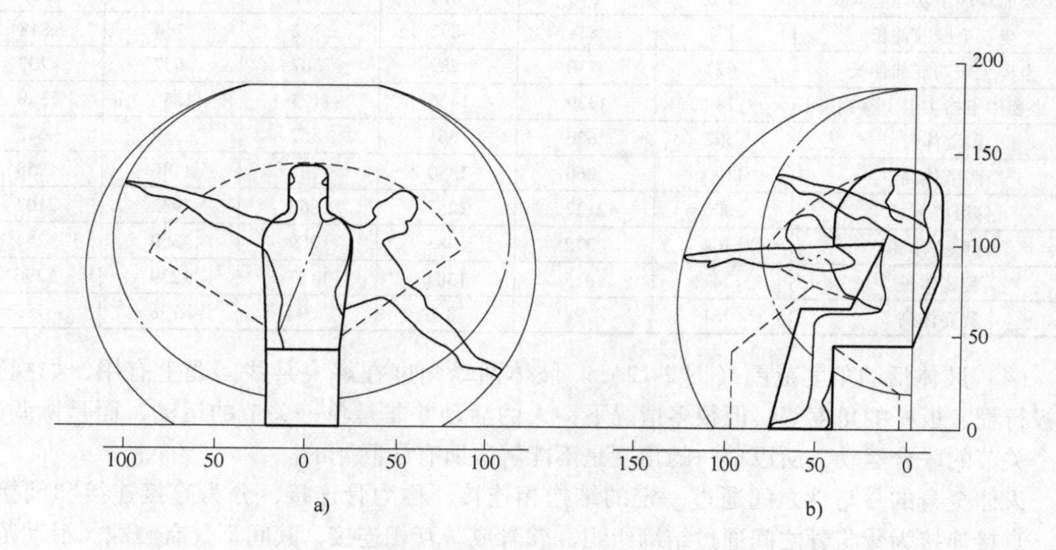

图 2-10 坐姿活动空间（单位：mm）

注：———上身挺直头前倾的身体范围，为保持身体姿势所必需的平衡活动已考虑在内
—·—上身自髋关节起向前、向两侧活动时手臂自关节起向前和两侧弯曲的活动空间
-------从髋关节起上身向前、向侧弯曲的活动空间
———上身一起动时手臂的活动空间

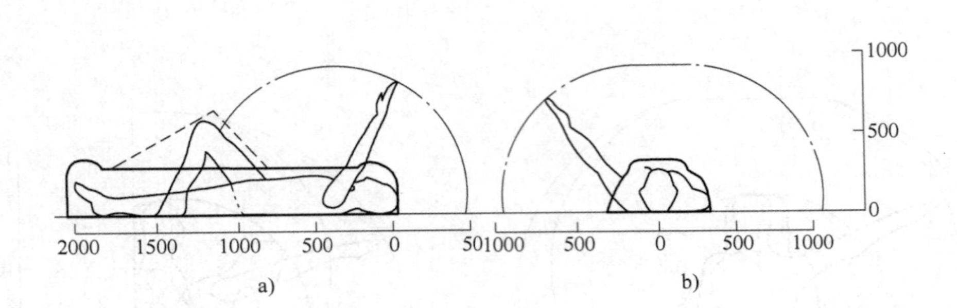

图 2-11 仰卧活动空间（单位：mm）

注：—·—自肩关节起手臂伸直的活动空间
--------腿自膝关节起的活动空间
———背朝下仰卧时的身体范围

表 2-4 我国成人男女上肢功能尺寸（单位：mm）

测量项目	男（18～60岁）			女（18～55岁）		
百分位数	5	50	95	5	50	95
立姿中指指尖点上举高	1971	2108	2245	1845	1968	2089
立姿双臂功能上举高	1869	2003	2138	1741	1860	1976
立姿双臂展开宽	1579	1691	1802	1457	1559	1659
立姿双臂功能展开宽	1374	1483	1593	1248	1344	1438
立姿双肘展开宽	816	875	936	756	811	869
坐姿前臂加手前伸长	416	447	478	383	413	442
坐姿前臂加手功能前伸长	310	343	376	277	306	333
坐姿上肢前伸长	777	834	892	712	764	818
坐姿上肢功能前伸长	673	730	789	607	657	707
坐姿中指指尖点上举高	1249	1339	1426	1173	1251	1328
跪姿体长	592	626	661	557	589	622
跪姿体高	1190	1260	1330	1137	1196	1258
仰卧姿体长	2000	2127	2257	1867	1982	2102
仰卧姿体高	364	372	383	359	369	384
爬姿体长	1247	1315	1384	1183	1239	1296
爬姿体高	761	798	836	694	738	783

（4）肢体活动角度范围（图 2-12） 肢体活动角度在解决某些问题上有用，如视野、踏板行程、扳杆的角度等。但很多情况下，人的活动并非是单一关节的运动，而是协调的、多个关节的联合运动，所以单一的角度是不能解决所有的问题的。

人体全身的骨与骨之间通过一定的结构相连接，称为骨连接，分为直接连接和间接连接。直接连接为骨与骨之间通过结缔组织、软骨或骨互相连接，其间不具有腔隙，活动范围很小或完全不能活动，成为不动关节。间接连接的特点是两骨之间通过膜性囊互相连接，其间具有腔隙，有较大的活动性，称为关节。此外，骨与骨之间还由肌肉和韧带连接在一起。因韧带除了有连接两骨、增加关节稳固性的作用以外，它还有限制关节运动的作用。因此，人体各关节的活动有一定的限度，超过限度，将会造成损伤。

另外，人体处于各种舒适姿势时，关节必然处在一定的舒适调节范围内。

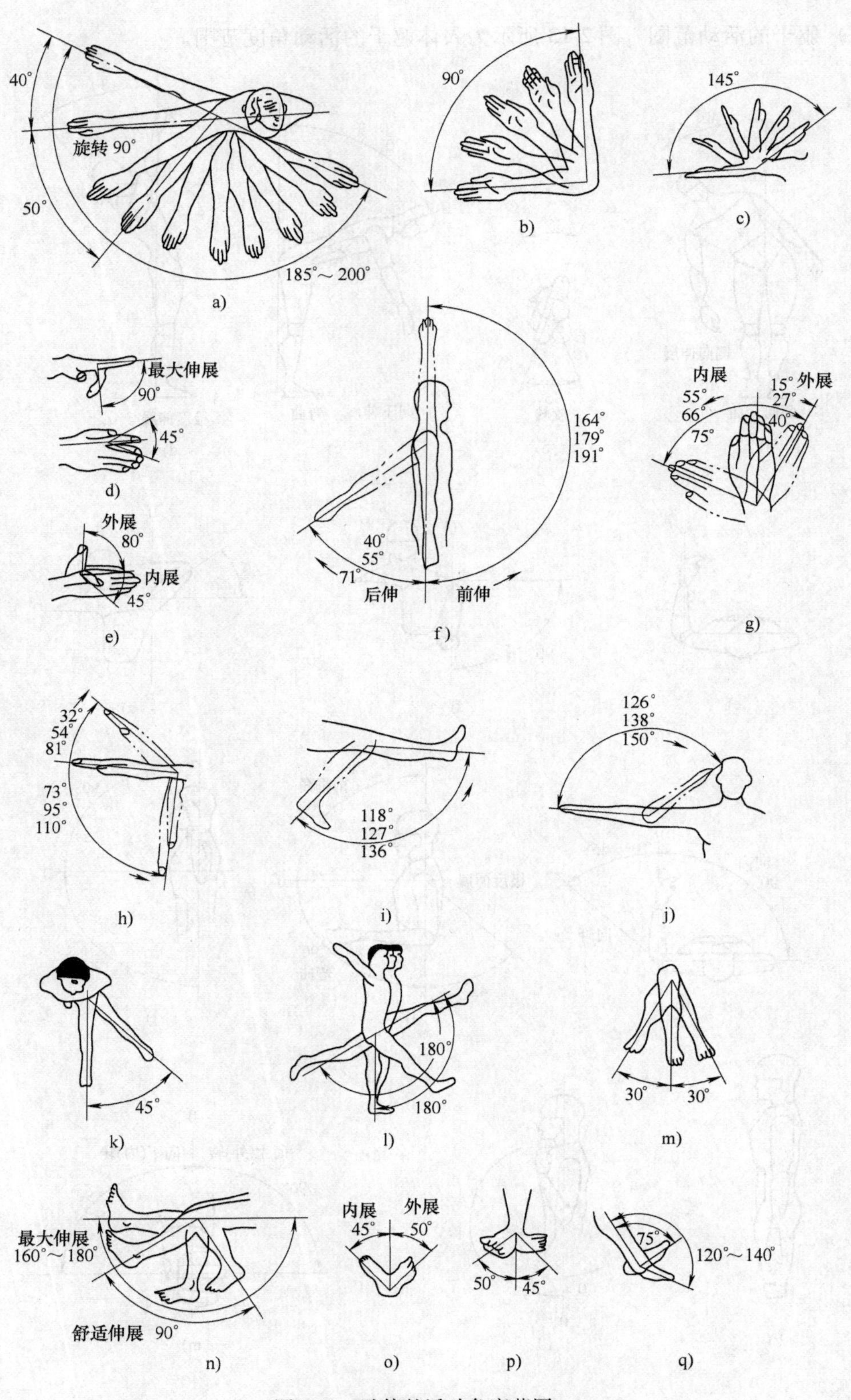

图 2-12　肢体的活动角度范围

（5）躯干的活动范围　图 2-13 所示为人体躯干的活动角度范围。

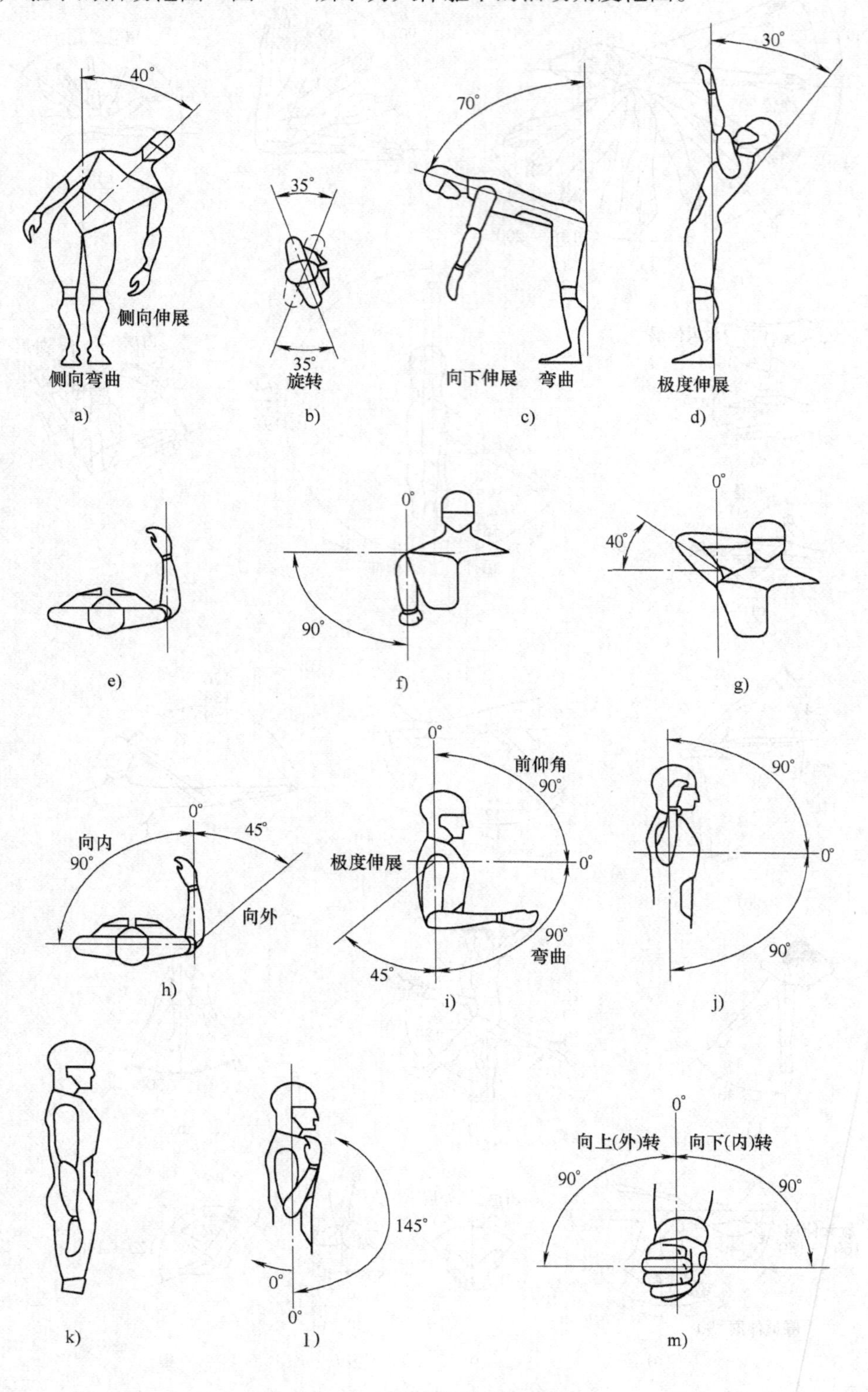

图 2-13　躯干的活动角度范围

（6）男性身体处于不同位置时的限制尺寸　图 2-14 所示为男性身体处于不同位置时的限制尺寸。

（7）人体参数的计算　统计资料表明，人体的数据和身高、体重存在一定的关系，由身高可大略计算出人体各部分尺寸。

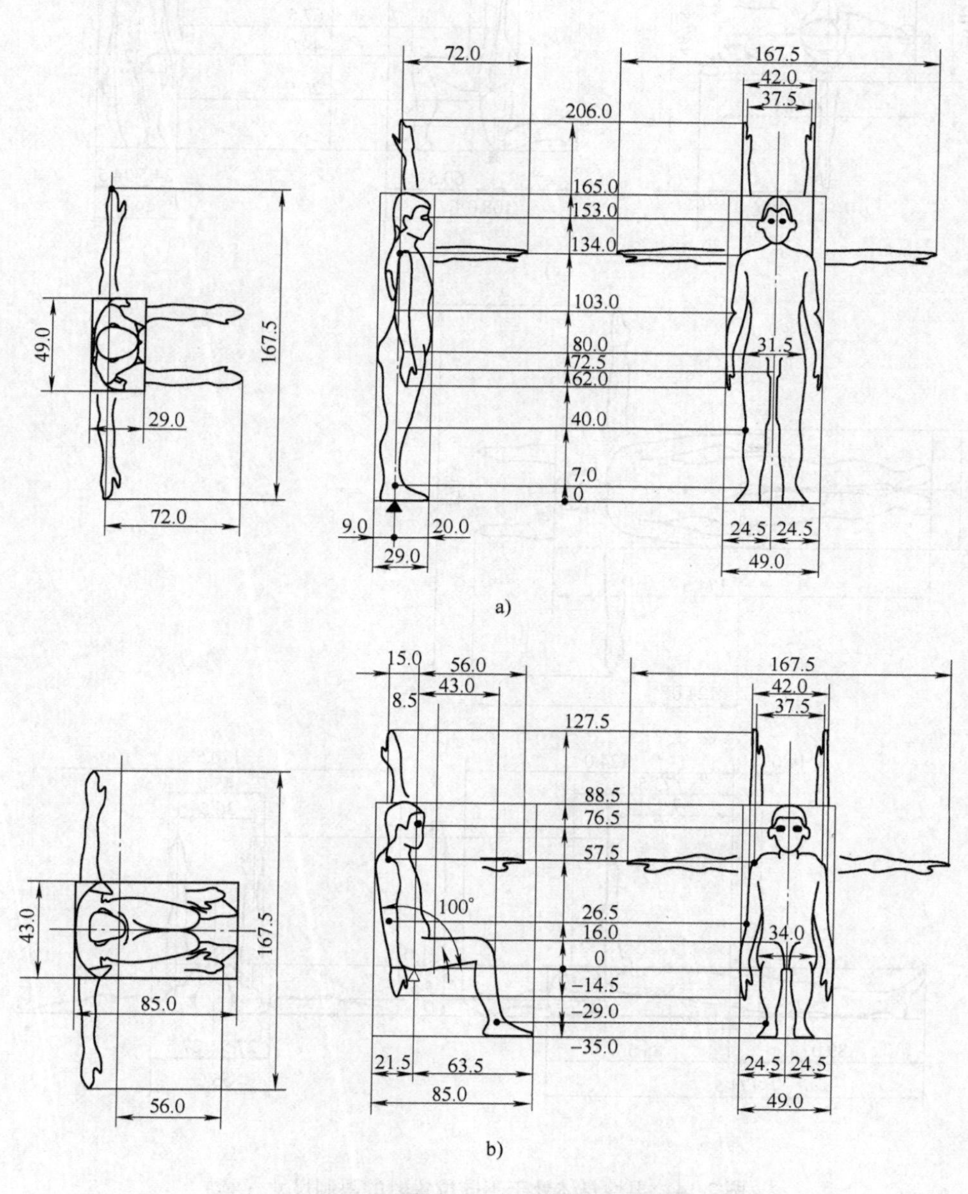

图 2-14　男性身体处于不同位置时的限制尺寸

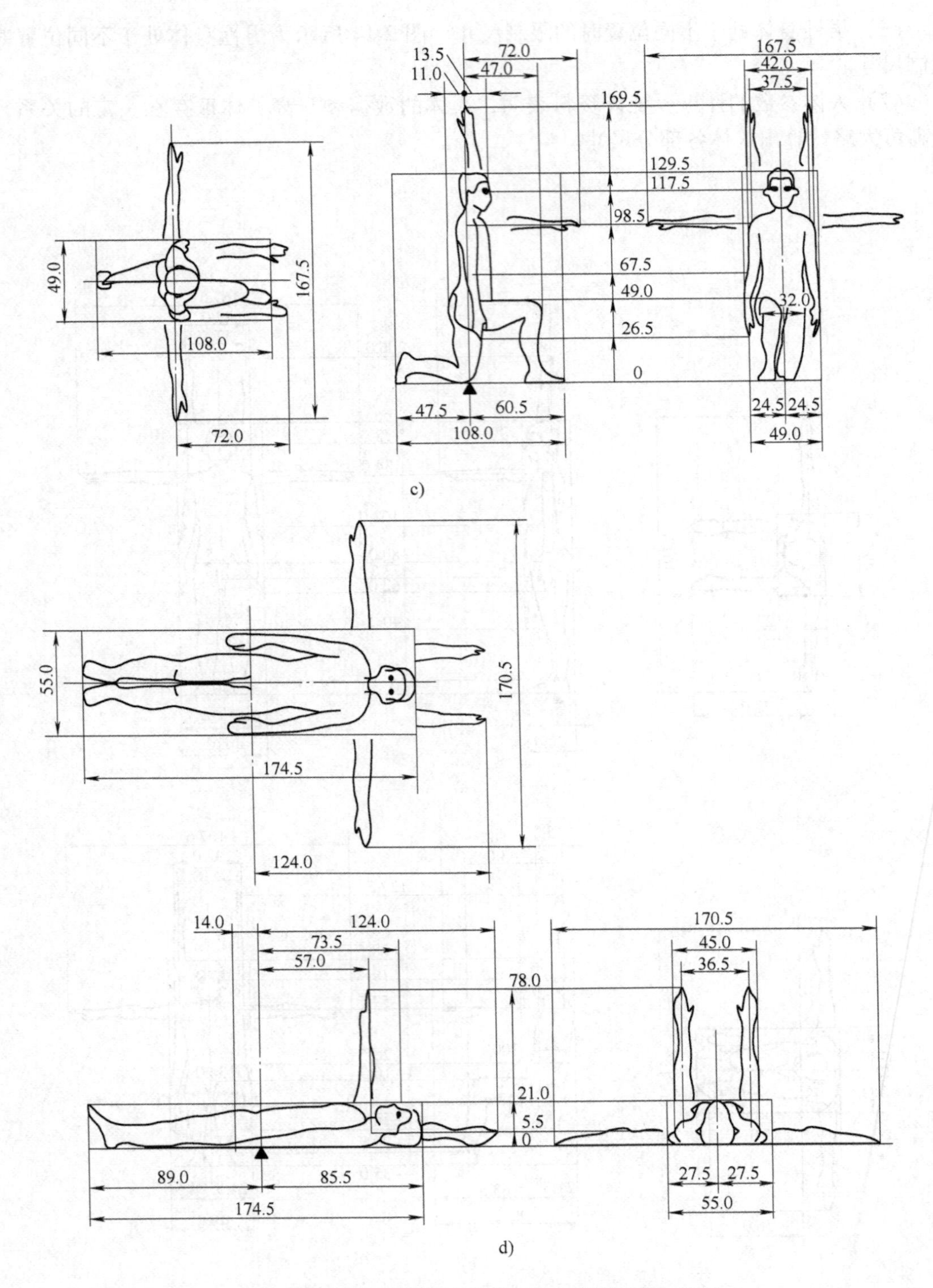

图 2-14　男性身体处于不同位置时的限制尺寸（续）

我国人体尺寸比例计算法：设中国成人站立时（立姿）身高为 H，则中国成人人体各部分尺寸及经验计算公式如图 2-15 所示。

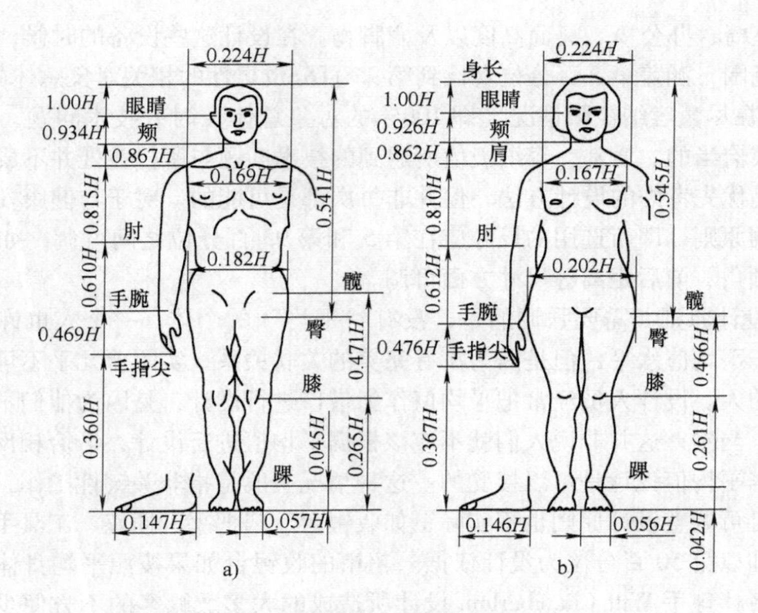

图 2-15　我国成年人人体尺寸的比例关系

a）成年男性人体尺寸比例关系　b）成年女性人体尺寸比例关系

2.1.7　常用人体测量数据的应用原则及其应用

1. 人体测量数据的应用原则

只有在熟悉人体测量基本知识之后，才能选择和应用各种人体数据，否则有的数据可能被误解；如果使用不当，还可能导致严重的设计错误。另外，各种统计数据不能作为设计的一般常识，也不能代替严谨的设计分析。因此，当设计中涉及人体尺度时，设计者必须熟悉数据测量的定义、适用条件、百分位的选择等方面的知识，才能正确地应用有关的数据。

人体测量数据应用于具体的设计问题时有三个一般原则，每一个原则都适用于不同类型的情况。

（1）极值设计原则　在设计物理世界的一些特性时，应该尽量去容纳所有（或者几乎所有）涉及的群体。在一些情况下，一个具体的设计尺寸或者特性是一个限制因素，它会影响一些人对设施的使用。这个限制因素规定了对象总体变量或者特性的最大或者最小值。如果某些产品设计要求给定一个最大值，应该包含几乎所有的人群，那么尺寸的选择应该根据对象的最大尺寸进行设计，如飞机、船的逃生舱口设计，以及所涉及范围及安全的设施，都以最大的尺寸为设计依据。同样，如果某些产品设计要求给定一个最小值应该容纳所有的人群，那么尺寸的选择应该根据对象的最小尺寸进行设计。例如，儿童床护栏间隔尺寸就应该根据某一年龄段孩子头围的最小尺寸进行选择。

通常，虽然有足够的理由去容纳大多数，但并非100%的对象总体。例如，让所有的门道都高达2.7m以容纳马戏团巨人是不合理的。因此，比较实际的是用第95百分位男性和第5百分位女性的相关群体的分布作为最大和最小设计参数。

极值设计原则根据设计目的，选择最大或最小人体尺寸。门、床、船舱口等要用最大尺寸原则。

（2）可调整范围设计原则　设备和设施的某些特性可以设计成因使用它的个体而进行

调整，如汽车座椅、办公椅、桌面高度以及搁脚物。在设计这些设备的时候，常用的办法是提供可调整的范围，涵盖第5百分位女性到第95百分位男性的相关对象总体的特性（坐高、臂长等）。如果在尽量容纳极限情况（即100%的对象总体）时有技术问题，那么使用这样的一个范围是很恰当的。通常，容纳极值所遇到的技术问题与所得益处并不成比例。设计一个可调整范围是优先考虑的设计方法，但并非每次都是可能的。对于与健康安全关系密切的设计要使用可调原则，即所选用的尺寸应在第5和第95百分位之间可调，如汽车座椅必须在高度、靠背倾角、前后距离等尺寸方面可调。

（3）均值设计原则　需要强调的是，没有“平均”的个体。一个人也许有一个或者两个身体尺寸处于平均值水平，但是因为没有完美的关联关系，实际上几乎不可能找到一个有几个平均尺寸的人。设计人员经常把平均值作为借口进行设计，是因为他们不想处理复杂的人体测量数据。当然，这并非说人们就不应该根据平均值进行设计，恰恰相反，对情况的全面分析证明根据平均值设计是可以接受的。这种情况一般是指非关键性工作，用极限设计原则不适合，并且可调整设计原则也不实际，如收银台、门把手、插座、工具手柄等常据平均值进行设计，即以第50百分位为设计依据。超市的收银台如果按照平均身体尺寸设计，总比按照姚明或者棒球手 Wilt Chamberlain 设计所造成的大多数顾客的不方便少。平均值设计原则应该在认真考虑情况后才可应用。

以上原则指的是把人体测量数据用于单个尺寸（如高度或者臂长）。当需要考虑几个尺寸的时候，设计问题就变得复杂一些了。例如，对几个尺寸中的每一个都设定限度第95百分位和第5百分位，这样会排除掉相当高比例的群体。Bittner（1974）发现，对13个尺寸中的每一个都设定第95百分位和第5百分位的限制，那么将有52%的群体被排除，而不是10%。这是因为人体的各个尺寸并不是完美相关的，手臂短的人，腿不一定短。但是，并非所有人都被排除在外，因为在某个变量上处于第5到第95百分位以外的那些人，也许与因为另外一个变量而被排除的人是同一个。因此，在尺寸合并的基础上设计事物时，考虑身体尺寸之间的关系（关联）是非常重要的。

2. 常用人体尺寸及设计应用

在将人体测量数据应用于具体设计问题的时候，可能没有合适的程序去遵循。这是由于所涉及的环境和使用所设计设施的个体类型是多种多样的。将人体测量数据用于设计是艺术，也是科学。然而，总的来说，还是有一些建议可供参考，见表2-5。

表2-5　应用人体尺寸数据进行设计时的一些建议

人体尺寸	应用条件	百分位选择	注意事项
身高	用于确定通道和门的最小高度，一般门和门框高度都适用于99%以上的人，所以，这些数据可能对于确定人头顶上的障碍物高度更为重要	由于主要功用是确定净空高度，所以应该选用高百分位数据	身高一般是不穿鞋测量的，故在使用时应给予适当的补偿
立姿眼高	可用于确定在剧院、礼堂、会议室等处人的视线，用于布置广告和其他展品，用于确定屏风和开敞式大办公室内隔断的高度（站姿能看到里面：矮能看，高也能看）	取决于关键因素的变化，如隔断高度设计，如果是保证私密性要求，那么隔断高度就与较高人的眼睛高度有关（第95百分位或更高）；反之，假如设计是允许人看到隔断里面，则应选择较矮人的眼睛高度（第5百分位或更低）	由于这个尺寸是光脚测量的，所以还要加上鞋的高度，男子约2.5cm，女子约7.6cm

（续）

人体尺寸	应用条件	百分位选择	注意事项
坐姿眼高	当视线是设计问题的中心时，确定视线和最佳视区要用到这个尺寸 坐姿眼高男：P_{95} = 847mm，低于 1371mm，高于 847mm 即可，考虑修正量及成本 900mm 左右即可	假如有可调节性，就能适应从第 5 百分位到 95 百分位或更大范围，如测量近视矫正仪	坐椅的倾斜、坐垫的弹性、衣服的厚度以及人坐下和站起来时的活动都是要考虑的因素
立姿肘高	这个尺寸对于确定柜台、吧台、厨房台案、工作台以及其他站着使用的工作表面的舒适高度很重要，通常是凭经验估计或是根据传统做法确定的。然而，通过科学研究发现，最舒适的高度是低于人肘部高度 7. 6cm。另外，休息平面的高度大约应该低于肘部高度 2. 5 ~ 3. 8cm	考虑到第 5 百分位的女性肘部高度较低，范围应为 88. 9 ~ 111. 8cm，一般台案设计为 85cm 讲台	要注意特别的功能要求
挺直坐高	用于确定座椅上方无障碍的允许高度。在布置双层床时，或搞创新的节约空间设计时，利用阁楼下面空间吃饭都和这个尺寸有关，或确定餐厅和酒吧的火车座隔断也要用到这个尺寸	由于涉及间距问题，采用第 95 百分位的数据是比较合适的	坐椅的倾斜、坐椅软垫的弹性、衣服的厚度以及人坐下和站起来时活动都是要考虑的
肩宽	可用于确定环绕桌子的座椅间距，也可用于确定公用和专用空间的通道间距	由于涉及间距问题，应使用第 95 百分位的数据	要考虑衣服的厚度和躯干与肩的活动
坐姿小腿加足高	是确定座椅面高度的关键尺寸，尤其对于确定座椅前缘的最大高度	应选用第 5 百分位的数据，因为如果座椅太高，大腿会受到压力感到不舒服	要考虑坐垫弹性
坐姿臀部宽度	这些数据对于确定座椅内侧尺寸和设计酒吧、柜台和办公座椅极为有用	由于涉及间距问题，应使用第 95 百分位的数据	根据具体条件，与两肋之间宽度和肩宽结合使用
坐姿大腿厚度	这些数据是设计柜台、书桌、会议桌、家具及其他一些室内设备的关键尺寸，而这些设备都需要把腿放在工作面下面。特别是有直拉式抽屉的工作面，要使大腿与大腿上方的障碍物之间有适当的间隙，这些数据是必不可少的	由于涉及间距问题，应选用第 95 百分位的数据	在确定上述设备的尺寸时，其他一些因素也应该同时予以考虑，如膝盖高度和座椅软垫的弹性
坐姿肘高	与其他一些数据和考虑因素联系在一起，用于确定椅子扶手、工作台、书桌、餐桌和其他特殊设备的高度	肘部平放高度既不涉及间距问题也不涉及伸手取物的问题，其目的只是能使手臂得到舒适的休息即可，故选择第 50 百分位左右的数据是合理的。在许多情况下，这个高度为 14 ~ 27. 9cm。这样一个范围可以适合大部分使用者	座椅软垫的弹性、座椅表面的倾斜以及身体姿势都应予以注意

（续）

人体尺寸	应用条件	百分位选择	注意事项
臀膝距	这些数据用于确定椅背到膝盖前方的障碍物之间的适当距离，如用于影剧院、礼堂和做礼拜的固排椅设计中	由于涉及间距问题，应选用第95百分位的数据	这个长度比臀部—足尖长度要短，如果座椅前面的家具或其他室内设施没有放置足尖的空间，就应用臀部—足尖长度
坐姿	这个尺寸用于座椅的设计中，尤其适用于确定腿的位置、确定长凳和靠背椅等前面的垂直面，以及确定椅面长度	应该选用第5百分位的数据，这样能适应最多的使用者	要考虑椅面的倾斜度

3. 人体尺寸数据应用的步骤和方法

（1）数据的选择　选择适应设计对象的数据是很重要的，要弄清产品的目标消费群体（给大学生设计的桌椅和给小学生设计的不同），在使用人体测量数据进行设计时，数据应该合理地代表所要用到的对象总体。在许多情况下，涉及的对象总体包括“大致的人群”，即设计特性必须容纳一个较大范围的人群。当事物为某特定群体（如儿童、老年人、运动员、残疾人等）而设计时，所用的数据应该是针对这个特定群体的。有许多特定的团体，如快速老龄化的中国老年产品设计，目前还没有合适的数据可以应用。要清楚使用者的年龄、性别、职业和民族，使得所设计的室内环境和设施适合使用对象的尺寸特征。

（2）所设计产品类型的确定　在涉及人体尺寸的产品设计中，确定产品功能尺寸的主要依据是人体尺寸百分位数，而人体尺寸百分位数的选用与所设计产品的类型密切相关。在GB/T 12985—1991标准中，依据产品使用者人体尺寸的设计上限值（最大值）和下限值（最小值）对产品尺寸设计进行了分类，凡涉及人体尺寸的产品设计，首先应按该分类方法确认所设计的对象是属于其中的哪一类型。

Ⅰ型产品尺寸设计——需要两个人体尺寸百分位数作为尺寸上限和下限（双限值设计）。

Ⅱ型产品尺寸设计——只需要一个人体尺寸百分位数作为尺寸上限或下限（单限值设计）。

ⅡA型——只需要一个人体尺寸百分位数作为尺寸上限（大尺寸设计）。

ⅡB型——只需要一个人体尺寸百分位数作为尺寸下限（小尺寸设计）。

Ⅲ型产品尺寸设计——只需要第50百分位作为产品尺寸设计的依据（平均尺寸设计）。

表2-6中的产品类型按产品的重要程度又分为涉及人的健康、安全的产品和一般工业产品两个等级。在确认所设计的产品类型及其等级之后，选择人体尺寸百分位数的依据就是满足度。

表2-6给出的满足度指标是通常选用的指标，对于有特殊要求的设计，其满足度指标可另行确定。

设计者当然希望所设计的产品能满足特定使用者总体中所有人的使用要求，尽管这在技术上是可行的，但在经济上往往是不合理的。因此，满足度的确定应根据所设计产品使用者总体的人体尺寸差异性、制造该类产品技术上的可行性和经济上的合理性等因素进行综合优选。

还需要说明的是，设计时虽然满足某一满足度指标，但用一种尺寸规格的产品却无法达到这一要求，在这种情况下，可考虑采用产品尺寸系列化和产品尺寸可调节性设计的方案解决。

表 2-6 人体尺寸百分位数的选择

产品类型	产品重要程度	百分位数的选择	满足度
Ⅰ型产品	涉及人的健康、安全	选用 P_{99} 和 P_1 作尺寸上下限依据	98%
	一般工业产品	选用 P_{95} 和 P_5 作尺寸上下限依据	90%
ⅡA 型产品	涉及人的健康、安全	选用 P_{99} 和 P_{95} 作尺寸上限依据	99%或95%
	一般工业产品	选用 P_{90} 作尺寸上限依据	90%
ⅡB 型产品	涉及人的健康、安全	选用 P_1 和 P_5 作尺寸下限依据	99%或95%
	一般工业产品	选用 P_{10} 作尺寸下限依据	90%
Ⅲ型产品	一般工业产品	选用 P_{50} 作尺寸依据	通用
成年男女通用产品	一般工业产品	选用男性 P_{99}、P_{95}、P_1 作尺寸上限依据	通用
		选用女性 P_1、P_5、P_{10} 作尺寸下限依据	

（3）对设计非常重要的人体尺寸的确定　查找适用于群体的人体测量数据表，把相关数值分离出来。例如，坐高在汽车的座位到车顶尺寸中是基本因素。

（4）产品功能尺寸的确定

最小功能尺寸 = 人体尺寸的百分位数 + 功能修正量

最佳功能尺寸 = 人体尺寸的百分位数 + 功能修正量 + 心理修正量

1）确定功能修正量（客观量）。

① 确定着装修正量。有关人体尺寸标准中所列的数据是在裸体或穿单薄内衣的条件下测得的，测量时不穿鞋或者穿着纸拖鞋；而设计中所涉及的人体尺度应该是在穿衣服、穿鞋甚至戴帽条件下的人体尺寸。应用时，必须给衣服、鞋、帽留下适当的余地，即增加适当的着装修正量。其他用具的调整，如按第 99 百分位设计的紧急出口，可能戴头盔穿防火衣后就不易进出。通常用实验方法去求得功能修正量，但也可以从统计数据中获得。对于着装和穿鞋修正量可参照表 2-7 数据确定。

表 2-7 着装修正量

（单位：mm）

身体部位	夏装	冬装	轻便劳动服靴子和头盔
身高	25 ~ 40	25 ~ 40	70
坐眼高	3	10	3
大腿厚	13	25	8
腿长	30 ~ 40	40	40
脚宽	13 ~ 20	13 ~ 25	25
后跟高	25 ~ 40	25 ~ 40	35
头长	—	—	100
头宽	—	—	105
肩宽	13	50 ~ 75	8
臀宽	13	50 ~ 75	8

② 确定姿势修正量。在测量人体时要求躯干为挺直姿势，而正常情况下，躯干为自然放松姿势，为此要考虑由于姿势不同而引起的变化量。此外，还需考虑实现产品不同操作功能所需修正量。静态数据需要动态尺寸的调整，如人行走，头顶上下的运动幅度可达 50mm。对姿势修正数据是：立姿时身高、眼高减 10mm；坐姿时的坐高、眼高减 44mm。

③ 确定操作功能修正量。考虑操作功能修正时，以上肢前展长为依据，上肢前展长是后背至中指指尖的距离，应对不同功能作修正：按钮开关减去 12mm，推滑开关、扳动开关减去 25mm。

④ 确定年代、年龄修正量。

2）确定心理修正量（主观量）。为了克服人们心理上产生的空间压抑感、高度恐惧感等心理感受，或者为了满足人们求美、求奇等心理需求，在产品最小功能尺寸上附加一项增量，称为心理修正量。心理修正量也是用实验方法求得的，一般是通过被试者主观评价表的评分结果进行统计分析求得。

例如，最佳船的层高设计

船的层高 = 人体高度尺寸(1775mm) + 功能修正量(115mm) + 心理修正量(115mm)

= 2005mm

（5）使用最新人体数据

2.1.8 设计用人体模型

在应用人体测量数据的时候，有时要使用物理模型，这种模型通常都代表了一定百分位的群体。此外，也有一些计算机程序来评估工作空间设计中的人体测量是否恰当。

根据人体测量数据进行处理和选择，从而得到标准人体尺寸，然后利用塑料、密实纤维等材料，按照 1:1、1:5 等设计中常用比例制成各个关节均可活动的人体侧视和三视模型。设计用人体模型通常可分为一、二维人体模板和三维人体模型，主要应用于设计机械、作业空间、家具、交通运输设备等的辅助制图、辅助设计、辅助演示或模拟测试等方面。图 2-16 所示为男性 50 百分位人体模板。

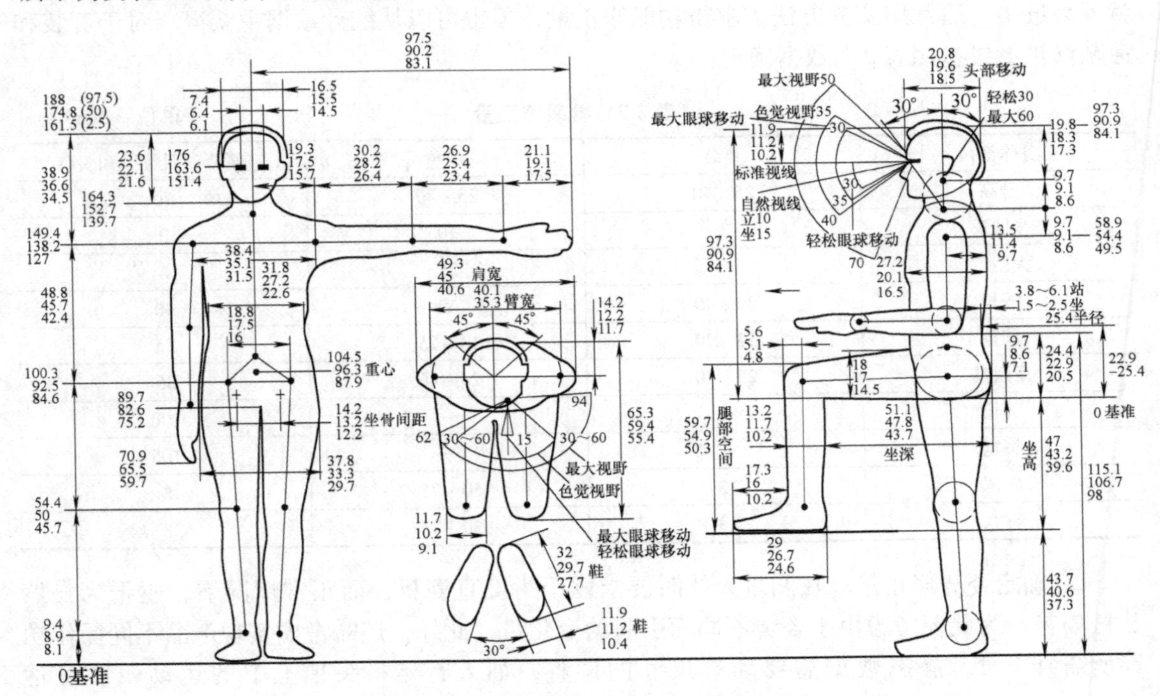

图 2-16　男性百分位人体模板（单位：cm）

试验用人体模型都是三维的，所以又称模拟人或虚拟人。根据试验要求的不同，有模拟人体全身的模拟人，以及模拟人体一部分的头部模型、胸部模型。模拟人按人体尺寸不同，有相当于95%、50%和5%人体的模型，分别称为AM 95%模拟人、AM50%模拟人和AM5%模拟人。模拟人最初用于弹射座、降落伞等与飞机有关的试验中。后来，汽车碰撞试验用模拟人被开发出来，并且让有代表性的用户用这个模型模拟进行一项作业（图2-17）。

世界上所有的人体测量数据都不可能取代全尺寸模型。

图2-17　用汽车碰撞试验用模型模拟作业

推荐参考资料

1. 人体测量方法　习焕久主编　科学技术出版社　2010年10月
2. 工业设计资料集　刘观庆主编　中国建筑工业出版社　2007年10月

作业

1. 测量自己生活周围所接触到的家具，如门窗、桌椅、床柜、茶几、楼梯栏杆、卫浴设备等的尺寸。要求以三视图草图方式画出所测量部分，并标注测量尺寸。

2. 测量同学的身体部分尺寸，计算百分位，并列出该尺寸在设计中的运用。将所测量的尺寸从人体工程学的角度进行分析，验证设计的合理性。

学生优秀作业

人体工程学在电脑桌设计中的应用

1. 设计师的工作状态分析

设计对象为年轻的刚步入工作岗位的设计师。

设计师所用电脑桌应满足以下功能：查找资料、画草图、方案确定、电脑作图。所以电脑桌功能分区为：绘图和阅读资料区域、电脑绘图区域。

电脑桌设计要从功能、造型、尺寸、色彩、空间等多个方面进行综合考虑，使设计方案合理，功能丰富，色彩清新，适合人体尺度，满足空间需求，并具有结构简单、使用方便、一物多用等特点。

2. 设计准备

（1）市场现状分析　通过市场调查，对目前电脑桌的主要类型、主要厂家、规格、价位、设计特点以及购买对象要有一定程度的了解，并列举各个国家不同风格的 10 款最流行的电脑桌，对其性能和价格进行了深入分析。

（2）人体工程学分析

1）分析人体尺寸，见表 2-8。

表 2-8　坐姿人体尺寸参考　（单位：mm）

项目	百分位	男	女	尺寸平均值	设计依据
坐姿眼高	50	798	739	768.5	电脑桌高度设计依据
坐姿肘高	50	263	251	257	工作面键盘高度设计
小腿加足高	50	413	382	397.5	
坐姿大腿厚度	95	151	151	151	容膝空间设计依据（地面到键盘高度）
坐姿膝高	95	532	493	512.5	
坐姿两肘间宽	95	489	378	433.5	电脑桌长度设计依据
坐姿上肢功能前伸长	5	673	607	640	桌宽设计

2）分析物的尺寸。计算机各个部分的尺寸主要参数如下（单位：mm）

显示器　长度 400　宽度 400　中心高度 250

主机　长度 450　宽度 180　高度 420

键盘　长度 455　宽度 165　高度 20

3. 设计过程

首先，要确保计算机（包括显示器、主机、键盘和鼠标）放在一个稳定的工作面上，要有足够的面积来放下这些东西。

其次，显示器的位置应该满足：放在正前方，正对着使用者；显示器的高度适宜，让使用者既不要仰头，也不要低头，选择依据为坐姿眼高，一般为台面高 + 显示器中心高，约 900mm。

再次，电脑桌上键盘的高度应当与坐姿时肘部等高或稍低，约 660mm。

最后，桌子的容膝空间应包括坐姿腿高加一个大腿厚度，取大百分位再加余量，约 650mm。

草图或书写区域可设计一个台面，在地面以上 0.75m。深度选择依据为坐姿上肢功能前伸长，取 600mm。

4. 造型设计

充分考虑年轻人的心理特点，采用比较现代的设计风格，简洁、大方，如图 2-18 所示。

这次设计是一次真正从身边出发，实现发现问题—分析问题—解决问题的过程，这一设

计也是源于生活又高于生活的设计，其主要目的是在系统地学习尺寸测量及应用的基础上，充分考虑人体尺寸，应用人体工程学理论在实践中进行设计。

图 2-18 电脑桌设计

2.2 人的感觉与知觉

人类能认识世界，改造环境，首先是依靠人的感觉系统，实现人和环境的交互。人的感觉系统是由神经系统和感觉器官组成。人的感觉器官接受内外环境的刺激，将其转化为神经冲动，通过传入神经将其传至大脑皮质感觉中枢，便产生了感觉。感觉性质的识别称为知觉。也就是说，感觉的产生过程为：感觉器官（耳、眼、鼻、舌、皮肤）—大脑—产生感觉。

2.2.1 感觉及特征

1. 感觉的定义

感觉就是人脑对直接作用于感觉器官的客观事物个别属性的反映。感觉是人们了解外部世界的渠道，也是一切复杂心理活动的基础和前提。

感觉类型可分为两类。

第一类：反映外界各种事物的个别属性，为外部感觉，如视觉、听觉、嗅觉、味觉、皮肤感觉。

第二类：反映自身各个部分内在现象的感觉，称为内部感觉或本体感觉。

2. 感觉的特征

（1）适宜刺激　外部环境中有许多物质的能量形式，人体的一种感觉器官只对一种能量形式的刺激特别敏感。能引起感觉器官有效反应的刺激称为该感觉器官的适宜刺激，如眼的适宜刺激为可见光，而耳的适宜刺激则为一定频率范围的声波，见表 2-9。

表 2-9 感觉器官的适宜刺激和识别特征

感觉类型	感觉器官	适宜刺激	识别特征
视觉	眼	光	形状、色彩
听觉	耳	声	声音的强、弱、远、近等
嗅觉	鼻	挥发性物质	气味
味觉	舌	可被唾液溶解物	酸、甜、苦、辣等
肤觉	皮肤	物理化学作用	温度、触压、痛觉等

（2）感觉阈限　产生感觉需要有达到一定强度的适宜刺激。刚刚能引起感觉的最小刺激量，称为绝对感觉阈限（表 2-10）的下限，感觉出最小刺激量的能力称为绝对感受性。而正好使人产生不正常感觉或引起感受器不适的刺激量，称为感觉阈上限。那种刚能引起差别感觉的两个同类刺激之间的最小差异量称为差别感觉阈限。

绝对感受性与绝对感觉阈限值成反比，也就是说，引起感觉所需要的刺激量越小即绝对感觉阈限的下限值越低，绝对感受性就越高，感觉越敏锐。不同的人感觉能力不同，即感受性有很大差异。实践证明，人的感受性能通过训练而改变。人的感受性有以下特点：

1）人与人之间的感受性有很大的差异。

2）人的各种感受性都有极大的发展潜力。

3）人的感受性具有补偿作用。

表 2-10　人类各种感觉的绝对感觉阈限

视觉	30mile 以外的一烛光
听觉	安静环境中 20ft 以外的手表滴答声
味觉	两加仑水中的一匙白糖
触觉	从 1cm 距离落到你脸上一个苍蝇的翅膀
嗅觉	弥散于 6 个房间中的一滴香水

注：1mile = 1.61m，1ft = 0.3m。

（3）感觉的适应　是指由于刺激物对感觉器官的持续作用而引起的感受性提高或降低的现象。视觉适应是最常见的感觉适应，包括明适应和暗适应。听觉适应、嗅觉适应、味觉适应具有选择性。肤觉中触压觉的适应最为明显，痛觉很难适应。适应现象是感觉中的普遍现象，但各种感觉适应的表现和速度是不同的。一般说来，视觉适应非常明显，嗅觉，肤觉（触，压，温度）适应也比较明显，听觉也存在着一定的适应现象。

例如，当人从阳光强烈的室外走进光照度很弱的室内，最初只觉得一片漆黑，什么也看不清，稍过一会儿，才能渐渐地看清室内的东西，这一过程就是暗适应过程。这是由于光刺激由强到弱，使视分析器（眼）的感受性相应地发生变化（感受性提高）。若从暗室中走到强烈的阳光下，同样会在最初看不清周围的事物，随后才逐渐能看清，这就是明适应（感受性降低）。暗适应的实际应用是很广泛的，汽车驾驶员对道路上不同的照明度的适应，与提高安全性，减少行车事故的关系十分密切。根据研究，影响暗适应的因素主要有：前后光照的强度对比，营养不良，如维生素 A 缺乏及缺氧等，均对暗适应有明显影响；另外，年龄因素（30 岁以后视觉适应能力有所下降）以及各种感觉器官的相互作用，均可影响暗适

应。又如，“入芝兰之室，久而不闻其香；入鲍鱼之肆，久而不闻其臭。”说的就是嗅觉的适应。

适应能力是有机体在长期进化过程中形成的，对于人类感知外界事物，调节自己的行为具有积极的意义。

（4）相互作用　指不同感受器因接受不同刺激而产生的感觉之间的相互影响。也就是说，对某种刺激的感受性会因其他感受器受到刺激而发生变化。这种相互作用可以使感受性提高，也可以使感受性降低。

不同感觉相互作用的规律尚未揭示，但一般表现为：对一个感受器的微弱刺激能提高其他感受器的感受性，对一个感受器的强烈刺激会降低其他感受器的感受性。例如，微弱的声音刺激可以提高视觉对颜色的感受性，强噪声会降低视觉的差别感受性。生活中，人们能体验到味觉和嗅觉的相互作用，如感冒的人常常味觉不敏感。

不同感觉的相互作用还有一种特殊表现——联觉，它指一种感觉兼有另一种感觉的心理现象。例如，切割玻璃的声音会使人产生寒冷的感觉；看见黄色产生甜的感觉，看见绿色产生酸的感觉；红、橙、黄色使人产生暖的感觉，绿、青、蓝使人产生冷的感觉。

颜色感觉具有冷暖感，红、橙、黄等有温暖感，称为暖色。颜色具有远近感：如蓝色、灰色、紫色等会使空间在感觉上变大。颜色具有轻重感：浅色、艳色的物体使人觉得轻，而深色的物体使人觉得沉重。有研究者做过实验：同样重量的产品包装，工人在搬运时，浅色的包装就比深色的包装效率高；食物的颜色、味道能提高味觉的感受性，使食欲大增；刺耳的声音会让人有冷的感觉，毛骨悚然。不同颜色的搭配就像音乐的长调、短调，让人有不同的心理感受。这些都是不同感觉间相互影响的结果，各种不同感觉间的相互作用，证明了人类感觉系统具有一定的相互联系，对客观世界的感性反映具有整体性。

（5）感觉对比　感觉对比是指同一感受器在不同刺激的作用下，感受性在强度和性质上发生变化的现象。感觉对比有两类，同时对比和即时对比。

1）同时对比指几个刺激物同时作用于同一感受器产生的感受性变化。例如，黑人的牙齿总给人以特别洁白的感觉；“月明星稀”也是同时对比产生的结果。

2）即时对比是指刺激物先后作用于同一感受器时产生的感受性变化。例如，吃糖之后吃苹果，会觉得苹果酸；吃了苦的中药后在喝白开水会顿觉特别轻快，这些都是先后对比产生的结果。对比在某种意义上也是一种错觉。

（6）感觉补偿　感觉补偿是指由于某种感觉缺失或机能不全，会促进其他感觉的感受性提高，以取得弥补作用。例如，盲人的听觉、触觉和嗅觉特别灵敏，以此来弥补其丧失了的视觉功能，但这种补偿作用是由于长期不懈练习才获得的。

（7）余觉　刺激消失后，感觉可存在一极短时间，这种现象叫余觉。

3. 本体感觉

本体感觉能告知操作者躯体正在进行的动作及其相对于环境和机器的位置；而其他感觉能将外部环境的信息传递给操作者。本体感觉包括以下两种：

（1）平衡觉　人对自己头部位置的各种变化及身体平衡状态的感觉。影响平衡觉的因素有酒、年龄、恐惧、突然的运动、热紧迫、不常有的姿势等。

（2）运动觉　人对自己身体各部位的位置及其运动状态的一种感觉。运动觉涉及人体的每一个动作，是仅次于视觉、听觉的感觉。人的各种操作技能的形成更有赖于运动觉信息的反馈调节。

4. 第六感

科学实验表明，人体除了有视觉、听觉、嗅觉、味觉和触觉五个基本感觉之外，还具有对机体未来的预感。生理学家把这种感觉称为“机体感”、“机体模糊知觉”，也叫做人体的“第六感”。

第六感在生理学上又指人们对内脏器官的感觉，它是由于机体内部进行的各种代谢活动使内感官受到刺激而产生的感觉。第六感的感知并没有什么专一的感觉器官，它是由机体各内脏器官的活动，通过附着于器官壁上的神经元发出神经电冲动，把信号及时传递给各级神经中枢而产生的。

例如，一个科学家获得一个新的理论可能是因为想法突然“跳入”他的脑海，甚至是在梦中出现。人们可以凭直觉判断一个人不诚实，虽然并不能判定他所说的话是虚假的。

第六感往往钟情于女性。在现实生活中，许多女性都或多或少地体验过自己凭直觉做出判断或预测的准确性。这种判断往往是对问题直接做出结论，缺少可以意识到的和能用言语表达的过程和依据，然而却能一击即中，精确无误。

2.2.2 知觉及特征

1. 知觉的定义

知觉是人脑对直接作用于感觉器官的客观事物和主观状况整体的反映。

知觉的过程：客观事物的各种属性分别作用于人的不同感觉器官，引起人的各种不同感觉，经大脑皮质联合区对来自不同感觉器官的各种信息进行综合加工，于是在人的大脑中产生了对各种客观事物的各种属性、各个部分及其相互关系的综合的、整体的决策，这便是知觉。

由此可见，知觉与感觉相比较，具有以下的本质特征：第一，知觉反映的是事物的意义，知觉的目的是解释作用于人的感官的事物是什么，并尝试着用词去标志它，所以知觉是一种对事物进行解释的过程；第二，知觉是对感觉属性的概括，是对不同感觉通道的信息进行综合加工的结果，所以知觉是一种概括过程；第三，知觉包含有思维的因素。知觉要根据感觉信息和个体主观状态所提供的补充经验来共同决定反映的结果，即首先按照最大可能性的原则提出“是什么事物”的假设，然后在头脑中对感知的事物进行匹配、核对，最后作出判断。从这个意义上说，知觉是人主动地对感觉信息进行加工、推理和理解的过程。

2. 感觉和知觉的关系和区别

感觉和知觉都是客观事物直接作用于感觉器官而在大脑中产生对所作用事物的反映。

从知觉的过程得知，客观事物是首先被感觉，然后才能进一步被知觉，所以知觉是在感觉的基础上产生的，感觉的事物个别属性越丰富、越精确，对事物的知觉也就越完整、越正确。在生活和生产活动中，人都是以知觉的形式直接反映事物，而感觉只作为知觉的组成部分而存在于知觉之中，很少有孤立的感觉存在，在心理学中称为“感知觉”。

感觉反映的是客观事物的个别属性，而知觉反映的是客观事物的整体。感觉的性质较多取决于刺激物的性质，而知觉过程带有意志成分，人的知识、经验、需要、动机、兴趣等因素直接影响知觉的过程。

3. 知觉的基本特性

知觉具有选择性、整体性、恒常性及理解性。

（1）知觉的选择性　人在知觉事物时，首先要从复杂的刺激环境中将一些有关内容抽出来组织成知觉对象，而其他部分则留为背景。根据当前需要，对外来刺激物有选择地作为知觉对象进行组织加工的特征就是知觉的选择性。如图2-19所示，当老妇被选择为知觉对象时，其余部分就退为背景。

影响知觉选择性的因素以下几方面：

1）客观因素

① 对象与背景的差异：对象与背景之间差别越大，越容易被知觉。

② 对象与背景的相对活动关系：运动的元素容易被选择。

③ 对象与背景的组合关系：彼此接近的对象比相隔较远的对象、彼此相似的对象比不相似的对象容易组合在一起，而成为知觉的对象。

2）主观因素包括兴趣、需要、态度、爱好、情绪或知识经验、职业、专长、观察能力、分析能力等。

（2）知觉的整体性　把知觉对象的各种属性、各个部分知觉成为一个同样的有机整体，这种特性称为知觉的整体性。知觉的整体性可使人们在感知自己熟悉的对象时，只根据其主要特征可将其作为一个整体而被知觉。如图2-20所示，由黑点构成的三角形作为一个整体被感知。

图2-19　知觉的选择性

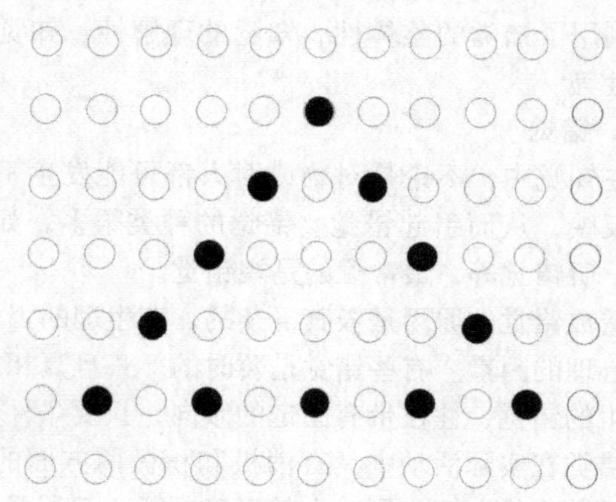

图2-20　知觉的整体性

影响知觉整体性的因素同样也有客观因素和主观因素。

1）客观因素：① 对象各部分间的强度关系；② 对象各组成部分或属性的刺激顺序关系；③ 对象各部分之间的结构关系。

2）主观因素包括过去的知识、经验、语言的作用等。

相邻性、对称性、相似性、封闭型、连续性等都是影响知觉整体性的因素。

（3）知觉的理解性　知觉的理解性是指在对现实事物的知觉中，需有以过去的经验、知识为基础的理解，以便对知觉的对象做出最佳解释、说明。知觉的这一特性叫理解性。

影响知觉理解性的因素有客观和主观之分。

1）客观因素：① 对象本身的特点；② 他人语言的指导。

2）主观因素包括人的知觉任务、知识、经验、态度及观点等。

由于人们的知识经验不同，所以对知觉对象的理解也会不同，与知觉对象有关的知识经验越丰富，对知觉对象的理解也就越深刻。在复杂的环境中，知觉对象隐蔽、外部标志不鲜明、提供的信息不充分时，语言的提示或思维的推论可唤起过去的经验，帮助人们去立即理解当前的知觉对象，使之完整化。此外，人的情绪也影响人对知觉对象的理解。

（4）知觉的恒常性　人们总是根据以往的印象、知识、经验去知觉当前的知觉对象，当知觉的条件在一定范围内改变了的时候，知觉对象仍然保持相对不变，这种特性称为知觉的恒常性。知觉的恒常性包括大小恒常性；颜色恒常性；形状恒常性；听知觉恒常性。

知觉的恒常性保证了人在变化的环境中，仍然按事物的真实面貌去知觉，从而更好地适应环境。

影响知觉恒常性的因素包括客观因素和主观因素。

1）客观因素：① 对象的刺激模式；② 对象的功能特征。

2）主观因素包括人的经验、定势、期待心理、反馈作用等。

知觉的四个特点是一体的，在对一个具体例子的分析中是不能分割的。

图2-21所示的美国加利福尼亚州旅游标志设计，利用了知觉的整体性、知觉的理解性、知觉的选择性等。

图2-21　美国加利福尼亚州旅游标志

4. 错觉

在知觉中，不论是对物或对人都可能发生不正确的反映，从而引起错觉。错觉的种类很多，如视错觉、听错觉等，最常见的是视错觉。

造成错觉的原因是极其复杂的，有生理的因素，也有心理的因素。有些错觉是暂时的，一旦真相大白，错觉就会消失；但是有些在特定条件下产生的错觉，往往带有固定的倾向，只要条件具备，错觉就会产生。

错觉在实际活动中具有消极和积极两方面的作用。起消极作用的错觉常常混淆人的视听，扰乱人的心智，影响人的正确判断；起积极作用的错觉则已被人们广泛地加以应用，如军事上的伪装，魔术、化妆等行业的以假乱真手法等。尽管至今还没有一种可以解释各种错觉的理论，但是，正因为人能发现错觉，找出错觉产生的条件和原因，这就从另一个侧面证明了人脑能正确地反映现实。

产生错觉的原因：外界刺激的前后影响；脑组织的作用；环境的迷人现象；习惯；主观态度等。

推荐参考资料

打开知识世界的窗口：知觉与错觉　张明　主编　科学出版社　2004年3月

设计心理学　左晃编著　合肥工业大学出版社　2010年7月

设计艺术心理学　许劭艺编著　中南大学出版社　2008年8月

思考题

1. 感觉与知觉的定义；感觉与知觉的相同点与区别及其关系；知觉的基本特性。
2. 感觉的特点及在设计中的应用举例。

2.3　视觉

在人们认知世界的过程中，大约有80%～90%的信息是通过视觉系统获得的。因此，视觉系统是人与外界相联系的最主要途径。人机系统中的最常用的感觉通道是视觉通道（80%）、听觉通道（14%）及触觉和其他通道（6%）。

视觉的适宜刺激是光。人的两眼可以感受到的光波只占整个电磁光谱的一小部分，其波长为380～780nm（图2-22）。

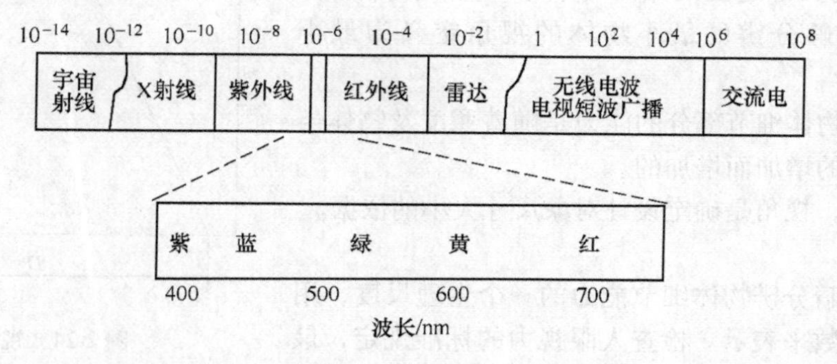

图2-22　人眼可以感受到的光波波长

2.3.1　视觉过程

物体依赖于光的反射映入眼睛，光、对象物、眼睛是构成视觉现象的三个要素（图2-23），但视觉系统并不只包括眼睛。从生理学角度看，它包括眼睛和脑；从心理学角度看，它不仅包括当前的视觉，还包括以往的知识经验。换句话说，视觉捕捉到的信息，不仅是人体自然作用的结果，而且也是人的观察与过去经历的反映。

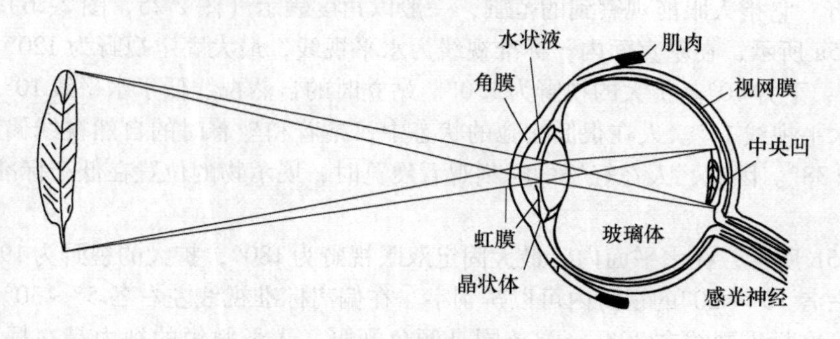

图2-23　视觉三要素

视网膜具有感光机能，是人眼感觉光的始端，上面分布着两种感光细胞：锥状体细胞和杆状体细胞。

（1）视锥细胞　其分布于中央，接受强光刺激，形成明视觉和色觉，并能看清物体表面的细节与轮廓，有很强的空间分辨能力。

（2）视杆细胞　其分布于周边部分，对光的敏感度高，能接受弱光刺激，形成暗视觉。观察空间范围和正在运动的物体。

视觉障碍中有一种色觉障碍，即色盲和色弱。其中，色盲是不能识别三原色中的某一种或某几种颜色者，色弱是对某种颜色辨别能力较正常人差者。

2.3.2　视觉功能

1. 视角

被看目标物的两点光线投入眼球的交角 α 称为视角（图 2-24）。视角 α 的单位为“′”。在一般照明条件下，正常人眼能辨别 5m 远处两点间的最小距离，其相应的视角为 1′。能够分辨的最小物体的视角定义为最小视角。

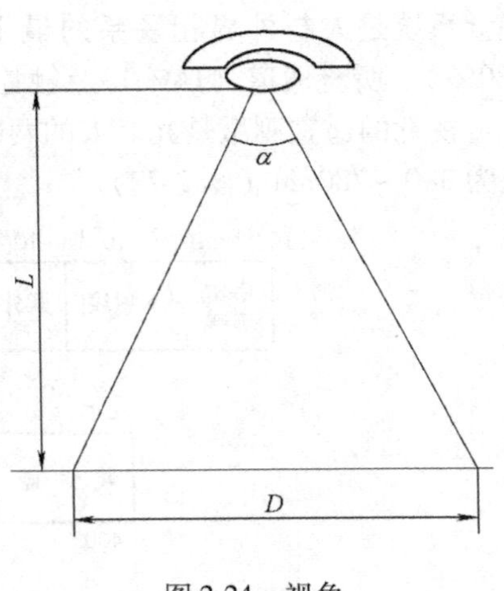

图 2-24　视角

人眼辨别物体细节部分的能力是随着照度及物体与背景的对比度的增加而增加的。

在设计中，视角是确定设计对象尺寸大小的依据。

2. 视力

视力是眼睛分辨物体细节能力的一个生理尺度，用临界视角的倒数来表示。检查人眼视力的标准规定，最小视角为 1′时，视力等于 1.0，此时视力为正常。随着年龄的增加，视力会逐渐下降，所以作业环境的照明设计应考虑工作者年龄的特点。

3. 视距

视距是人在操作系统中正常的观察距离。一般应根据观察目标的大小和形状以及工作要求确定视距。通常，视距低于 380mm 时会引起目眩，超过 780mm 时看不清细节。普通操作的视距范围为 380～760mm，在 560mm 处最为适宜。

4. 视野

（1）视野　它指人眼能观察到的范围，一般以角度表示（图 2-25、图 2-26）。

如图 2-25a 所示，在垂直面内，标准视线为水平视线，最大固定视野为 120°，其中标准视线上方 50°，下方 70°。扩大的视野为 150°。站立时的自然视线低于水平线 10°，坐着时自然视线低于水平视线 15°。人在很低松弛的状态中，站着和坐着时的自然视线偏离标准视线分别是 30°和 38°。因此，人在轻松的时刻观看展览时，展示物的位置在低于标准视线 30°的区域里。

如图 2-25b 所示，在水平面内，最大固定双眼视野为 180°，扩大的视野为 190°，在偏离标准视线左右各 10°～20°的视野内可以辨别字。在偏离标准视线左右各 5°～30°的视野内可以辨别字母，在标准视线右 30°～60°范围是颜色视野。人最敏锐的视力是在标准视线两侧各 10°的视野内。

（2）有效视野　在视野边缘上，人只能模糊地看到有无物体存在，但辨不清其详细形状。能够清楚辨认物体形状的视野为有效视野。静视野的有效视野是以视中心线为轴，向上 30°，向下 40°，左、右各为 15°～20°。其中，在中心 3°以内为最佳视野。

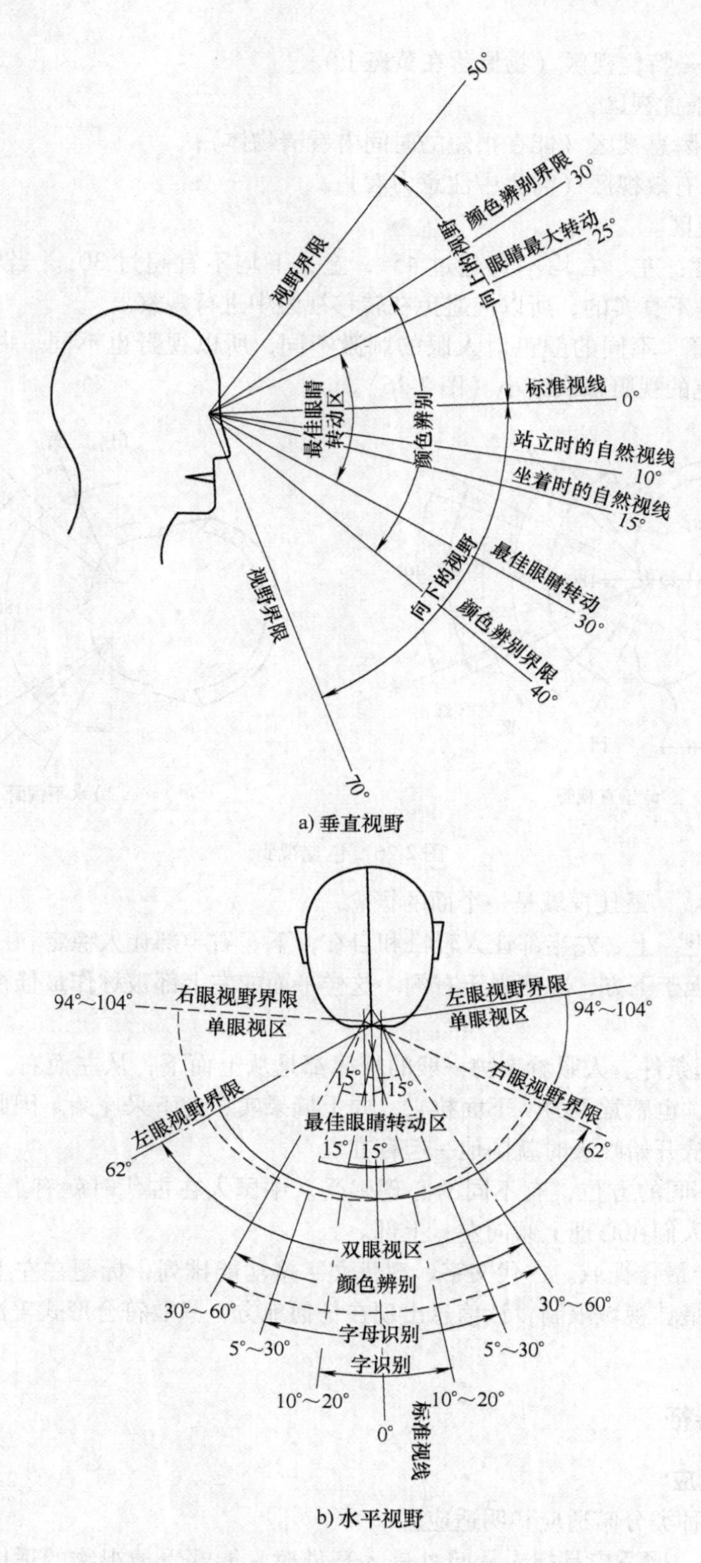

a) 垂直视野

b) 水平视野

图 2-25　视野

1.5°~3.0°——特优视区（物像落在黄斑上）；

10°以内——最优视区；

10°~20°——瞬息视区（能在很短的时间内看清物体）；

20°~30°——有效视区（需集中注意力看）；

其余：良好视区。

头部转动角度：左、右均不宜超过45°，上、下均不宜超过30°。当转移视线时，约97%时间的视觉是不真实的，所以应避免在转移视线中进行观察。

（3）色觉视野　不同的颜色对人眼的刺激不同，所以视野也不同。白色的视野最大，黄、蓝、红、绿色的视野依次渐小（图2-26）。

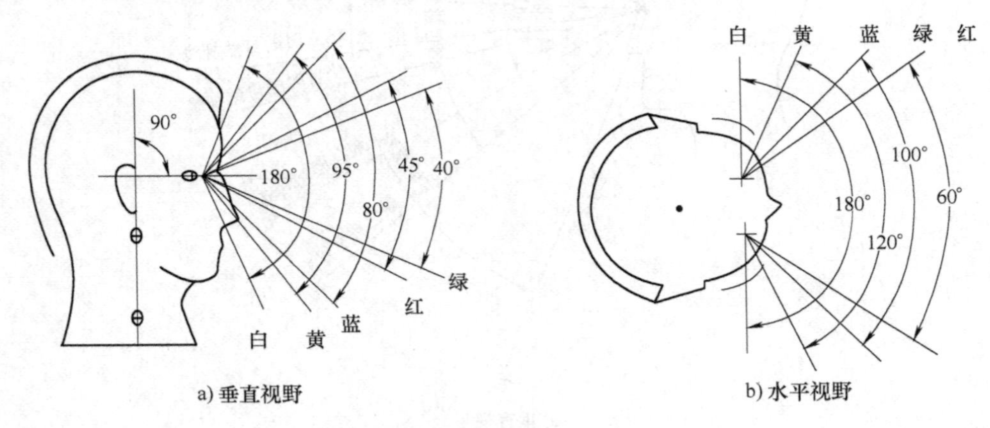

a）垂直视野

b）水平视野

图2-26　色觉视野

（4）最佳视域　最佳视域是一个面的概念。

在一个平面上，上、左半部让人轻松和自在，下、右半部让人稳定和压抑。所以平面的视觉影响力上方强于下方，左侧强于右侧。这样平面的左上部被称作最佳视域。最佳视域的形成有以下原因：

1）人的生理条件。人眼看事物一般的规律都是从上而下，从左而右。人一生下来就感觉脚站在地面上，也感觉重力从下面拉它，向上摘果实，向下采花朵。因此，上、下的概念是他的一部分，从开始呼吸时就同他一起存在。

2）人对于不同的方位，有不同的心理感受。中国人在古代时就有上、左为尊的传统，延续到现在使得人们在心理上倾向左、上部。

3）功能决定最佳视域。古代文字、现代文字按功能排列，标题在左上方。在一些特定的情况下，突破最佳视域限制，让信息出现在任何地方，只要符合形式美法则，也还是可以达到理想效果的。

2.3.2　视觉特征

1. 视觉的适应

视觉适应的种类分暗适应和明适应。

（1）明适应　明适应是指人从暗处进入亮处时，能够看清视物的适应过程。人由暗环境转入明亮的环境，视杆细胞失去感光作用而视网膜上的600万~800万个视锥细胞感受强

光的刺激，使视觉阈限由很低提高到正常水平，这一过程就是明适应。

明适应在最初30s内进行得很快，然后渐慢，约1~2min即可完全适应。人在明亮的环境中，不仅可以辨认很小的细节，而且可以辨别颜色。

(2) 暗适应 人由明亮的环境转入暗环境，在暗环境中，视网膜上的1.2亿个视杆细胞感受光的刺激，使视觉感受性逐步提高的过程称为暗适应。暗适应过程的时间较长，最初5min，适应的速度很快，以后逐渐减慢。获得80%的暗适应约需25min，完全适应则需1h。

人在暗环境中可以看到大的物体、运动的物体，但不能看清细节，也不能辨别颜色。

2. 视觉的运动规律

1）视线水平移动比垂直移动快。

2）水平方向尺寸的判断比垂直方向准确。

3）视线移动方向上，习惯上是从左到右，从上而下，顺时针。

4）阅读习惯是跳跃式的，一行文字跳跃3~7次比较合适，一次跳跃的距离大小与文字的内容熟悉程度有关，一般为三个词的距离。

5）遵循连续性法则。

6）遵循封闭性法则。

7）颜色的易辨认顺序：红、绿、黄、白；颜色相配时的易辨认顺序：黄底黑字、黑底白字、蓝底白字、白底黑字、白底红字。

8）在视线突然转移的过程中，约有3%的视觉能看清目标，其余97%的视觉都是不真实的，所以在工作时，不应有突然转移的要求，否则会降低视觉的准确性。如需要人的视线突然转动时，也应要求慢一些才能引起视觉注意。为此，应给出一定标志，如利用箭头或颜色预先引起人的注意，以便把视线转移放慢，或者采用有节奏的结构。

3. 眩光

1984年，北美照明工程学会对眩光作出以下定义：在视野内由于远大于眼睛可适应的照明而引起的烦恼、不适或丧失视觉表现的感觉。眩光的光源有两种：一种为直接光源，如太阳光和很强的灯光等；另一种是间接光源，如来自光滑物体表面（如水面、广场、高速公路等）的反光。

(1) 眩光类型 根据产生的后果将眩光分成三类型：不适型眩光、光适应型眩光和丧能型眩光。

1）不适型眩光。在人的视野中，当环境亮度变化相差不大时，人不会感到不舒服，但转化亮度相差大时就会感到不舒服，如在太阳光下看书或漆黑房间看亮度大的电视，人会感到不舒服。这种情况就是不适型眩光造成的。所以在生活、学习和工作中，通过调节某些环境因素，使视野中各种光线应保持相近，就可减少眩光对人的影响。例如，晚上看电视时，点一盏小灯，避免不适型眩光；操作计算机时，调节计算机显示屏亮度与周围环境亮度相协调，就可减轻操作计算机带来的视疲劳。

2）光适应型眩光是指由黑暗环境走到阳光或强光下双眼视觉下降的一种现象。其主要原因是由于强烈的眩光源在视网膜上形成中央暗点，引起长时间视物不清。

3）丧能型眩光是指由于周边凌乱的眩光源所引起眼睛视网膜上像的对比度下降，从而导致大脑对像的解析困难的一种现象，好像幻灯机在墙上的投影受到旁边强光的干扰而导致成像质量下降的现象。有许多眼部因素可以引起丧能型眩光，如老年白内障患者，因晶体出现点状混浊，使进入眼内的光线发生散射，使患者感到视物模糊。

（2）引起眩光的物理因素　这些因素包括：周围的环境较暗；光源表面或灯光反射面的亮度高；光源距视线太近；光源位于视轴上下左右30°范围内；在视野范围内，光源面积大、数目多；工作物光滑表面（如电镀、抛光、有光漆等表面）的反射光；强光源（如太阳光）直射照射；亮度对比度过大等。

（3）眩光造成的有害影响　使暗适应破坏，产生视觉后像；降低视网膜上的照度；减弱观察物体与背景的对比度；观察物体时产生模糊感觉等。这些都将影响操作者的正常作业。

4. 视觉后像

刺激物对感受器的作用停止后，感觉现象并不立即消失，它能保留一个短暂时间，这种现象称为视觉后像。其中，正后像是指后像的品质与刺激物相同。负后像是指后像的品质与刺激物相反。

如图2-27所示，注视30s以上，然后看白色背景，会看到一个发亮的灯泡即为视觉后像。

图2-27　视觉后像

5. 视觉损伤

低照度或低质量的光环境，会引起各种眼的折光缺陷或提早形成老花。眩光或照度剧烈而频繁变化的光可引起视觉机能的降低。当照度不足时，视觉活动过程即开始缓慢，视觉效率便显著下降，这极易引起视觉疲劳，而且整个神经中枢系统和机体活动也将受到抑制。

眼睛能承受的可见光的最大亮度值约为106cd/m^2，如越过此值，人眼视网膜就会受到伤害。

长期从事近距离工作和精细作业的工作者，由于长时间看近物或细小物体，睫状肌必须持续地收缩以增加晶状体的曲度，这将引起视觉疲劳，甚至导致睫状萎缩，使其调节能力降低。

因此，长期在劣质光照环境下工作，会引起眼睛局部疲劳表现为眼痛、头痛、视力下降等症状。此外，作为眼睛调节筋的睫状肌的疲劳，还可能形成近视。

在生产过程中，除切屑粒、火花、飞沫、热气流、烟雾、化学物质等有形物质会对眼睛造成伤害之外，强光或有害光也会对眼睛造成伤害。

6. 视错觉

人在观察物体时，视网膜受到光线的刺激，光线不仅使神经系统产生反应，而且会在横向产生扩大范围的影响，使得视觉印象与物体的实际大小、形状存在差异，这种现象称为视错觉。视错觉是现实生活中广泛存在的一种客观现象。人们往往容易相信自己的眼睛，但看到的东西不一定就是真实的。例如垂直、等长的两条直线，垂直方向的直线看上去要比被分割成两段的水平直线长。又如上下并置的同等大小的两个正圆形，上边的圆形总是比下边的圆形感觉大。

视错觉是普遍存在的现象，其主要类型有形状错觉、色彩错觉及物体运动错觉等。其中常见的形状错觉有长短错觉、方向错觉、对比错觉、大小错觉、远近错觉及透视错觉等。色彩错觉有对比错觉、大小错觉、温度错觉、距离错觉及疲劳错觉等。图2-28所示为几种常见的错觉图形。

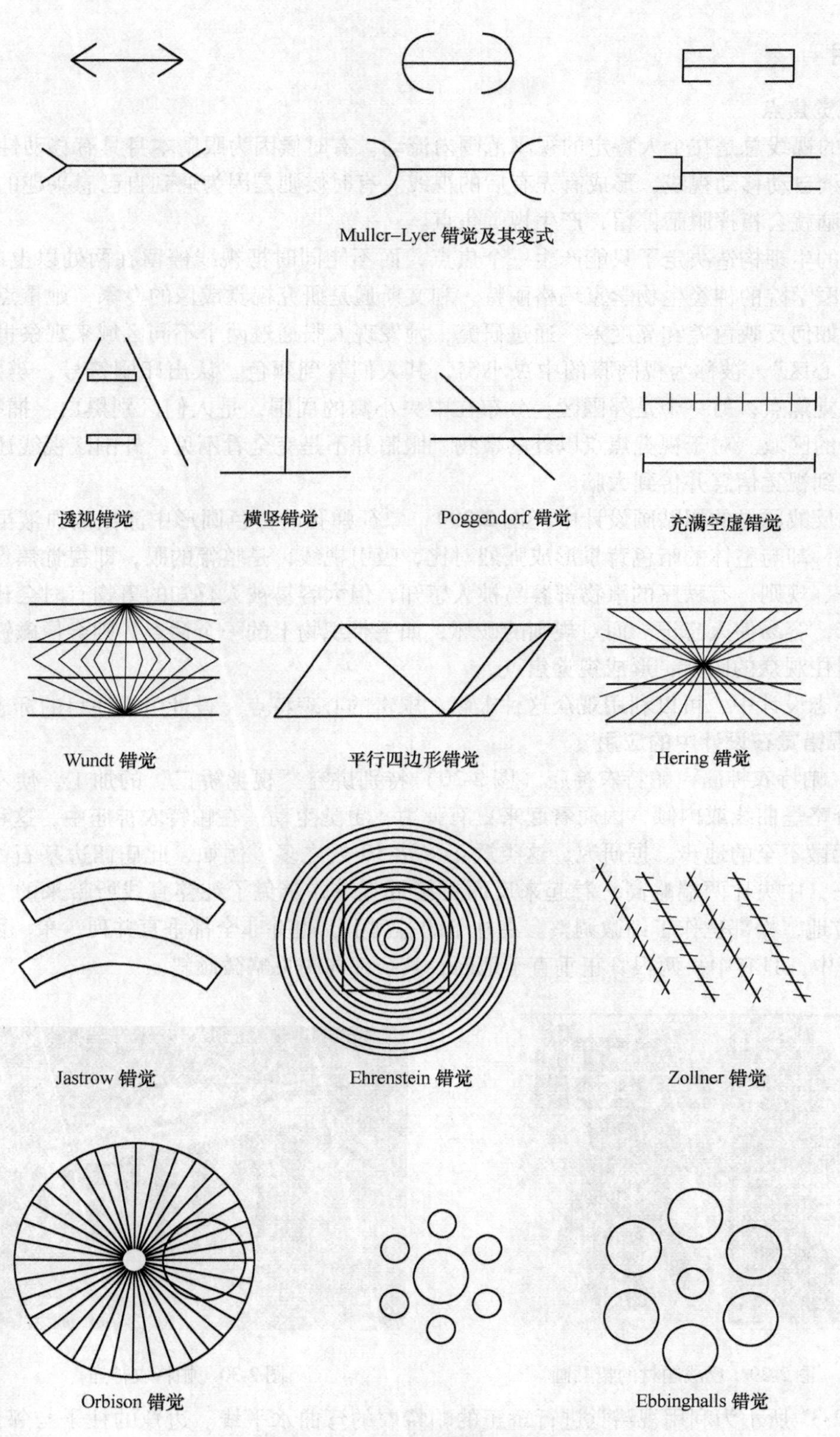

图 2-28　几种常见的错觉图形

设计应用

1. 视觉焦点

人们的视线总是在个人特定的视阈范围内流动。有时候因为眼睛本身具有移动性，随着时间的延续自动移动视线，形成有先有后的视线。有时候则是因为遇到自己感兴趣的或有疑问的，大脑就会指挥眼睛停留，产生视觉焦点。

人眼的生理构造决定了只能产生一个焦点，而不能同时把视线停留在两处以上的地方。美国哈佛医学院的神经生物学家玛格丽特·利文斯通是研究视觉成像的专家，她重点研究眼睛与大脑如何反映色差和亮度差。通过研究，她发现人眼通过两个不同区域来观察世界。一个是“中心区”，被称为视网膜的中央小窝，其人们看到颜色，认出印刷符号，辨别细节，这也是视觉焦点；另一个是外围区，分布在中央小窝的周围，是人们区别黑白、捕捉运动、分辨阴影的区域。对于视觉焦点以外的事物，眼睛并不是完全看不见，外围区视线还是会及时地捕捉到视觉信息并传到大脑。

例如反战题材的招贴画设计中（图 2-29），象征弹孔的白色圆形中流出的血液虽然用白色来体现，却与整体的暗色背景形成强烈对比，吸引视线，是整幅的眼，即视觉焦点。

整齐、规则、有秩序的事物都容易被人感知，但太容易被人感知的事物有时会让人觉得枯燥乏味，容易使人忘记。而对规则的破坏，如平整织物上的一个污点，则会像磁铁一样牢牢地吸引住观众的眼睛，形成视觉焦点。

在标志设计中，可以利用观众这种求新、求奇的心理特点，设计引人注目的标志符。

2. 视错觉在设计中的应用

（1）帕特农神庙　帕特农神庙（图 2-30）特别讲究“视觉矫正”的加工，使本来是直线的部分略呈曲线或内倾，因而看起来更有弹力，更觉生动。在帕特农神庙中，这种矫正发挥到了无微不至的地步。据研究，这类矫正多达 10 处之多。例如，此庙四边基石的直线就略作矫正，中央比两端略高，看起来反而更接近直线，避免了纯粹直线所带来的生硬和呆板。相应地，檐部也作了细微调整。在柱子的排列上，也并非全都垂直并列，东、西两面各 8 根柱子中，只有中央两根真正垂直于地面，其余都向中央略微倾斜。

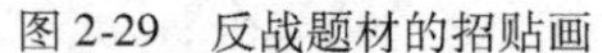
图 2-29　反战题材的招贴画

图 2-30　帕特农神庙

图 2-31 所示为利用视错觉进行矫正的帕特农的弯曲水平线。边角的柱子与邻近的柱子之间的距离比中央两柱子之间的距离要小，柱身也更加粗壮（底径为 1.944m，而不是其他

柱子的 1.905m)。

这样处理的原因是:边角的柱子处于外部的明亮背景中,而其余柱子的背景是较暗的墙壁,人的视觉习惯会把尺寸相同的柱子在暗背景上看得较粗,亮处则较细。视觉矫正就是要反其道而行,把亮处的柱子加粗,看起来就一致了。同样,内廊的柱子较细,凹槽却更多;山墙也不是绝对垂直,而是略微内倾,以免站在地面的观察者有立墙外倾之感。装饰浮雕与雕像则向外倾斜,以方便观众欣赏等,此处不一一列举。

(2) 海报设计 视错觉还表现在不同方向的处理上,如同一文字图形从不同的方向看也会产生不同的形象。因此,寻找两种或多种文字图形的相似点是形成错觉效果的关键。例如香港著名的设计师陈幼坚先生设计的《东西相会》海报作品(图 2-32),通常画面中应该出现"东"、"西"两个文字来表达两种概念,但作者却另辟蹊径,利用上、下不同方向产生的视错觉,表现了两种形态文字——从正面看是繁体汉字的"东"字,反转过来则成了拉丁文"WEST"(西方)。两者共生于同一形态结构中,彰显了东西方共生的主题。不同方向产生的错视在这一文字图形设计创意实践中起到了决定性的作用。

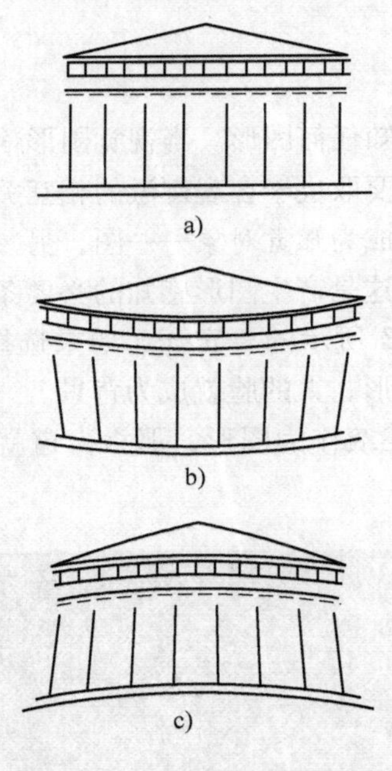

图 2-31 帕特农的弯曲水平线

a) 准确的几何图形 b) 视觉变形 c) 纠正变形

图 2-32 《东西相会》海报

在现代艺术设计实践中,设计师已经在自觉不自觉地将这一特殊而又普遍的视错觉原理运用于设计实践当中,使其具有鲜明的视觉形式和丰富的思想内涵。

(3) 室内设计中的视错觉的运用

1) 重复的竖线能造成增高空间的感觉,如对于低矮的居室在设计时,可选择垂直线条或细碎图案的墙纸,一直贴到天花板,以增高空间感。

2) 众多的横线条能使墙面有增宽感,这正如一个胖子不宜穿蓝白相间的横格子的衣服,否则越发显得肥胖。

3) 为了造成深度上的视错觉,选择色彩淡雅的落地式窗帘和窗纱,可使空间产生纵向延伸的效果。

4）墙面下的踢脚线上，涂饰与地板相同的色彩，可以扩大地板的视觉面积。

推荐参考资料

1. 视觉神经生理学　刘晓玲主编　人民卫生出版社　2005 年 1 月
2. 视觉传达设计原理　杜士英著　上海人民美术出版社　2009 年 12 月

思考题

1. 视错觉在设计中的应用举例。
2. 视觉的功能。

2.4　图形认知

2.4.1　知觉的对象与背景

感觉是图形感知的基础，没有感觉便不能感知任何图形。当视觉图形信息经视神经传入大脑后，便在大脑中形成图形感知。图形感知主要取决于客观刺激的相互关系，只有当客观刺激物之间具有某种差别时，一部分刺激物才能成为知觉对象——图，另一部分刺激物则成为背景——底，从而使图形从背景中分离出来，这是产生图形感知的必要条件。

对象与背景可以相互转化与依赖，如图 2-33 所示的鲁宾壶，如果选择人脸作为图形，白色的壶就成为背景；如果选择白色的壶作为图形，人的脸就成为背景。

图 2-34 所示的城市平面图，如果把城市的建筑作为图形，那么街道就退为背景；如果把街道作为图形，那么建筑就成为背景。

图 2-33　鲁宾壶

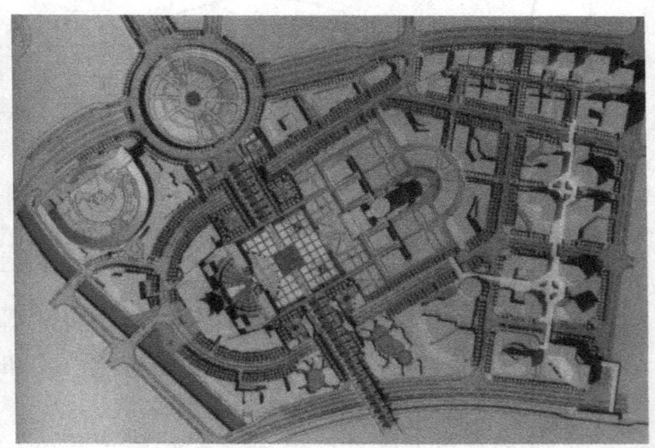

图 2-34　城市平面图

2.4.2　易形成图形的条件

根据知觉经验，易形成图形有以下条件：

1）面积小的部分比大的部分易形成图形。

2）同周围环境的亮度差大的部分比小的部分易形成图形。

3）亮的部分比暗的部分易形成图形。

4）含有暖色色相的部分比冷色色相的部分易形成图形。

5）向水平或垂直方向扩展的部分比斜向扩展的部分易形成图形。

6）对称部分比不对称部分易形成图形。

7）幅宽相等部分比幅宽不相等部分易形成图形。

8）与下边相联系部分比从上边垂落下来的部分易形成图形。

图2-35所示为易于形成图形的条件。

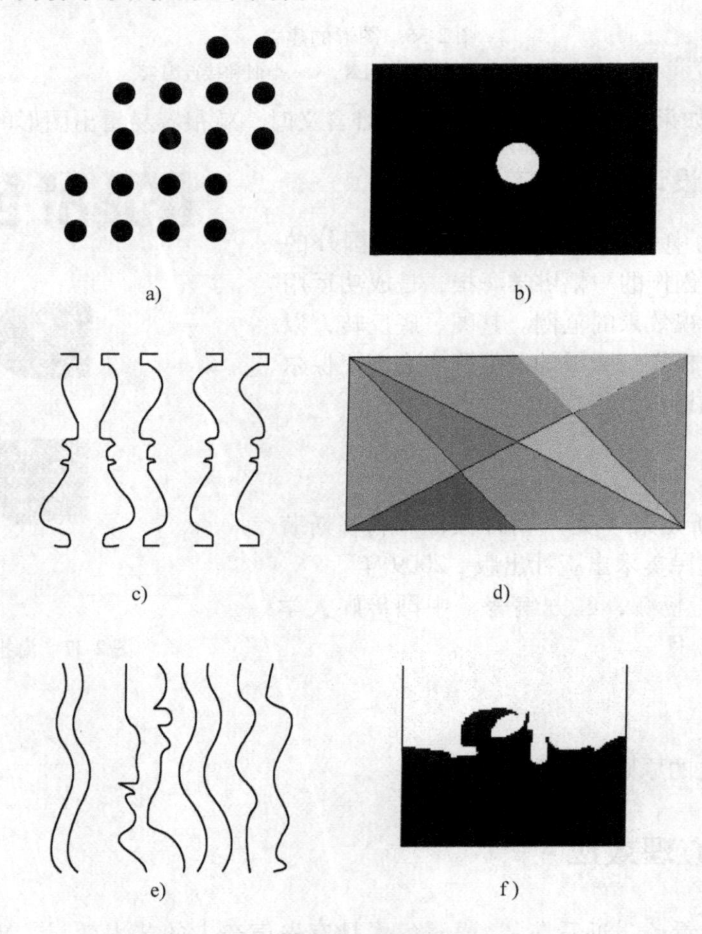

图2-35　易形成图形的条件

2.4.3　图形的建立

（1）接近因素　位置相近的图形容易聚合。

（2）方向因素　朝向一定的部分容易聚合。

（3）类似因素　相似的部分容易聚合。

（4）对称因素　对称图形容易聚合。

（5）封闭因素　封闭图形容易聚合。

（6）意义因素　含有意义的形式容易聚合。

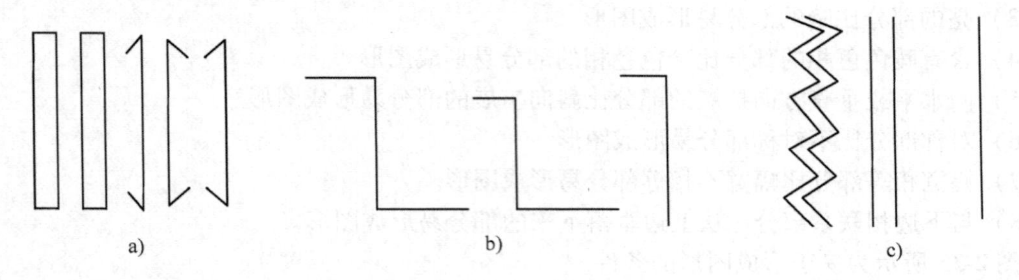

图 2-36　图形的建立

a）封闭因素　b）意义因素　c）类似和接近因素

图 2-36b 中，如果得知为字母“E”的横卧含义时，就很容易看出图形的聚合性。

设计应用　海报设计

图 2-37 所示为中央美术学院肖勇教授为国外的设计师吕迪·保尔创作的一幅讲学海报，是成功运用图、底关系引起错视效果的范例。其图、底反转，以实托虚，以严谨的核心与无限的空间张力表现了保尔不受拘束的设计风格。

图 2-37　海报设计

推荐参考资料

1. 图形设计新元素（美）勒普顿，菲利普斯著　张翠译　上海人民美术出版社出版　2009 年

2. 图形设计　杨娜，红方编著　中国传媒大学出版社　2011 年 2 月

作业

利用图形建立的原则进行图形设计。

2.5　色彩的心理效应

俗话说，“远看色，近看花。”说明色彩具有先声夺人的艺术效果。现代研究也表明，人在观察外界事物的最初 20s，对色彩的注意力和感觉占 80% 左右，而对形的注意力和感觉仅占 20% 左右。色彩是刺激人视觉神经的最敏感的视觉信息符号，它对人类是必不可少的，不仅是人的一种生存手段，也是人们思考生活，丰富和发展生活的重要工具。

在设计中，色彩比造型更具冲击力，它所表达的含义是深刻而广泛的，给予人们心理情感的影响是十分巨大的。因此，苏联艺术家李西斯基说：“世界是通过视觉与色彩被人感知的。”

设计师在运用色彩设计时，应该把人的各项情感因素考虑进去，结合人的个性与共性、

心理与生理等各种因素，充分考虑到设计色彩的功能，体现以人为本的设计思想，从而达到相对完美的应用效果。

2.5.1 色彩的视觉现象

1. 色觉

色觉器官在色彩刺激作用下由大脑引起的心理反应，即不同波长的光线对视觉器官产生物理刺激的同时，大脑将其接受的色彩刺激信息不断地翻译成色彩概念，并与储存在大脑中的视觉经验结合起来，加以解释，形成颜色知觉。

2. 色彩对比

（1）同时对比　当两种或两种以上的色彩并置配色时，相邻两色会互相影响，称为同时对比。在色相上，彼此把自己的补色加到另一色彩上，两色越接近补色，对比越强烈。在明度上，明度高的显得越高，明度底的显得越低。图2-38所示为明度的同时对比。

（2）继时性对比　当看了一种色彩再看另一种色彩时，会把前一种色彩的补色加到后一种色彩上，这种对比称为继时性对比。例如看了绿色再看黄色时，黄色就有鲜红的感觉。

图2-38　明度的同时对比

2.5.2 色彩的心理效应

众所周知，光与色对眼和脑的各种效应属于生理学范畴，它不仅表现在对人的感官刺激上，而且几乎对所有的生物均有一定的生理效应。

动物和人类一样，在对色彩的心理感受中确实有着某种共同性的东西，而这种感受主要表现为动物对外界条件刺激所作出的条件反射。

色彩对人的刺激会引起人的知觉心理效应。对人而言，这种外界条件所引起的心理反应相对来说比较复杂，它不仅包括最简单的生理影响，还涉及自身的职业、爱好、年龄、性别、环境和民族习俗以及生活阅历、审美经验的长久积累等。

1. 直接性心理效应

色彩的直接性心理效应来自色彩的物理刺激对人的生理产生的直接影响。心理学家对此曾经做过许多实验。他们发现，在红色的环境中，人的脉搏会加快，血压有所升高，情绪兴奋冲动；而在蓝色环境中，脉搏会减缓，情绪也较平静。波长长的红光、橙光和黄色光，本身有暖和感；相反，波长短的紫色光、蓝色光、绿色有寒冷的感觉。冷色与暖色除了给人们以温度上的不同感觉外，还会带来其他一些感受。例如，暖色偏重，冷色偏轻；暖色有密度强的感觉，冷色有稀薄的感觉；暖色有逼近感，冷色有退却的感觉。这些感觉都是偏向于对物理方面的印象，而不是物理的真实，它属于一种心理错觉。

2. 间接心理效应

色彩的间接心理效应有一个明显的特点，即它常常是由联想导致的。例如人们面对某一色相时，常会由该色相联想到与它相关联的其他事物。面对红色，自然会联想与之相关的红旗及革命；面对粉色，自然会想到这是花季少女之色。表2-11列出了色彩与联想的相互关系。

可见，色彩之所以能传递情感，是与色彩的物理属性、与物体的相互作用以及人的生理、心理等密不可分的。设计者如果要达到既促进产品销售、又能让人赏心悦目的目的，就要充分利用色彩所蕴涵的情感来传递设计者的理念。

表2-11　色彩与联想的相互关系

色彩	具象联想		抽象联想	
	少儿	青年	少儿	青年
白色	雪、白纸	雪、白云	纯洁、清楚	洁白、神秘
红色	太阳、红苹果	血、红旗	热情、革命	热烈、危险
黄色	香蕉、菜花	柠檬、月亮	活泼、明快	光明、希望
蓝色	天空、水	海、天空	理想、无限	平静、薄情
绿色	树叶、草坪	山林、树草	环保、新鲜	自然、和平
紫色	夜、头发	煤炭、夜晚	悲哀、神秘	严肃、死亡

色彩与情感之间的传递中，色彩本身并没有特定的情感内容，它只有无穷无尽的色相和深浅、浓淡的色阶，但这些色相、色阶组合在一起，却能形成各种各样的色彩情调和色彩情感。人们见到不同的色彩，就会产生不同的体验，如黑色有庄重厚实感，白色则表示纯洁无瑕，银色显得典雅朴实，蓝色给人以浪漫轻快之感，红色象征热烈奔放。不同的色彩之所以使人们形成了不同的感受，是受多方面因素影响的。

2.5.3　色彩的物理感觉

人们在长期与色彩共处的过程中，由于主观、客观的共同作用，逐渐形成了对色彩的物理感觉特性，包括色彩的冷暖感、轻重感、远近感、软硬感等。

1. 色彩的冷暖感

所谓色彩的冷暖感是一种心理量，与实际的温度并无直接的联系。木村俊夫氏做过一个试验，将同样温度的红与蓝的热水放满两个烧杯，让人边看边用左、右手指插入不同的烧杯，这时让其说出各自的温度，谁都会回答说，红色热水要比蓝色热水的温度高。

红、橙、黄色近似于火焰的颜色，当人们看到这种颜色时，就容易联想到火的燃烧、太阳的升起、热血、红花等，因此往往在心理上产生一种温暖的感觉；而对于蓝、青色，人们多见于冰天雪地、海洋、天空，所以这些颜色往往给人以寒冷的感觉。

不同色相的色彩有热色、冷色和温色之别。色彩的冷暖既有绝对性也有相对性。越靠近橙色色感越热，越靠近青色色感越冷。一般把橘红色纯色定为最暖色，称为暖极；把天蓝色纯色定为最冷色，称为冷极。而中间的绿、灰、紫是中间过渡地带，它们有时处于“中立”，有时又表现出暧昧或摇摆现象。

颜色的冷暖感也是相对的。例如紫红、绿色、灰色等，与暖色的橘红相对时属于冷色，而与冷色的蓝、青并列时又属于较暖的色。

设计应用

色彩的冷暖感是区别色彩特质的重要标志之一，在色彩设计和绘画创作中，恰当地利用色彩的冷暖对比与统一，是提高色彩感染力的一种强有力的手段。例如在缺少阳光或阴暗的房间，采用暖色，以增添亲切温暖的感觉；在阳光充足的房间，则往往采用冷色，起降低室温感的作用。

图 2-39（彩插）所示为 2010 年温哥华冬奥会会徽。伊拉纳克的头部为绿色，双臂为深蓝色，躯干为天蓝色，双腿分别为红色和金色。温哥华奥组委表示，绿色、深蓝与天蓝代表温哥华沿海地区的森林、山区与群岛，红色是加拿大国家标志枫叶的颜色，金色代表温哥华的夕阳胜景。这五种颜色也与奥运五环的颜色相同。温哥华奥组委首席执行官弗隆称，整个人形体现了“友谊，热情，力量，视野和团队精神”。

图 2-39　2010 温哥华冬奥会会徽

2. 色彩的轻重感

色彩的轻重感主要取决于明度和纯度，明度和纯度高的显得轻（白），明度低的色彩则给人以重的感觉（黑）。色彩的轻重感与生活体验有关，也与色彩的空间感有关。

有一个生动的例子：1940 年，纽约的码头工人因搬运的弹药箱太重而举行罢工，一位颜色专家出了个主意，把弹药箱的颜色改漆为浅绿色，弹药箱的重量并未改变，但颜色使工人觉得它变轻了，罢工终于停止了！从某种意义上讲，颜色提高了劳动效率。

色彩从重到轻的排列顺序：黑—蓝—红—橙—绿—黄—白。

3. 色彩的距离感

色彩可以使人产生进退、凹凸、远近、膨胀与收缩的不同感觉。例如同一面积、同一背景的物体，由于色彩的不同，给人造成的视觉效果就各不相同。浅色有膨胀感，深色与之相反有收缩感。同一面积、同一背景的物体，由于色彩的不同，给人造成的视觉效果就各不相同。

暖色、纯色、亮色看上去生动、突出，为前进色；冷色、灰色、暗色看上去有镇静、收缩、遥远的感觉，为后退色。

设计应用

一般来说，在狭窄的空间中，若想使它变得宽敞，应该使用明亮的冷调。由于暖色有前进感，冷色有后退感，可在细长的空间中远处两壁涂以暖色，近处两壁涂以冷色，空间就会从心理上感到更接近方形。

门厅中粗大的柱子、比例不合适，就可用深色饰面材料（利用色彩的收缩感）来加以改善，使之在感觉上变得细些。

室内设计经常在地面设计很多的拼花图案，由于色彩的前进感和后退感，经常给人错误的感觉而造成伤害，尤其是对老年人和视缺陷者。

在做妆面整体设计时，想特别突出某一部位，如漂亮迷人的嘴唇，可以选用纯度较高的口红，将人的视线吸引过来；反之，如果想弱化某一部位，可以选用纯度和明度都比较低的颜色，使之不那么显眼。

4. 色彩的软硬感

纯度与明度的变化给人以色彩软硬的印象，如淡的亮色使人觉得柔软，暗的纯色则有强硬的感觉。

5. 色彩的诱目性

色彩的诱目性也称色彩的醒目感。色彩不同，引起人的注目性不同。光色的诱目性顺序为：红 > 蓝 > 黄 > 绿 > 白，物体色的诱目性顺序是：红色 > 橙色。此外，色彩的诱目性还取决于它与背景色的关系，下面列出不同背景色中色彩的诱目性顺序：

黑色底可见度强弱次序：白 > 黄 > 黄橙 > 黄绿 > 橙。

白色底可见度强弱次序：黑 > 红 > 紫 > 紫红 > 蓝。

蓝色底可见度强弱次序：白 > 黄 > 黄橙 > 橙。

黄色底可见度强弱次序：黑 > 红 > 蓝 > 蓝紫 > 绿。

绿色底可见度强弱次序：白 > 黄 > 红 > 黑 > 黄橙。

紫色底可见度强弱次序：白 > 黄 > 黄绿 > 橙 > 黄橙。

灰色底可见度强弱次序：黄 > 黄绿 > 橙 > 紫 > 蓝紫。

2.5.4　色彩与其他感觉

人所具有的各种感觉可以在一定条件下发生相互沟通的现象，这种现象叫做联觉，有的学者也称之为“通感”。它是由一种已经产生的感觉，引起另一种感觉的心理现象。例如，色彩与听觉的联觉应用有蓝色多瑙河、月光曲等作品；色彩与味觉的联觉应用有食品类包装；色彩与嗅觉的联觉应用有食品、饮料、化妆品的设计及包装。

在设计中，联觉的运用包括两个方面的意义：

1）通过特定的色彩和造型避免不好的，令人不愉快的感觉，或在一定程度上改变人们的感觉。

2）通过特定的色彩和造型唤起多种感觉，以强化设计的艺术魅力。尤其是那些只能单凭视觉来把握的设计，要唤起其他的感觉，就只能利用联觉的作用。这种感觉的转换，可以使接受者收到多方面的信息，从而对产品形成全面、深刻的印象。

人们日常接触的食物本身就具有自然丰富的色调，各种食物的色彩长期作用于人的视觉、味觉和知觉，容易对味觉产生固定性联想。

在食品包装色彩设计中有一个普遍的规律：甜味食品多用粉红、橘黄、白等色调来表现；酸味食品多用融入黄色的绿色调或融入绿色的黄色调来表现；苦味食品常用灰褐色、橄榄绿、黑色调表现，如咖啡的包装设计色彩为深褐色；辣味食品多用红色调表现。可见，要增强食品包装设计的表现力，使人产生恰当的味觉联想，就需要合理地使用色调。

在中国古老的阴阳五行说中，就分析了色和味的联觉作用，认为青色的相应味觉是酸味、赤是苦味、黄是甘味、白是辣味、黑是咸味。现代心理学家也做了广泛的调查试验。日本的一位学者调查的结果是：黄、白、桃红色是甜味的；绿色是酸味的；灰、黑色是苦味

的；白、青是咸味的。西欧国家也有类似的试验报告。

色彩的味觉联想虽然不像色彩的冷暖那样直观，甚至有时似有似无、若隐若现，模糊得令人难以言表，但是在色彩和味觉相关的某些场合、某些行业，使用色彩是否恰当却不能忽视。中国的烹饪学很注意“味、色、香”的相互配合，使人的味觉、视觉、嗅觉同时都获得美的享受。所谓美味佳肴包括物质的，精神的双重含义，在食品着色和食品包装上，色彩对人们的诱惑力，直接影响到需求的欲望，假如把果汁做成蓝灰色，把烤肉制成艳蓝色，将会产生什么结果，是可以想象的。

2.5.5　色彩的情感与其象征性

色彩就其本质而言，只不过是通过不同的光线刺激眼睛所产生的视觉，也可以说是人的视觉对光反应的产物，从色彩的本身上讲无什么情感可言。但是，人类生活在这个世界上，主要是依靠光线获取大量的色彩信息。大自然中春夏秋冬、风云雨雪、金木水火土、酸甜苦辣咸这一切变化对人类带来的影响无不通过色彩被记忆在人们心灵的深处。因此，当人们看某种颜色或色组时，便不由自主地联想到生活经历中所遇到过的与此相关的感觉，从而引起心理上的共鸣，同时在情感上作出某种反应。尽管人们的生活经历、文化教养、宗教信仰等方面有所不同，而对色彩的心理效应有所同异，但对色彩在情感上的反应和情感表达大致上是一致的。

人们通过对自然现象的观察，并且因各自生活经历的不同，对色彩形成了不同的心理效应和联想，对色彩的联想，与观察者的年性别，职业、兴趣、爱好、文化修养、生活经历、民族信仰有关。

（1）具体的联想　看到某种色彩，引起对某种事物联想。例如，看到红，想到太阳、花、血、火焰；看到黑，想到暗、墨；看到黄，想到柠檬、月亮；看到绿，想到树叶；看到蓝，想到海洋、天空等。

（2）抽象的联想　看到某种色彩，不是联系到某种物，而是形成一种抽象的概念。表2-12和表2-13分别列出了各种颜色抽象的联想及色彩明度、彩度、色性的抽象联想。

表2-12　各种颜色的抽象的联想

色相	心理效应
红	激情、热烈、喜悦、吉庆、革命、愤怒、焦灼
橙	活泼、欢喜、爽朗、温和、浪漫、成熟、丰收
黄	愉快、健康、明朗、轻快、希望、明快、光明
蓝	理智、无限、理想
绿	安静、新鲜、安全、和平、年轻
青	沉静、冷静、冷漠、孤独、空旷
紫	庄严、不安、神秘、严肃、高贵
白	纯洁、朴素、纯粹、清爽、冷酷
灰	平凡、中性、沉着、抑郁
黑	黑暗、肃穆、阴森、忧郁、严峻、不安、压迫

表 2-13　明度、彩度、色性的抽象联想

属性	色调	颜色	心理效应
明度	明调	含白成分	透明、鲜艳、悦目、爽朗
	中间调	平均明度及面积	呆板、无情感、机械
	暗调	含黑成分	阴沉、寂寞、悲伤、刺激
	极高调	白－淡灰	纯洁、优美、细腻、微妙
	高调	白－中灰	愉快、喜剧、清高
	低调	中－灰黑	忧郁、肃穆、安全、黄昏
	极低调	黑加少量白	夜晚、神秘、阴险、超越
彩度	鲜艳度	含白成分	鲜艳、饱满、充实、理想
	灰度	含黑及其他色成分	沉闷、浑浊、烦恼、抽象
色性	冷调	青、蓝、绿、紫	冷静、孤僻、理智、高雅
	暖调	红、橙、黄	温暖、热烈、兴奋、感情

另外，色彩的华丽与朴素感也与色彩组合有关。运用色相对比的配色具有华丽感，其中以补色组合为最华丽。为了增加色彩的华丽感，金、银色的运用最为常见。例如所谓金碧辉煌、富丽堂皇的宫殿色彩，昂贵的金、银装饰是必不可少的。色彩的华丽与朴素感以色相关系为最大，其次是纯度与明度。红、黄等暖色和鲜艳而明亮的色彩具有华丽感，青、蓝等冷色和浑浊而灰暗的色彩具有朴素感。彩色系具有华丽感，明度越高、彩度越高的色彩越有华丽之感，而彩度越低、明度越低的色彩越朴素。设计者可以根据需求选择不同的色彩情感，在设计中可以充分运用色彩的高度识别性，融入视觉冲击力极强的色彩，传达诉求的功能。

此外，色彩影响情绪。色彩的兴奋与沉静感取决于刺激视觉的强弱。在色相方面，红、橙、黄色具有兴奋感，青、蓝、蓝紫色具有沉静感，绿与紫为中性。偏暖的色系容易使人兴奋，即所谓“热闹”；偏冷的色系容易使人沉静，即所谓“冷静”。在明度方面，高明度之色具有兴奋感，低明度之色具有沉静感。在纯度方面，高纯度之色具有兴奋感，低纯度之色具有沉静感。色彩组合的对比强弱程度直接影响兴奋与沉静感，强者容易使人兴奋，弱者容易使人沉静。

例如在英国，过去常常有人在伦敦一条黑色的伯列费尔桥跳河自杀。当用蓝色刷过桥之后，跳河自杀的人减少了一半。在美国加州，一座监狱的看守长为犯人寻衅闹事而苦恼。有一次，他偶然把一伙狂暴的犯人换到一间浅绿色的牢房里，奇迹就发生了，那些原来暴跳如雷的犯人，就好像服用了镇静剂一样，渐渐平静下来。看守长由此受到启发，便把囚室漆成绿色，于是犯人闹事的事件随之减少。由于蓝色、绿色使人感到幽静、安详，故有“心理镇静剂”之称。

色彩对情绪也有作用，直接影响人的食欲和睡眠。

设计应用

1. 法国国旗（图 2-40（彩插））

利用色彩的膨胀感和收缩感，白、红蓝的比例为30:33:37，以获得视觉上的平衡。

2. 招贴设计（图2-41（彩插））

“红色”在中华大地上流行了数千年而经久不衰。据考古资料发现，在旧石器时代晚期，中国的物质生产中就有红色的应用：北京周口店山顶洞人有许多系红绳的穿孔装饰品，原始人群会染红穿带，撒红粉。此外，红色开始具有社会性的巫术礼仪的符号意义。在中国的封建社会，红色沉淀了许多社会内容。红色是官服的颜色，为历代统治者所选用。在建筑中，赤墙、朱门、红楼，以及朱檐等广泛使用红色。而民间的年画、壁画等也常常采用红色及其类似对比相结合。在现代社会，红色在中国人的审美观中蕴藏着十分丰富的内涵。在中国的民俗活动中，也处处充满着红色的影子。京剧中“红蓝别善恶，黑白显忠奸”的红脸，被认为是赤诚，忠厚的人物。而在节日庆祝或是婚庆寿宴，红色则增添了不少喜气，更不用说红窗花、红春联、红腰带、红花轿子，以及红灯笼等。在中国的南方，还有情人互赠红豆以表相思之意；在现代社会的今天，无论是国庆之时，还是食品包装、礼品包装、家庭装潢、广告作品中，处处都可以见到红色的影子，显示了一种喜庆、富贵、吉祥如意的情感。可以说在中国社会中，无论从政治、经济、日常生活等方面都表现出了人们对于红色的热爱。

图2-40　法国国旗

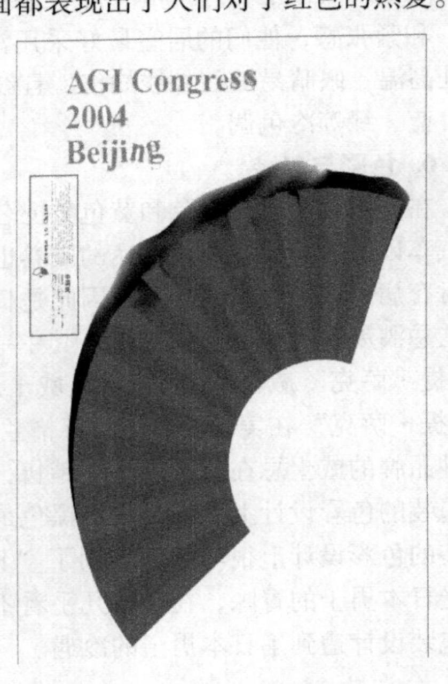

图2-41　设计应用案例

3. 室内设计中的应用

在旅馆门厅、大堂、电梯厅和其他一些逗留时间短暂的公共场所，适当使用高明度、高彩度色彩，可以获得光彩夺目、热烈兴奋的气氛。在住宅居室、旅馆客房、医院病房、办公室等房间里，采用各种调和灰色可以获得安定柔和、宁静的气氛。在空间低矮的房间常采用轻远感的色彩来减少室内空间的压抑感；而对于室内较大的房间，则采用具有收缩感的色彩，避免使人感到室内空旷。

美国颜色专家约翰·密尔纳在他所撰写的《颜色参考手册》一书中指出，红色环境使神经兴奋，促使多吃、快吃；白色给人洁净和安定的感觉，使人细嚼慢咽，尽情品味，自然不会少吃；黄色会使顾客愿意掏钱来大享口福；而绿色和蓝色等冷色则使人愉快地减少食量或倾向于多吃青绿色蔬菜。因此，餐厅的色彩布置是颇费心思的，在一些比较讲究的餐厅里，墙壁常刷成黄色，桌椅也漆成黄色，以此来刺激胃。

4. 在交通标志中的应用

在交通标志中，为提高图案配色的视认度，底色采用后退色（如黑色），而文字（或图形）采用易读性最好的前进色——黄色，从而使标志具有清晰向前的近感效果。红色的易见性最高，同时给人以紧张的心理效应，是一种兴奋性极强的兴奋色，容易使人联想到危险与灾害。因此，人们利用红色的特性，将红色作为交通信号灯禁止通行信号。

5. 色彩与职业关怀

对某些职业性疲劳症和心理障碍，可在家庭居室中通过色彩疗法，产生药物起不到的功效。例如纺织工人长年累月接触的都是白色的棉纱织品，眼睛会产生疲劳和“冷凝”心理，居室等采用暖色调（红、橙、黄等）则可起到调节心理和消除眼睛疲劳的作用；煤矿工人每天都和黑色煤炭打交道，他们的居室若以明亮色彩为主，便是颇为有效的“防疾”之举；自动流水线操作工、打字员、排字工要求精力高度集中、手疾眼快，久而久之地适成“复视”和紧张感，他们的居室最好采用浅绿或淡蓝色调；冶炼和司炉工人因长期注视红色和身处高温，眼睛易被红外线灼伤，且红色会使大脑不断兴奋，容易疲劳，他们的居室应选用青、蓝、绿等冷色调。

6. 色彩与包装

在英国和美国，金色和黄色象征名誉和忠诚，因此是受男士们喜爱的颜色，如美国的出租汽车以黄色最受欢迎，柯达的胶卷也因其黄色包装而闻名。但在日本，黄色表示未成熟，有时有病态或不健康的含意，因此是日本男士忌讳之色。在日本市场上，曾经有两种牌子的威士忌酒展开明争暗斗的较量，其中一种是日本产的“陈年”威士忌，另一种是美国产的“卡提·萨克”威士忌。“陈年”威士忌在日本一直销售很旺，其外观设计以黑色为主；而“卡提·萨克”在美国、英国、苏格兰的销量也高居榜首，其包装设计以黄色为主。然而当两种品牌的威士忌在日本市场上销售，“陈年”威士忌大获全胜。经过调查发现，原因出在外包装的色彩设计上。在日本，黑色最能体现日本国民的男性气概，“陈年”威士忌酒的外包装的色彩设计上很巧妙地利用了“日本化”包装，因而赢得日本消费者的喜爱；而黄色不受日本男士的青睐，在日本几乎看不到黄色为主的包装设计，因此，“卡提·萨克”的黄色包装设计遭到了日本男士的冷遇。

推荐参考资料

1. 视觉传达设计原理　王彦发主编　高等教育出版社　2008 年 1 月
2. 视觉传达设计原理　杜士英著　上海人民美术出版社　2009 年 12 月
3. 视觉传达设计视觉体验　邬烈炎编著　江苏美术出版社　2008 年 1 月
4. 绘画构图学　常锐伦著　人民美术出版社　2008 年 12 月

作业

1. 举例说明色彩的心理效应及在设计中的应用。
2. 举例说明视错觉在设计中的应用。
3. 选择一优秀设计作品，从视觉方面进行分析。

第3章 人与环境

人离不开环境，不论是工作，家庭事务还是休息，都需要一个适宜的环境，否则将会影响工作和休息的效率与质量，影响身心健康。因此，人体工程学的任务之一就是要使人与环境协调，使人-机-环境系统达到一个理想状态。

近年来，科学技术和工业生产的迅速发展，并且由于人体计测、生理学计测、心理学计测等科技测试手段可对人体工程学进行一系列定量分析，使这一学科日臻成熟。把系统的方法引入到环境设计过程中来，使设计在处理人、机、空间方面有了科学的依据。

3.1 人与环境的交互

远古时期，人类面临着复杂恶劣的生存环境，为了种族的生存与繁衍，适应自然环境，他们开始找寻探求遮风挡雨、躲避猛兽的场所，并先后发现发明了洞居、穴居、巢居、湖居等居住方式。早期的人类已经开始具有了建筑和环境艺术的意识、概念和活动，半坡遗址距今6000年左右，已发掘出46座房屋、200多个窖穴，并且房屋的结构、大小等可以反映一定的功能性，说明古人已经开始创造人类居住的环境。在满足功能的基础上，人类精神方面的需求也在建筑、环境、室内装饰中有所体现，如宗教建筑中信仰的独特造型和色彩体现。

环境本身具有一定的秩序、模式和结构，可以认为环境是一系列有关的多种元素和人的关系的综合。人类的行为可以使外界事物产生变化，而这些变化了的事物，又会反过来对行为主体的人产生影响，国外很多学者对这种环境行为做过研究，其中包括人和人之间关系、人和环境之间的交互、人的心理与环境等，研究结果为今天的环境设计提供了设计的依据。好的建筑设计和室内设计都考虑了人的行为特征，人的习惯，人的私密性、安全需求等。例如人们设计创造了简洁、明亮、高雅、有序的办公室内环境，相应的环境也能使在这一氛围中工作的人们有良好的心理感受，能诱导人们更为文明、更为有效地进行工作；一个好的小区环境和景观设计，可以协调邻里之间、人们之间的关系，增加人与人之间的交往，使社会更加和谐健康发展。

3.1.1 环境的构成

环境是包括人们周围一切事物的总和，其内容和构成是复杂的。

（1）按构成性质分类　环境可分为自然环境、生物环境、人工环境、社会环境。

大自然诞生了人类，人是自然环境的产物，因为人体血液中的六十多种化学元素的含量比例，同地壳各种元素的含量比例十分接近。自然环境是人类生存、繁衍的物质基础。

（2）按构成因素分类　环境包括空气、阳光、植物、动物、微生物、人类、水体、矿物等。

（3）按大小构成分类　环境可分为微观环境、中观环境、宏观环境。

1）微观环境指室内环境，包括家具、设备、陈设、绿化以及活动在其中的人们。

2）中观环境指一栋建筑乃至一个区的空间大小，包括邻里建筑、交通系统、绿地、水体、公共活动场地、公共设施，以及流动在此空间的人群。

3）宏观环境指小区以上，乃至一个乡镇、一座城市、一个区域，甚至全国、全地球的无限广阔的空间，包括在此范围内的人口系统和动植物体系、自然的山河、湖泊和土地植被、人工建筑群落、交通网络，以及为人们服务的一切环境设施。

3.1.2　人和环境的交互作用

人和环境的交互作用表现为刺激和效应。人的感官通过生理和心理现象、内心的感觉和外部的感悟，将人与世界密切地联系起来。人每天都通过感官的配合，作用、感知其周围环境。

大自然中有两百多万种生物，它们之间相互结合着各种生物群落，这些生物群落在一定的自然范围内相互依存，在同一个生存环境中组成动态的平衡系统，这就是生态系统。生态系统的各个组成部分都是相互联系的。如果人类活动干预某一部分，整个生态系统可以调节，那么原有状态便不受破坏。生态系统的组成越多样，其能量流动和物质循环的途径越复杂，调节能力就越强。但生态系统的调节能力是有限的，如果人类大规模地干预，生态系统自动调节的能力就无济于事，生态平衡就遭到破坏。

人类利用和改造环境，同时会受到环境各种因素的作用，也包括人与人之间的相互作用（图3-1）。

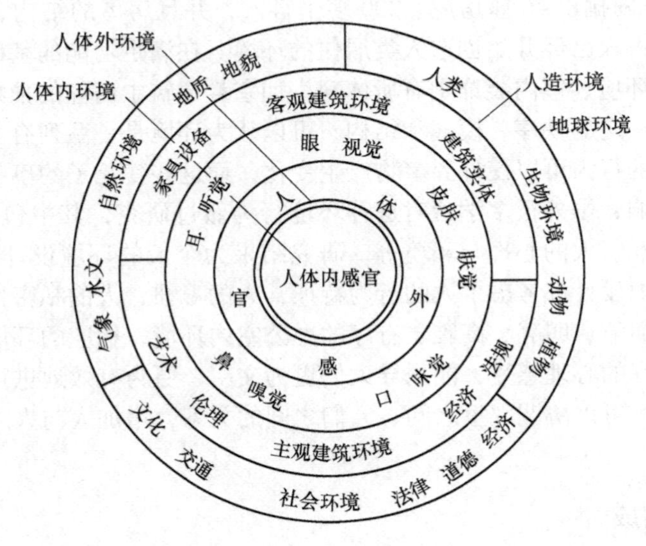

图3-1　人与环境的交互作用

当人受到各种环境刺激后，会作出相应的反映。即环境因素引起物理刺激或化学刺激，当大脑通过人体内外感官接受到这些刺激时，所作出的相应的心理效应。

（1）人体外感官和环境的交互作用　即环境因素引起的物理刺激或化学刺激效应。夏季气温很高时人体会迅速发汗，以降体温。眼睛受到强烈的阳光刺激时会自动调节闭合，减少进光量，以适应环境。手碰到很热或很冷的物体时，便会自动缩回。当人突然听到很响的声音时，会自觉地捂起耳朵。当人闻到异味刺激时，会捂住鼻子，闭紧嘴巴等。在黑暗的地方，人的眼睛会自动调节，以便看清周围的环境。冬季气温降低，人体皮肤收缩。

（2）人体内感官和环境的交互作用　人体内感官或大脑受到生理因素或环境信息引起的心理因素刺激后，也会有各种相应的反应。例如，饥饿时人的腹部会不自觉的咕哩咕噜地叫；心慌时人的心跳会加快；人在呼吸困难时会张大嘴巴或加速呼吸。

（3）人的心理和环境的交互作用　人受到信息的刺激，表现出的喜、怒、哀、乐的反应，属心理效应。

3.2　人的行为与环境

3.2.1　环境行为

环境的刺激会引起人的生理和心理效应，而这种人体效应会以外在行为表现出来，这种行为表现称为环境行为。当人受到不同环境的刺激作用，加上人类自身不同的需求及社会不同因素的影响时，其所表现出的环境行为是各不相同的。

人类环境行为是由于客观环境的刺激作用，或是由于自身的生理或心理的需要，或是由于社会因素作用所形成的，其作用的结果是表现出适应、改造和创造新的环境。

环境行为是人类的自我需要。不同层次的人、不同种族、年龄、文化水平、道德观念、修养、伦理的人对环境的需要是不一样的（包含生理、心理需要），而且这种需要是随着时间和空间的变化而变化的。人的需要是无限的，它同时推动了环境的变化。

人的行为的目的是为实现一定目标、满足一定的需求；行为是人自身动机或需要作出的反应。行为受客观环境的影响，是对外在环境刺激作出的反应，客观环境可能支持行为，也可能阻碍行为。

3.2.2　环境行为的特征

1. 环境行为的基本模式

（1）客观环境　客观环境的作用导致人类的各种行为，这种行为就是适应、改造和创造新环境的活动。

（2）自我需求　人类的自我需求是推进环境的改变和社会发展的动力。

（3）环境制约　环境因素也会制约人类的行为。环境往往不能完全满足人类的需求，因而行为就要受到一定程度的环境制约。

（4）综合作用　环境、行为和需求施加给人的往往是一种综合作用。人的行为受人的需求和环境的影响，即人的行为是需求和环境的函数。这就是著名心理学家库尔特·列文（K. Lewin）提出的人类环境行为的基本模式。人的需要得到满足以后，便构成了新的环境，

又将对人产生新的刺激作用。故满足人的需要是相对的、暂时的。环境、行为和需要的共同作用将进一步推动环境的改变，推动建筑活动的发展。图 3-2 所示是环境行为的基本模式。

2. 人的需求分析

环境设计是为满足人的需求而设计的。美国心理学会主席 A. 马斯洛在《动机与个性》一书中提出了需求等级论，他认为人的需求由低级到高级、由物质到精神，有着不同的层次，呈金字塔形（图 3-3）。

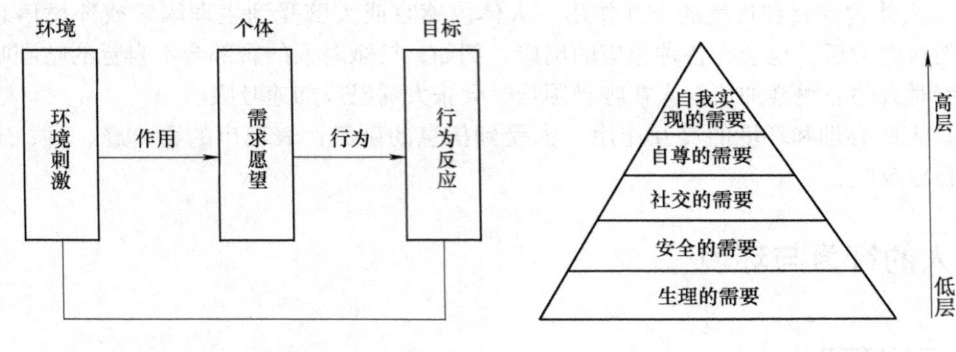

图 3-2　环境行为的基本模式　　　　图 3-3　人的需求层次

（1）生理的需要　它是人类本能的、最基本的需要，位于多层次需要构成的金字塔图形的底部。这种需要包括衣、食、住、行及延续种族的需要等。

（2）安全的需要　其实质上是生理需要的保障，包括生命安全、财产安全、职业安全、劳动安全、环境安全和心理安全等。设计中，私密空间的设计即属于心理安全方面的设计。

（3）社交的需要　其也可称为归属和爱的需要，包括社会交往，从属于某一个组织或某一种团体，并在其中发挥作用，得到承认；希望同伴之间保持友谊和融洽的关系，希望得到亲友的爱等。

（4）尊重的需要　即自尊、自重或要求被他人尊重，包括自尊心、信心，希望有地位、有威望，受到别人的尊重、信赖及高度评价等。

（5）自我实现的需要　它是人生追求的最高目标，位于金字塔的顶端。它包括能充分发挥自己的潜力，表现自己的才能，成为有成就的人物。马斯洛说："音乐家必须演奏音乐，画家必须绘画，诗人必须写诗，这样才会使他们感到最大的快乐"。是什么样的角色就应该干什么样的事。这种需要就叫做自我实现。

居民对居住环境的基本心理需求包括私密性、舒适性、归属性等，这种对环境的认知随着不同层面的人群而有着不同的表现。

人的行为跟人的需求是分不开的，行为是需求的表达，行为的目的就是满足某种需求。研究用户的行为也是人性化设计必不可少的部分。设计应以人的生活世界的角度出发去研究设计问题，设计师要关注他人的生活，积累有关人类行为的知识，以开放的心态通过跟人访谈、观察人如何使用某种机器，发现潜在消费群体的需求而不是创造需求，经过系统化的思考，把知识内化，在脑中建立一个过程，激发新灵感，以一定的方式来体现。当人们意识到需要这样的服务之前，设计师已经感知到了他们即将的需要。

3.2.3 人的行为习性

人类有许多适应环境的本能行为，它们是在长期的人类活动中，由于环境与人类的交互作用而形成的，这种本能被称为人的行为习性。

1. 抄近路习性

为了达到预定的目的地，人们总是趋向于选择最短路径，这是因为人类具有抄近路的行为习性。因此在设计建筑、公园和空内环境时，要充分考虑这一习性（图3-4）。

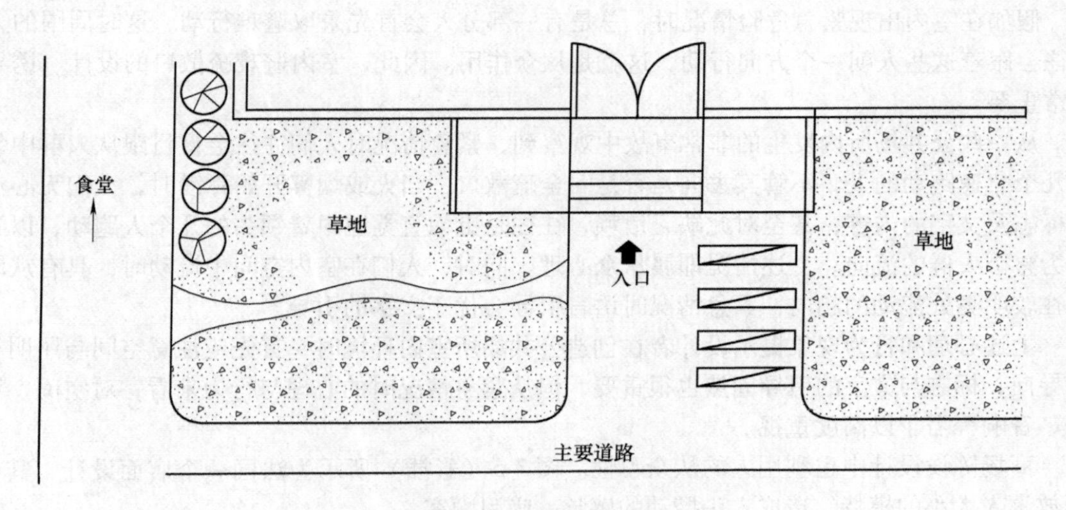

图3-4 抄近路习性示例

2. 识途性

人们在进入某一场所后，如遇到危险（如火灾等）时，会寻找原路返回，这种习性称为识途性。因此在设计室内安全出口时，要尽量将其设在入口附近，并且要有明显的位置和方向指示标记。

3. 左侧通行习性

在人群密度较大（0.3 人/m^2 以上）的室内和广场上行走的人，一般会无意识地趋向于选择左侧通行。有学者认为，左侧通行可使人体主要器官——心脏靠向建筑物，有力的右手向外，在生理上、心理上比较稳妥的解释。

4. 左转弯

人类有趋向于左转弯的行为习性。在公园散步、游览的人群的行走轨迹可以显示这一习性。并有学者研究发现向左转弯的所要时间比同样条件下的右向转弯的时间短。很多运动场（如跑道、棒球、滑冰等）都是左向回转（逆时针方向）的。日本学者户川喜多二在游园时对游客进行观察，发现69 例中有51 例沿逆时针转向行走，比例高达74%。这种习性对于建筑和室内通道、避难通道的设计、展览厅展览、室 外环境中的人流流线分析具有重要指导意义。

表3-1 列出了人在静立时躲避方向的概率，向左倾斜的概率为50.7%。这是因为人体重心偏右，站立时略向左倾，而且右手、右脚一般比较有力，容易向左侧移动。

表 3-1 人在静立时躲避方向的概率

（%）

躲避方向＼概率＼静立方向	由左前方	由正面	由右前方	总计
左侧	19.0	15.6	16.1	50.7
呆立不动	3.0	10.5	7.3	20.8
右侧	11.3	7.3	9.9	28.5

5. 从众习性与趋光性

假如在室内出现紧急危险情况时，总是有一部分人会首先采取避难行动，这时周围的人往往会跟着这些人朝一个方向行动，这就是从众作用。因此，室内避难疏散口的设计、诱导非常重要。

从一些公共场所内发生的非常事故中观察到，紧急情况时人们往往会盲目跟从人群中领头几个急速跑动的人，不管其去向是否是安全疏散口。当火或烟雾开始弥漫时，人们无心注视标志及文字的内容，甚至对此缺乏信赖，往往是更为直觉地跟着领头的几个人跑动，以致成为整个人群的流向。上述情况即属从众心理。同时，人们在室内空间中流动时，具有从暗处往较明亮处流动的趋向，紧急情况时语言引导会优于文字的引导。

上述心理和行为现象提示设计者在创造公共场所室内环境时，首先应注意空间与照明等的导向，标志与文字的引导固然也很重要，但从紧急情况时的心理与行为来看，对空间、照明、音响等需予以高度重视。

商场陈设设计中也利用人的从众习性。图 3-5（彩插）所示为法国一个店面设计，其中摆放真人大小的模特，造成人头攒动的感觉，吸引顾客。

图 3-5 从众习性应用示例

6. 聚集效应

许多学者研究了人群密度和步行速度的关系，发现当人群密度超过 1.2 人/m^2 时，步行速度会出现明显下降趋势。当空间人群密度分布不均时，则出现人群滞留现象，如果滞留时间过长，就会逐渐集结人群，这种现象称为聚集效应。

在设计通道时，一定要预测人群密度，设计合理的通道空间，尽量防止滞留现象发生。

7. 习惯

习惯是人长期养成而不易改变的语言、行动和生活方式。习惯分个人习惯和群体习惯，其中群体习惯是指在一个国家或一个民族内部，人们所形成的共同习惯。

一个国家或一个民族内的人，常对工具、器具的操作方向（前后、上下、左右、顺时针和逆时针等）有着共同认识，并在实际中形成了共同一致的习惯。这类群体习惯有的是世界各地相同的，也有的是国家之间、民族之间相同的。

3.2.4 人的行为模式

各种环境因素和信息作用于环境中的人和人群时，人们根据自身的需要和欲望，适应或选择有关的环境刺激，然后经过信息处理，将所处的状态进行推移，作为改变空间环境的行为。

人的行为模式就是将人在环境中的行为特性总结和概括，将其规律化，从而为建筑创作和室内设计及其评价提供理论依据和方法。

1. 行为模式的分类

（1）再现模式　再现模式就是通过观察分析，尽可能忠实地描绘和再现人在空间里的行为。这种模式主要用于讨论、分析建成环境的意义和人在空间环境里的状态。

（2）计划模式　计划模式就是根据确定计划的方向和条件，将人在空间环境里可能出现的行为状态表现出来。这种模式主要用于研究分析将建成的环境的可能性、合理性等。建筑设计和室内设计主要就是这种模式。

（3）预测模式　预测模式就是将预测实施的空间状态表现出来，分析人在该环境中的行为表现的可能性、合理性等。这种行为模式主要用于分析空间环境利用的可行性。可行性方案的设计主要就是这种模式。

2. 行为的表现模式

（1）数学模式　数学模式就是利用数学理论和方法来表示行为与其他因素的关系。这种模式主要用于科学研究工作。例如著名的人类行为公式 $B=f(P, E)$，就表示行为（B）与人（P）和环境（E）之间是一个函数（f）关系，B 是因变量，P 和 E 是自变量，且 P 和 E 的变化则会导致 B 的改变。

（2）模拟模式　这种模式利用计算机等手段，模拟人在空间中的行为，主要用于试验。由于计算机技术的高速发展，计算机模拟空间和环境越来越真实、普遍，故这种模式安全、准确、经济。例如北京地铁检票口的设计，就是根据人流的统计，再根据人的行为习性，模拟人在空间的流动及分布情况，确定检票口的位置、大小等。

（3）语言模式　语言模式就是用语言来记述环境中人的心理活动和行为，用于环境质量的评价，评价的结果可以为空间环境提供改进依据。这也是常用的对环境行为的表达方法，即心理学问卷法。例如关于对居住环境的满意度研究，就可以选择具有代表性的两个居住区，确定 54 个与居住质量有关的问题，制成心理学测试表，分发给近 1000 户居民，请居民根据自身的体会，回答有关问题，然后利用计算机对问题中的各种反映进行数理统计和数据处理，得出相关因子和评价值，作为设计的依据。

3. 行为的研究模式

人的行为的内容模式有秩序模式、流动模式、分布模式和状态模式。

（1）秩序模式　就是利用图表来描述人的环境行为秩序。

例如顾客在商店里的购买行为秩序：

顾客→店堂→选购商品→购买→提取货品→退出

厨房里的炊事员的行为秩序：

原料→捡切成半成品→清洗→配菜→烹饪→食品

（2）流动模式　就是将人流行为的空间轨迹模式化。这种模式可通过空间图示把人群流动的量、方向轨迹和时间变化表现出来。可用于观展空间、购物空间、疏散避难通道以及居室空间等的研究和设计。它表示了人在两个空间之间的流动模式，也反映了两个空间之间的密切程度。图3-6所示为人在户内的流动行为，观察人在起居室的100次动作，去餐厅的概率为60%，去门厅的概率为10%，去卧室的概率为30%，由此可以看出起居室和餐厅两个空间的密切程度，从而为室内设计提供了依据。

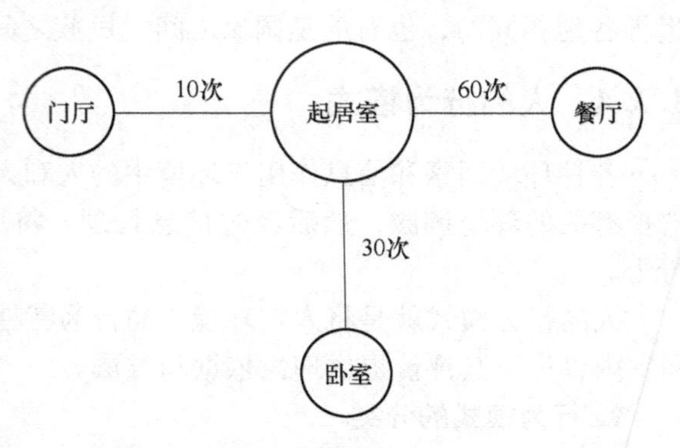

图3-6　人在户内的流动行为

（3）分布模式　通过摄像和计数等方法，按时间顺序和一定的空间方格连续观察记录人在空间环境中的行为状态，绘制人流分布的时间和空间断面，可为空间尺度和分布的合理设计提供依据。

具体方法有两种：

1）摄像法，即在观察点用摄像机或照相机记录人们的活动情况，并将观察点按2m画成直角坐标网，然后统计某一时刻各个方格网里的人数。该方法主要用于研究广场上的人流分布，如校园内学生的空间定位。

2）计数法，即将观察点绘成2m的方格网，然后记下不同时间内在方格网中的人数。该方法主要用于研究室内公共空间里的人流分布，如某一品牌鞋垫专卖店根据顾客的购买行为和秩序模式确定的空间定位（图3-7）。

（4）状态模式　就是基于自动控制图解法的图表来表示行为状态的变化，主要用于研究行为动机和状态变化的因素。例如人们进餐馆，可能是饿了要吃东西，也可能是受餐馆食品的吸引或是为了社交而进入。不同的生理和心理作用所引起的行为状态表现是不同的：

1）饿，行为迅速、时间短，对环境的选择也要求不高。

2）为了美食或是社交需要，则进餐行为表现出时间长、动作慢，对环境要求高。

这种状态的差别，对室内设计很有指导意义。所以，室内环境设计应符合人们的行为模式和心理特征。例如现代大型商场的室内设计，顾客的购物行为已从单一的购物，发展为购物、游览、休闲、信息、服务等行为。购物要求尽可能接近商品，亲手挑选比较，由此自选及开架布局的商场结合茶座、游乐、托儿等设计应运而生。在设计时，对有目的的购物者，除设计商品直接展示外，应该有明确的标识，供顾客快速寻找商品；对无目的的顾客，他们是潜在消费者，要通过商品的陈列、增加店内休闲环境等吸引其消费。

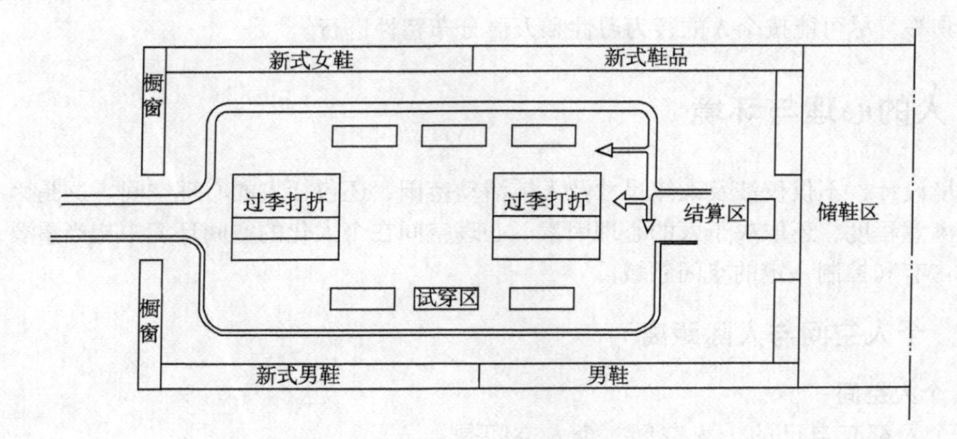

图 3-7 上海某专卖店顾客流动分析图

3.2.5 行为与室内空间分布

分析、研究人的行为特征、行为习性、行为模式的主要目的就在于合理地确定人的行为与空间的对应关系，即空间的连接、空间的秩序，进而确定空间的位置，即空间的分布。不同的环境行为有不同的行为方式、不同的行为规律，也表现出各自的空间流程和空间分布。

任何一个行为空间，均包括人的活动范围及其有关的家具、设备等所占据的空间范围。室内空间分布不仅确定了行为空间的范围，而且确定了行为空间的相互关系，即空间秩序。每一个行为空间的具体形状及其中的家具、设备的布置还要考虑人在空间的分布情况，即分布图形（图 3-8）。

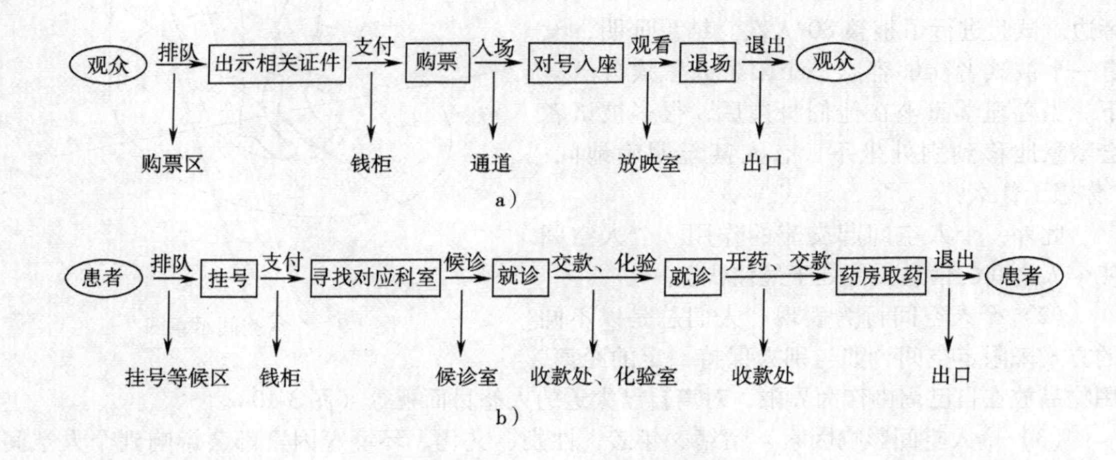

图 3-8 空间分布图形

a）电影院秩序模式对应的空间分布 b）医疗秩序模式对应的空间分布

设计空间时，不仅要考虑个人的行为要求，还要照顾人际间的行为要求、空间形状和布局、家具等，尽可能按个人的行为习性和人群分布特性进行。

3.3 人的心理与环境

环境设计，不仅仅涉及人体尺寸及人体活动范围，还包括人的心理空间。这是因为人对环境的满意程度，还取决于人的心理因素。心理空间在个人化的空间环境中相当重要，人需要能够占有和控制一定的空间领域。

3.3.1 个人空间与人际距离

1. 个人空间

每个人都有自己的个人空间，个人空间是围绕个人而存在的有限空间，通常为看不见的边界，可以随人而移动（图 3-9）。这一空间依据个人所意识到的不同情境而具有灵活的收缩性，是个人心理上所需要的最小的空间范围，他人对这一空间的干扰会引起个人的焦虑和不安。

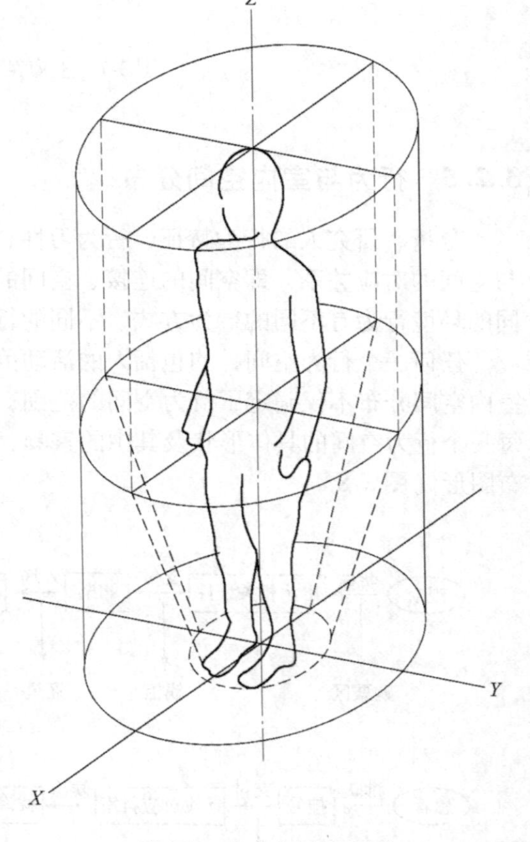

图 3-9　个人空间示意图

（1）个人空间的作用　个人空间起自我保护的作用，是一个针对来自情绪和身体两方面潜在的缓冲圈，使人与人、人与空间环境的关系分得清。一位心理学家做过这样一个试验：一个刚刚开门的大阅览室，当里面只有一位读者时，心理学家就进去拿椅子坐在他（她）的旁边。试验进行了整整 80 人次。结果证明，没有一个被试者能够容忍一个陌生人紧挨自己坐下。当心理学家坐在他们身边后，很多被试者会默默地移到别处坐下，有人甚至明确地问：“你想干什么？”

此外，个人空间起交流的作用。个人空间使个人之间的信息交往处于最佳状态。

（2）个人空间行为表现　人们总是以不同的方式来限定空间，如与别人保持一定的距离，用物品放在自己周围作为界限，对离自己太近的人怒目而视等（图 3-10）。

（3）个人空间影响因素　情绪、年龄、性别、文化、环境等因素都会影响到个人空间的大小。因此，在设计中要因人、因事、因时、因景的不同，综合考虑各种因素，进行设计。

2. 人际距离

环境设计中，不仅要考虑环境中个人空间，还要考虑人际交流、接触时所需的距离。实

际上，根据不同的接触对象和不同的场合，人际接触所需的距离各有差异。赫尔以动物的环境和行为的研究经验为基础，提出了人际距离的概念，根据人际关系的密切程度、行为特征确定人际距离，即分为：密切距离；人际距离；社会距离；公众距离。

图3-10　个人空间行为表现示例

每类距离中，根据不同的行为性质再分为接近相与远方相。例如在密切距离中，亲密、对对方有可嗅觉和辐射热感觉为接近相；可与对方接触握手为远方相。当然，在不同的民族、宗教信仰、性别、职业和文化程度等情况下，人际距离也会有所不同。人与人之间需要保持一定的空间距离，即使最亲密的两人之间也是一样。任何一个人，都需要在自己的周围有一个能掌控的自我空间，这个空间就像一个充满了气的气球一样，如果两个气球靠得太近，互相挤压，最后的结果必然是爆炸。这也就是为什么两个本来关系密切的人，越是形影不离就越容易爆发争吵。

美国心理学家爱德华·霍尔研究发现，人与人之间的距离可以分为以下几个区域：

（1）亲密距离（45cm之内）　其中，0～15cm是人际间最亲密的距离，只能存在于最亲密的人之间，彼此能感受到对方的体温和气息。就交往情境而言，亲密距离属于私下情境，即使是关系亲密的人，也很少在大庭广众之下保持如此近的距离，否则会让人不舒服。

15～45cm为亲密远距离，有密切关系的人会使用这个距离，为耳语距离。

（2）个人距离（46～76cm）　这是人际间稍有分寸感的距离，较少有直接的身体接触，但能够友好交谈，让彼此感到亲密的气息。一般说来，只有熟人和朋友才能进入这个距离。人际交往中，个人距离通常是在非正式社交情境中使用，在正式社交场合则使用社交距离。

（3）社交距离（1.2～2.1m）　这是一种社交性或礼节上的人际距离，也是我们在办公室中经常见到的。这种距离给人一种安全感，处在这种距离中的两人，既不会怕受到伤害，也不会觉得太生疏，可以友好交谈。

（4）公众距离（3.7～7.6m）　一般说来，演说者与听众之间的标准距离就是公众距离，还有明星与其仰慕者之间也是如此。这种距离能够让仰慕者更加喜欢偶像，既不会遥不可及，又能够保持神秘感。

图 3-11 所示为桌旁座椅落座位置分类。两人落座时选择不同的落座方式，体现了不同的人际距离。如图 3-11 所示。从左至右，人际距离从最近社会距离变为最远社会距离。

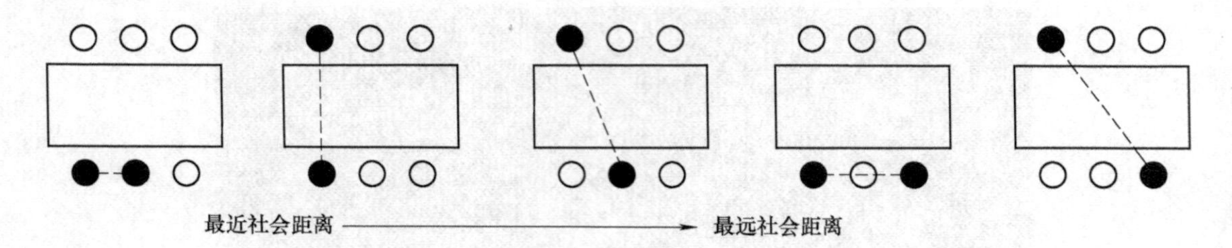

图 3-11　桌旁座椅落座位置分类

根据人的不同的感觉器官，可以将人际距离进行如下划分：

（1）视觉距离

（2）听觉距离

（3）嗅觉距离

图 3-12 所示的距离都是根据人际关系和行为来考虑的，根据人们相互间的距离，可确定其在这个范围内可能发生的行为。

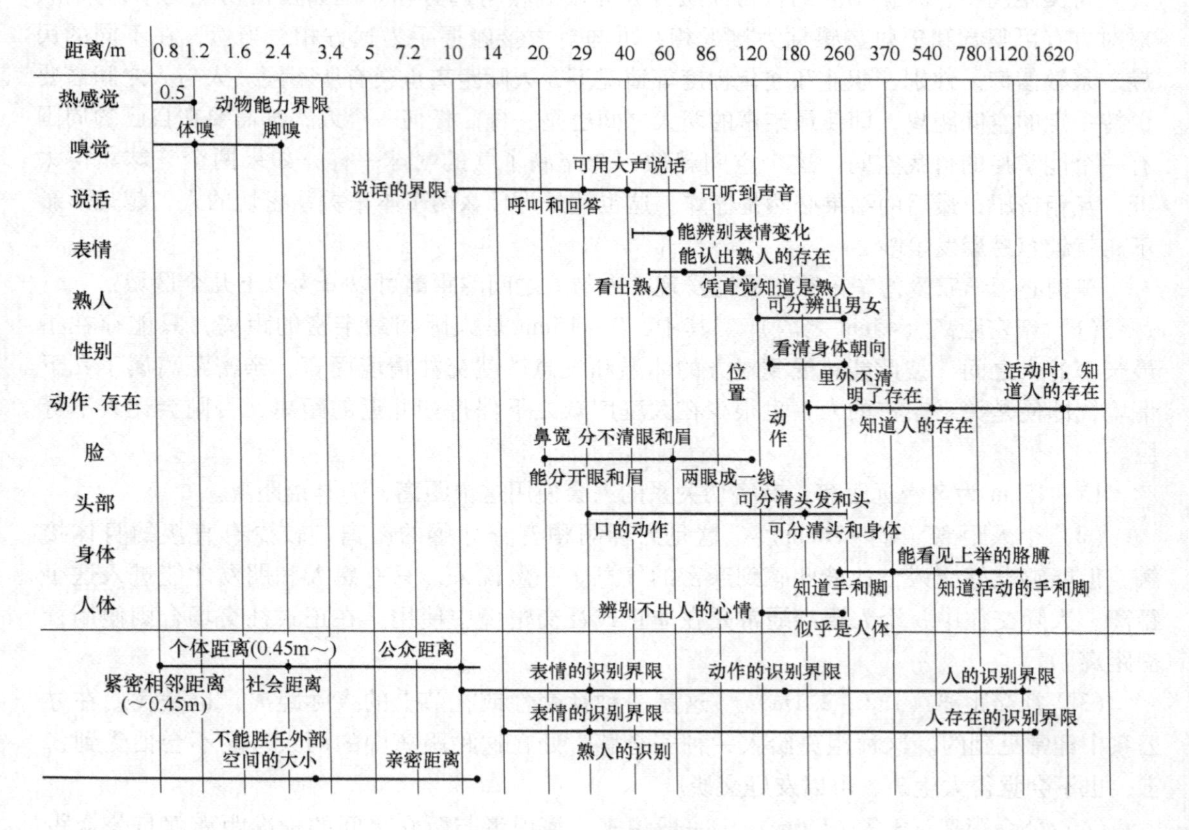

图 3-12　人的知觉与距离

3.3.2 领域性与私密性

1. 领域性

领域性原是动物在环境中为取得食物、繁衍生息等的一种适应生存的行为方式。虽然人与动物在语言表达、理性思考、意志决策与社会性等方面有本质的区别，但人在生活、生产活动中也总是力求其活动不被外界干扰或妨碍。人们不同的活动有其必需的生理和心理范围与领域，不希望其轻易地被外来的人与物打破。居住环境不同于一般公共环境，它的领域性要求强烈，层次多样。美国学者奥斯卡·纽曼提出的这个空间概念认为，人的各种活动都要求相适应的领域范围。他把居住环境归结为由公共性空间、半公共性空间、半私密性空间和私密性空间（图3-13）四个层次组成的空间体系。领域性反映了居民对空间环境占有与控制的要求。领域在空间上是固定的，不随人的移动而移动，它倾向于表现为一个人可以提出某种要求承认的“不动产”，是属于特定人支配且表示众所周知的范围，如图3-13所示。

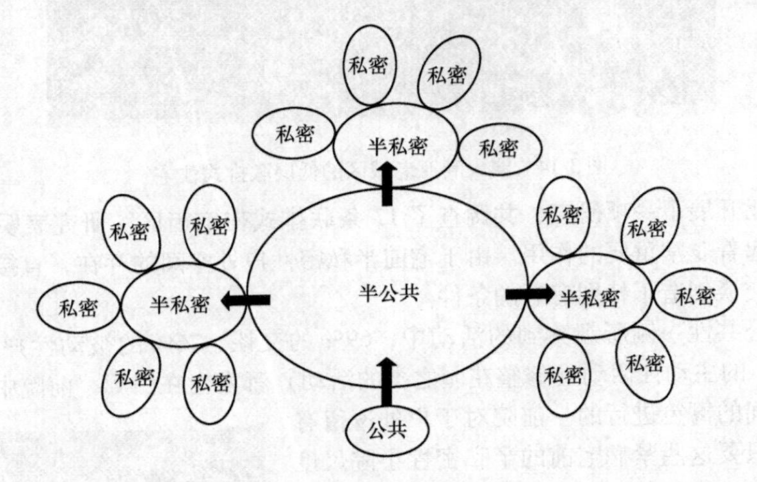

图3-13 环境空间体系

例如，小区街道为公共空间，家庭小庭院为半公共空间，室内起居室、书房等为半私密空间，卧室、卫生间等为私密空间。

心理学家认为，领域不仅提供相对的安全感与便于沟通的信息，还表明了占有者的身份与对所占领域的权利象征，所以领域性作为环境空间的属性之一，古已有之，无处不在。

设计应用

园林景观设计应该尊重人的个人空间，使人获得稳定感和安全感。例如，古人在家中围墙的内侧常常种植芭蕉，芭蕉无明显主干，树形舒展柔软，人不易攀爬上去，种在围墙边上，既增加了围墙的厚实感，又可防止小偷爬墙而入；又如私人庭院里常常运用绿色屏障与其他庭院分割，对于家庭成员来说又起到暗示安全感的作用，通过绿色屏障实现了家庭各自区域的空间限制，从而使人获得了相关的领域性。

如果在住宅与邻近街道之间的过渡区设置一种半私密性的前院，为户外逗留创造条件，那么户外空间中的生活就会得到进一步的支持。

澳大利亚老城区中的建筑形式为低层联排式住宅，带有门廊和临街的小院以及私密性的后院。这种带有前、后院的住宅形式提供了一种有价值的自由选择余地，既可以在住宅靠公共空间的一侧活动，也可在私密性的一侧的空间活动（图 3-14）。

图 3-14 澳大利亚老城区的低层联排式住宅

在澳大利亚开展了一项研究，共调查了 17 条联排式住宅街区。研究表明，前院在街道空间的活动中起着非常重要的作用。由于宅前半私密性户外空间的存在，直接为户外逗留活动和邻里间的交谈创造了特别有利的条件。

在住宅的公共性一侧所观察到的活动中，69% 的交谈、76% 的被动性户外活动（站或坐），以及 58% 的主动性活动（修整花园之类的活动）都发生在门廊、前院中，或者是隔着前院与人行道间的篱笆进行的。前院对于户外逗留有特殊重要性。只要这些紧靠宅前的半私密性小院尺度适宜，设计合理，就为形成有效的永久性休息区域创造了条件。这些休息区一般设有遮阳、风障、舒适的座椅、灯具等设施。此外，还可以将家具、工具、收音机、报纸、咖啡壶和玩具带到这些半私密性的前院之中，并留在那里以备下次再用。

图 3-15 荷兰老年公寓大门图片

图 3-15 所示为拍摄的荷兰老年公寓的大门，该门采用的是居住者可以根据自己的需要对住宅内外的关系进行操控的设计。这种将门扇分开的分体门可以只将门的上部分打开，这样一来，不仅住宅内的人可以感受到外边的气氛，而且室外的人也可以看到住宅内的情景，实现了在入口前进行的沟通。门也可以随时关闭，保持领域性。

舒尔兹认为，“领域是由场所构成要素的闭合性或接近性以及类同性所决定的。”他把领域和场所的概念区别开来，认为领域“包含着我们不归属的、而且没有作为目标功能的区域”。但是，在居住环境这样的特殊范围内，所有的区域都应有场所感。因此，领域与场

所在这里的概念应该是一致的。

公共领域与个人领域的分界线因文化的差异而各不相同。私密性在环境中的个体表现，导致了在个人空间，即身体缓冲区，出现“私密门槛线”。“私密门槛线”可以是一幢楼、大门或内门。由于文化和地区的不同，对私密性要求也不同。图3-16所示为三种不同文化背景下公共领域与个人领域的分界线。美国郊区住宅的周围草坪上不设围墙，是半对外开放的半公共领域，通过住宅上的门来区分公共领域和个人领域；印度的住宅周围筑有围墙，是通过围墙上的门来区分公共领域和个人领域；英国介于两者之间，用矮墙作为公共领域和个人领域的分界线。

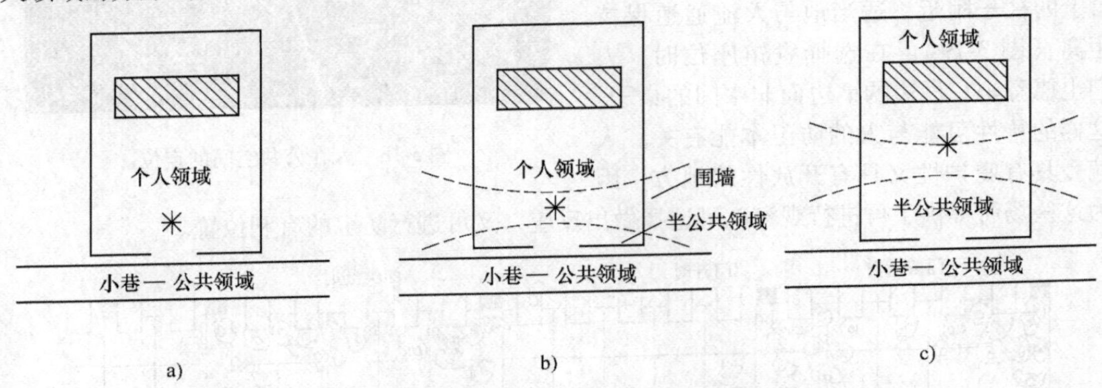

图3-16 不同文化背景下公共领域与个人领域的分界线

a）印度 b）英格兰 c）美国

2. 私密性与尽端趋向

如果说领域性主要在于空间范围，则私密性更涉及在相应空间范围内包括视线、声音等方面的隔绝要求。私密性在居住类室内空间中的要求更为突出。

日常生活中，人们还会非常明显地观察到这样一个现象，先进入集体宿舍里的人，如果允许自己挑选床位，他们总愿意挑选在房间尽端的床铺，可能是由于生活、就寝时相对较少地受干扰。同样情况也见之于就餐人对餐厅中餐桌座位的挑选，相对地，人们最不愿意选择近门处及人流频繁通过处的座位。餐厅中靠墙卡座的设置，由于在室内空间中形成更多的尽端，也就更符合散客就餐时尽端趋向的心理要求。公共座椅设计中也要考虑到私密性与尽端趋向。图3-17所示为阅览室最早到达的10名读者选择座位的概率。

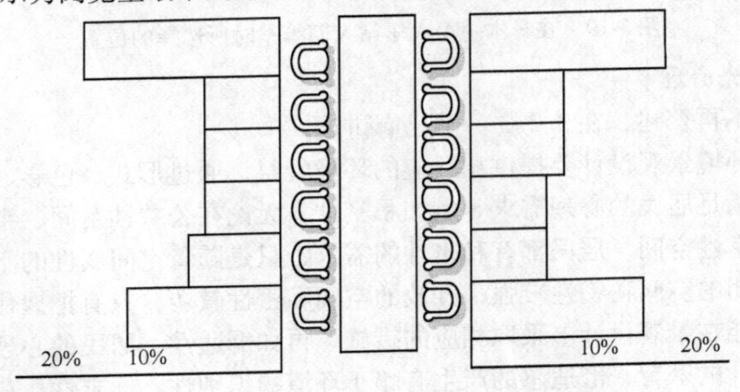

图3-17 读者选择座位概率示意图

3. 人在空间中的定位——依托的安全感

图 3-18　人在公共空间的定位

注意观察公共场合等待的人们，会发现人们确实是在整个空间中不均匀地分布着，人们总是偏爱逗留在柱子、树木、墙壁、门廊和建筑小品的周围（图 3-18）。在火车站和地铁车站的候车厅或站台上，人们并不较多地停留在最容易上车的地方，而是愿意待在柱子边，人群相对散落地汇集在厅内、站台上的柱子附近，适当地与人流通道保持距离（图 3-19）。在选择餐馆座位时，人们也愿意坐在靠边的桌边而非中间的桌子。这样的特性可能与人的防卫本能有关。人偏爱具有庇护性又具有开放性的地方，因为这些场所提供了可进行观察，可选择做出反应，又可进行防卫的有利位置。

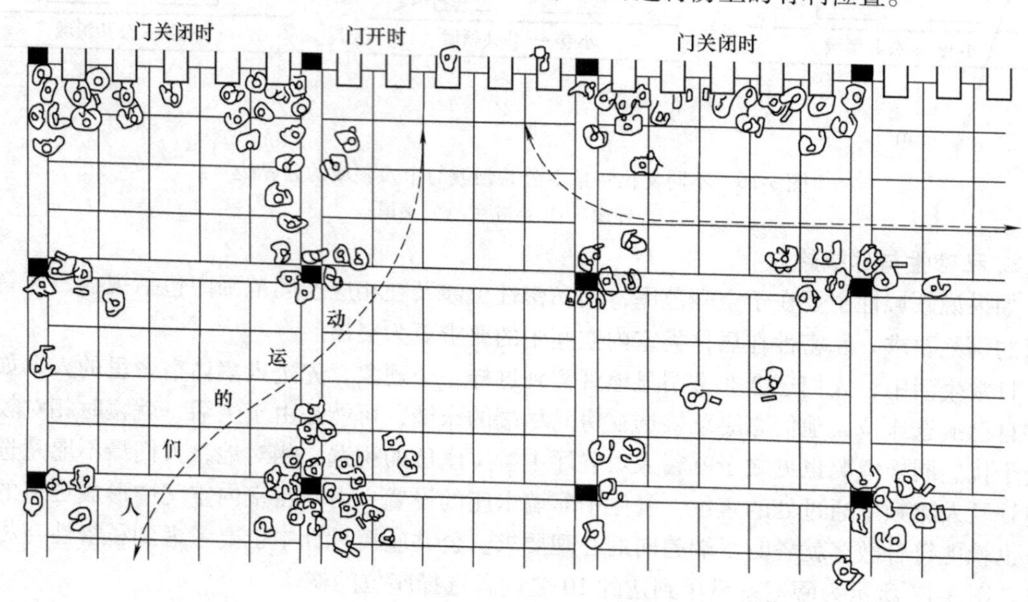

图 3-19　在日本一个火车站人们等车时所选择的位置

4. 从众与趋光心理

这里对此就不再赘述，在 3. 2. 3 一节已有讲述。

总之，居住环境景观设计要提供相适应的环境气氛，通过形式、色彩、质感等赋予环境特定的属性，来满足居民的心理需求。例如私密性，无论在公共性空间、半公共性空间、半私密性空间和私密性空间，居民都有私密性的需求，只是随着空间属性的不同，这种需求也有强弱之分。封闭的空间秘密性较强，开放的空间私密性较弱，只有把握住不同人群对环境的认知状态，才能在景观设计上采取相应的措施。再如舒适性，居民的心理舒适感在某些国家成为居住区设计的宗旨，舒适感的产生有赖于环境的识别性、标志性，在景观设计中把握这种需求，可以创造出独具特色的环境景观。

3.4 居住环境

1. 居住环境的文化性

居住环境的文化性体现在地方性和时代性当中。自然环境、建筑风格、社会风尚、生活方式、文化心理、审美情趣、民俗传统、宗教信仰等构成了地方文化的独特内涵。居住环境应该是这些内涵的综合体，它的创造过程也就是这些内涵的不断提纯、演绎的过程。单纯追求形式的标新立异，背离功能、技术和心理的行为，就违背了居住的文化需求。传统文化与现实生活的割裂，将给人带来精神上的失落和茫然，所以居住环境应该是一个能够恢复居民对城市的记忆和体验，并且充满文化意义的场所。因此，应当充分考虑传统生活方式的特点，寻找其与现代住区空间环境的契合点，以不同的方式，从空间形态、尺度、界面的色彩、细部表达对传统与现代的理解，延续文化脉络。此外，环境的文化性还体现在环境与人的行为互动过程中，美好的环境提升居民的自觉意识，而文明的行为活动反过来又促进环境品质的提升。

2. 居住环境的舒适性

居住环境的舒适性指使用上和视觉上的感受，让居民体验轻松、安逸的居住生活，避免受到眩光、气候等的侵害。使用上的舒适，包括各种设施是否按人体工程学原理设置、制造得合理，是否从环境心理学的角度创造了满足人们活动的空间。这些都直接关系各类空间及设施的效能，从而影响到居民生活的质量。视觉上的舒适，要满足不同地区居民的传统生活习惯和对环境景观特点的认同。有的学者认为，舒适性要求的最基本要素是安静、空气和绿化，同时要避免居民视域内各种有害要素的干扰，如灰尘、烟气、混乱和过分引人注目的招牌以及快速移动的各种交通行为等。

3. 居住环境的健康性

居住环境的健康性包括空气、日照、噪声和环境卫生等与人的身体健康密切相关的内容。居住环境空气要保持清新、自然，防止各种有害气体和物质的浓度超标。居住环境的实体要素，如住宅和其他设施的布局要能组织起良好的自然通风系统。阳光是万物之源，阳光中的紫外线具有杀菌、抑菌和净化空气的作用，儿童和成人也离不开阳光，阳光有促进合成维生素 D，加速钙质吸收的作用。各国政府相关部门都规定了住宅接受日照时数的标准，以确保居民的健康。噪声会使人烦躁不安，引起人的各种疾病，从而危害人体健康。我国政府有关部门制定了环境噪声控制标准。噪声控制要通过环境的总体规划和单体的细密考虑来实现。当然，公共环境卫生的好坏更直接关系到人的身体健康，这里边更多地涉及居民的文明素质和整个社区环境的管理问题。居住环境的健康性还指空间品质的健康，要求环境具有蓬勃的朝气，以感染居民，使居民具有良好的心态。同时，居住空间的健康性还要求通向健康身心的设施、空间配套齐全，满足居民锻炼身体的需求。

4. 居住环境的安全性

安全是人生存的首要条件，没有安全性也就谈不到其他各方面的特征。居住环境的安全性表现在日常安全系统、防灾系统、防盗系统等方面。在日常安全系统中，居住环境的道路交通应尽量减少车辆与行人的交叉，做到人车分流，尤其是针对儿童、老人与残疾人的活动设施要尽量做到适合不同人的需要，达到无障碍设计的要求，提高安全性等级；住宅布局及儿童活动场地的设置要考虑家长能方便地视觉监控。防灾系统要考虑火灾、地震、战争的特殊危害，在消防、抗震、人防等方面满足相应规范、标准的要求。在社会秩序比较稳定的时候，也应考虑防止盗窃、抢劫行为的发生。在居住环境中，通过控制空间的领域性和开放性程度，可以在心理上有效地控制犯罪的发生。

推荐参考资料

1. 环境行为与空间设计　（日）高桥鹰志 + EBS 组编著　中国建筑工业出版社　2006 年 9 月

2. 人体工程学与环境行为学　徐磊青编著　中国建筑工业出版社　2006 年 12 月

作业

1. 观察快餐店、专卖店、图书馆，画出平面图、秩序模式图，功能分区，观察人的分布、状态模式。

2. 以小组为单位，选择某一问题地段，采用可行的方法（作图、拍摄等）描述该地段行人运动的特点，同时设计一份调查问卷以收集行人的自我感受，对所收集的各种资料加以综合分析，尝试设计一个解决问题的方案。

第4章 家具设计

家具的服务对象是人，设计与生产的每一件家具都是由人使用的，家具设计的目的是更好地满足人在家具功能使用上的要求。因此，家具设计的首要因素是符合人的生理机能和满足人的心理情感需求。家具设计师必须了解人体与家具的关系，把人体工程学知识应用到家具设计中来。

家具功能合理很主要的一个方面，就是如何使家具的基本尺度适应人体静态或动态的各种姿势变化，如休息、座谈、学习、娱乐、进餐、操作等，而这些姿势和活动无非是靠人体的移动、站立、坐靠、躺卧等一系列的动作连续协同完成的。此外，室内家具设计还具有分割空间、组织空间、填补空间、形成特定的气氛和意境的作用。

4.1 家具设计与人体工程学

1. 家具的分类

根据家具与人和物之间的关系，可以将家具划分成三类：

（1）坐卧类（支承类）家具　与人体直接接触，起着支承人体活动的坐卧类家具，其主要功能是适应人的工作或休息，如椅、凳、沙发、床、榻等。

（2）凭倚类家具　与人体活动有着密切关系，起着辅助人体活动，供人凭倚或伏案工作，并可储存或陈放物品的凭倚家具（虽不直接支承人体，但与人体构造尺寸和功能尺寸相关），如桌、台、几、案、柜台等。其主要功能是满足和适应人在站、坐时所必需的辅助平面高度或兼作存放空间之用。

（3）储存类（储藏类）家具　与人体产生间接关系，起着储存或陈放各类物品以及兼作分隔空间作用的储存类家具，如橱、柜、架、箱等，其主要功能是有利于各种物品的存放和存取时的方便。

2. 人体工程学在家具设计中的应用

1）确定家具的尺寸。人体工程学的重要内容是人体测量，包括人体各部分的基本尺寸、人体肢体活动尺寸等，为家具设计提供精确的设计依据，科学地确定家具的最优尺寸，更好地满足家具使用时的舒适、方便、健康、安全等要求。

2）为设计整体家具提供依据。设计整体家具要根据环境空间的大小、形状及人的数量和活动性质确定家具的数量和尺寸。家具设计师要通过人体工程学的知识，综合考虑人与家具及室内环境的关系并进行整体系统设计，这样才能充分发挥家具的整体使用效果。包括人的行为习性及心理因素在设计中的应用。设计中要充分考虑人的行为习性、私密性、尽端趋向、人际距离等因素，使家具设计更加人性化。

3. 与家具使用相关的人体工程学问题

（1）肌肉施力　无论是人体自身的平衡稳定或人体的运动，都离不开肌肉的机能。肌肉的机能是收缩和产生肌力，肌力可以作用于骨，通过人体结构再作用于其他物体上，称为肌肉施力（图 4-1）。

1）肌肉施力的两种形式。静态肌肉施力时，收缩的肌肉组织压迫血管组织，血液进入肌肉，肌肉无法从血液中得到营养，只能消耗本身的能量储备，而且代谢物不能及时排出，造成肌肉酸痛，引起肌肉疲劳（图 4-1a）。动态肌肉施力时，肌肉有节奏地收缩和舒张，血液大量的流动使肌肉得到充足的养分，并且迅速排出代谢物（图 4-1b）。

持续 1min 的肌肉中等施力、4min 以上的肌肉施小力、10s 以上肌肉的施大力都属于静态肌肉施力。几乎所有的职业劳动都包括不同程度的静态肌肉施力，如长时间的鼠标操作会造成手臂的静态肌肉施力，长时间的看书会使颈部肌肉处于静态肌肉施力状态，长时间的站立也使腿部肌肉处于静态肌肉施力状态。

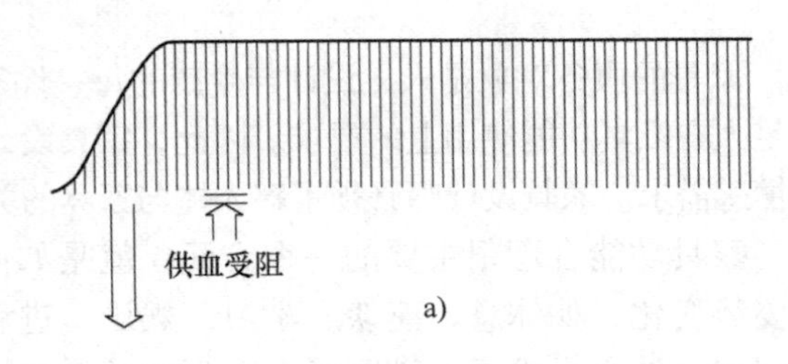

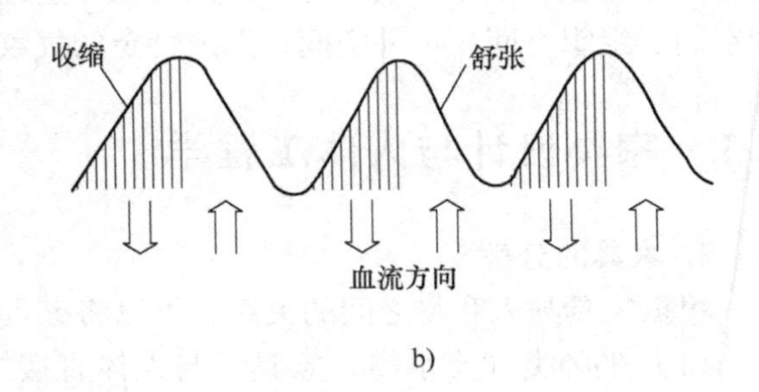

图 4-1　肌肉施力的两种形式
a）静态肌肉施力　b）动态肌肉施力

长期的静态肌肉施力状态会加强肌肉的疲劳过程，引起肌肉的酸痛，甚至发生扩散，引发关节部炎症，腱膜炎，腱端炎、关节慢性病变、椎间盘病症等。

2）家具设计中避免静态肌肉施力的几个设计要点：

① 避免弯腰或其他不自然的身体姿势。当身体和头向两侧弯曲造成多块肌肉静态受力时，其危害性大于身体和头向前弯曲所造成的危害性。

② 避免长时间地抬手作业。

③ 坐着工作比站着工作省力。工作椅的坐面高度应调到使操作者能十分容易地改变站和坐的姿势的高度，这就可以减少站起和坐下时造成的疲劳，尤其对于需要频繁走动的工作，更应如此设计工作椅。

（2）脊柱　脊柱为人体的中轴骨骼，是身体的支柱，有负重、减振、保护和运动等功能。

脊柱的负荷为某段以上的体重、肌肉张力和外在负重的总和。不同部位的脊柱节段承担着不同的负荷。由于腰椎处于脊柱的最低位，负荷相当大，又是活动段与固定段的交界处，因而损伤机会多，成为腰背痛最常发生的部位。

脊柱的负荷有静态和动态两种。静态负荷是指站立、坐位或卧位时脊柱所承受的负荷及内在平衡，动态负荷则指身体在活动状态下所施于脊柱的力。这些负荷需要相应的关节、韧

带和肌肉来维持。

人最自然的姿势是直立站姿，直立站姿时脊柱基本是“S”形（图4-2a），正常的姿势下，脊柱的腰椎部分前凸，而至骶骨时则后凹。在良好的坐姿状态下，压力适当地分布于各椎间盘上，肌肉组织上承受均匀的静负荷。

坐姿时，骨盆向后方倾转，因而使背下端的骶骨也倾转，使脊柱由正常的S形向拱形变化（图4-2b）。当脊柱处于非自然姿势时，椎间盘内压力分布不正常，形成的压力梯度，严重的会将椎间盘从腰椎之间挤出来，压迫中枢神经，产生腰部酸痛、疲劳等不适感。研究表明，第三和第四腰椎间所受的压力最大，如将人直立时第三和第四腰椎间所受的压力定为100，其他姿势下的相对压力分别为：仰卧24%，直立坐姿140%，前倾坐姿190%。良好的座椅设计应该与脊柱曲线吻合，以承担椎间盘内压力。

（3）头的姿势　作业时，人的视觉注意的区域决定头的姿势。头的姿势要舒服，视线与水平线的夹角应在规定的范围内。坐姿时，此夹角约为30°~40°；站姿时，此夹角约为23°~34°。由于视线倾斜包括头的倾斜和眼球转动，所以站立时头的角度为8°~22°，坐姿17°~29°。水平面作业时，由于头的倾角不可能过多超过30°，所以人不得不增加躯体的弯曲程度。

（4）作业效率　作业面的高度影响人的作业效率。人体工程学分析，通过对作业姿势和作业效能的研究，当操作者在水平工作面操作时，手臂在身体两侧外展8°~23°时，作业效能最高（图4-3），人的耗能也最少。因此，如果坐椅坐面太低或工作面过高，上臂外展角度超过40°，肩部要承担身体的重量，导致肌肉疲劳，作业效率降低。

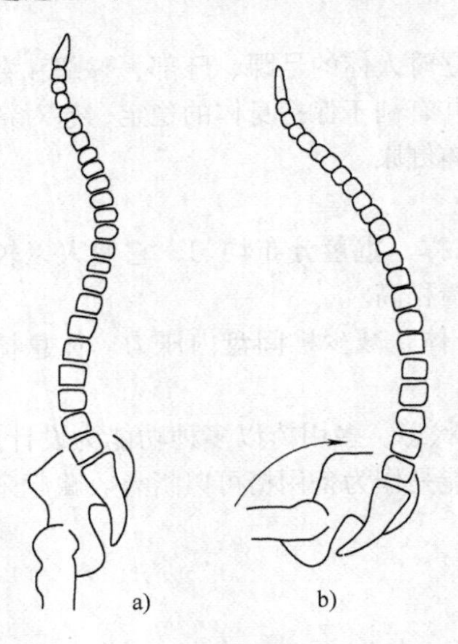

图4-2　脊柱的形状
a）直立站姿时　b）坐姿时

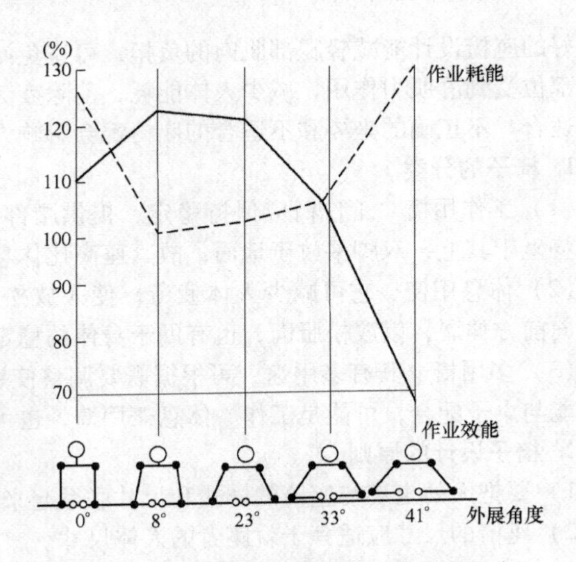

图4-3　手臂姿势对作业效能和能耗的影响

4.2　坐卧类家具的设计

坐与卧是人们日常生活中最多见的姿态，如工作、学习、用餐、休息等都是在坐卧状态下进行的。因此，椅、凳、沙发、床等坐卧类家具的作用就显得特别重要。

按照人们日常生活的行为，人体动作的姿态可以归纳为从立姿到卧姿的八种不同姿势，如图4-4所示。其中，有三个基本形是适用于工作状态的家具、另有三个基本形是适用于休息状态的家具。

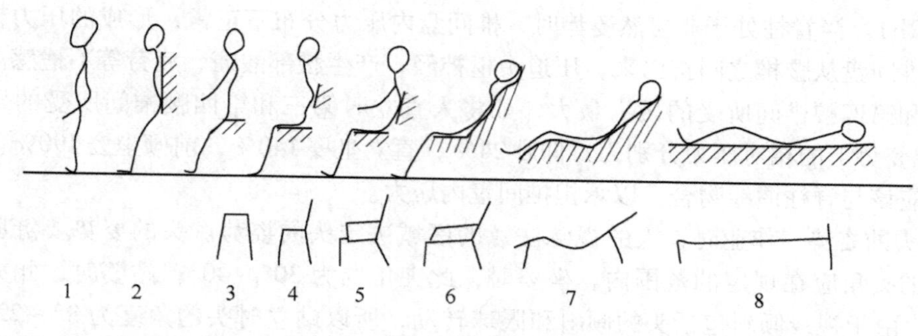

图4-4 人体动作的八种不同姿势

坐卧类家具的基本功能是使人们坐得舒服、睡得安宁、减少疲劳和提高工作效率。其中，最关键的是减少疲劳。如果在家具设计中，通过对人体的尺度、骨骼和肌肉关系的研究，使设计的家具在支承人体时，将人体的疲劳度降到最低状态，也就能得到最舒服、最安宁的感觉，同时也可保持最高的工作效率。

4.2.1 座椅的设计

好的座椅设计能减轻腿部肌肉的负担，可避免站立时人体的足踝、膝部、臀部和脊椎等关节部位受到静肌力作用，减少人体能耗，消除疲劳并有利于保持身体的稳定，这对精细作业更适合。不正确的坐姿和不适合的座椅都会影响人体健康。

1. 椅子的分类

（1）工作用椅　工作椅应保持稳定，提供腰部支撑，重量分布均匀，它使人以较直立的姿势坐于其上，双脚平放于地面，故其座高比休息椅稍高。

（2）休息用椅　它可减少人体疲劳，使人放松身体，减少椎间盘内压力。休息椅应使腿能向前方伸展，以放松肌肉，也有助于身体的稳定。

（3）多用椅　其有多用途，可根据需要调整使用状态。多用椅以多种功能为设计重点。它可能与桌子配合，可能是工作、休息兼用椅，也可能是作为备用椅可以折叠收藏起来的。

2. 椅子设计的原则

1）要把人的坐姿与座椅的样式和尺寸联系起来。

2）座椅的尺寸应适宜于就座者的人体尺寸。

3）座椅要适于就座者保持不同姿势的需要和调节坐姿的需要。

4）靠背的结构和形状设计要以尽量减少就座者背部和脊柱疲劳为原则。

5）座椅上应配有适当质地的坐垫，以改善臀部及背部的体压分布。

3. 椅子设计的主要参数

椅子设计的主要参数包括座高、座宽、座深、座靠背、体腿夹角等。

（1）座高　指座面与地面的垂直距离。椅座面常向后倾斜或做成凹形曲面，通常以座

面至地面的垂直距离作为椅座高。适当的座高应使大腿保持水平，小腿垂直，双脚平放于地面。否则座面过高，小腿悬空，大腿受椅面前缘压迫，使座者感到不适，长时间这样坐着血液循环受阻，小腿麻木肿胀。如图4-5所示，左图座面过高，右图为合适的高度。

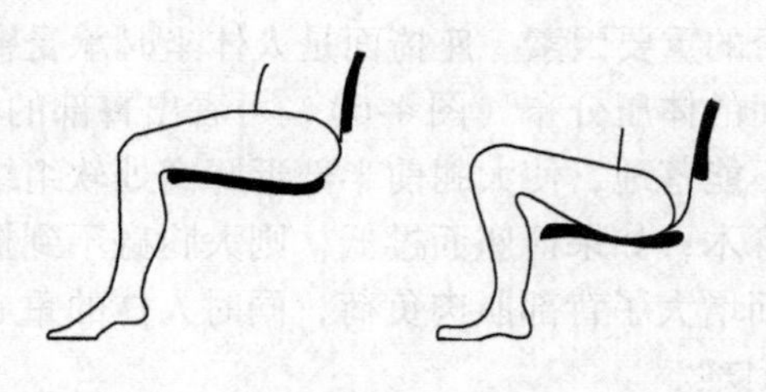

图4-5　座面高度

座面高度不合理会导致不正确的坐姿，并且坐的时间稍久，就会使人体腰部产生疲劳感。通过对人体坐在不同高度的凳子上其腰椎活动度的测定（图4-6）可以看出，凳高为400mm时，腰椎的活动度最高，即疲劳感最强。稍高或稍低于此数值者，其人体腰椎的活动度下降，舒适度也随之增大，这意味着凳子比400mm稍高或稍低都不会使腰部感到疲劳。在实际生活中，人们喜欢坐矮板凳从事活动的道理就在于此，人们在酒吧间坐高凳活动的道理也相同。

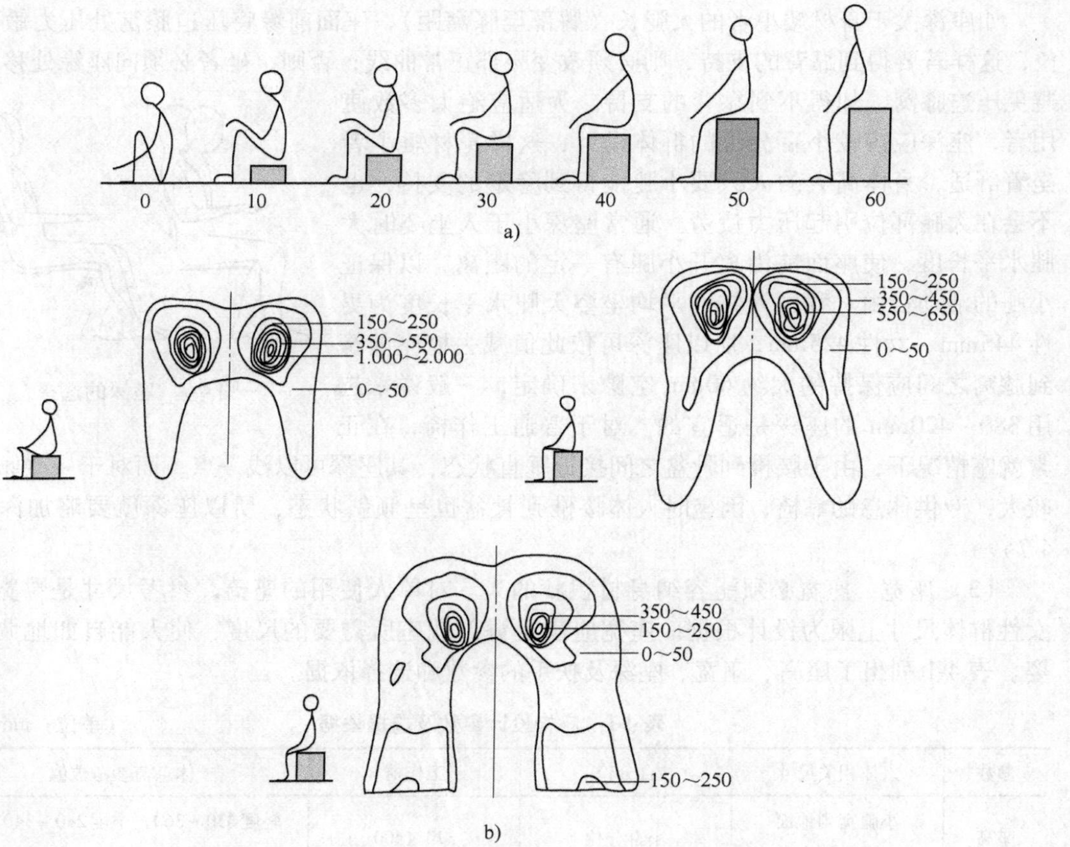

图4-6　不同座高对活动度和体压分布的影响（单位：g/cm^2）

a）不同的座高　b）座高对体压分布的影响

对于有靠背的座椅，其座高既不宜过高，也不宜过低，它与人体在座面上的体压分布有关。不同高度的椅面，其体压分布情况有显著差异，坐感也不尽相同，它是影响坐姿舒服与否的重要因素。座椅面是人体坐时承受臀部和大腿的主要承受面，通过测试不同高度的坐椅面的体压分布（图4-6），可看出臀部的各部分分别承受着不同的压力。椅座面过高，两足不能落地，使大腿前半部近膝窝处软组织受压，时间久了，血液循环不畅，肌腱就会发胀而麻木；如果椅座面过低，则大腿碰不到椅面，体压分布就过于集中，人体形成前屈姿态，从而增大了背部肌肉负荷，同时人体的重心也低，所形成的力矩也大，这样使人体起立时感到困难。

因此，设计时应力求避免上述情况的出现，并寻求合理的座高与体压分布。根据座椅的体压分布情况来分析，椅座高应小于坐者小腿窝到地面的垂直距离，使小腿有一定的活动余地。适宜的座高应当等于小腿窝高加25～35mm鞋跟高后，再减10～20nm为适宜。因此，座高一般按低身材人群设计，建议座面前缘应比人体膝窝高度低3～5cm，且有半径为2.5～5cm的弧度。座面亦不能太低，否则腿长的人骨盆后倾，正常的腰椎曲线被拉直，致使腰酸不适。

（2）座深　指椅面前缘至后缘的距离。正确的座深应使靠背方便地支持腰椎部位。

如座深大于身材矮小者的大腿长（臀部至膝窝距），座面前缘将压迫膝窝处压力敏感部位，这样若要得到靠背的支持，则必须改变腰部正常曲线；否则，坐者必须向座缘处移动以避免压迫膝窝，却得不到靠背的支持。为适应绝大多数使用者，座深应按较小百分位的群体设计，这样身材矮小者坐着舒适，身体高大的人只要小腿能得到稳定的支持，也不会在大腿部位引起压力疲劳。通常座深小于人坐姿时大腿水平长度，使座面前沿离开小腿有一定的距离，以保证小腿的活动自由。我国人体的平均坐姿大腿水平长度为男性445mm、女性425mm，所以座深可依此值减去椅座前缘到膝窝之间应保持的大约60mm空隙来确定，一般说来选用380～420mm的座深是适宜的。对于普通工作椅，在正常就座情况下，由于腰椎到骨盆之间接近垂直状态，其座深可以浅一点；而对于一些倾斜度较大，专供休息的靠椅，因坐时人体腰椎到骨盆也呈倾斜状态，所以座深就要略加深（图4-7）。

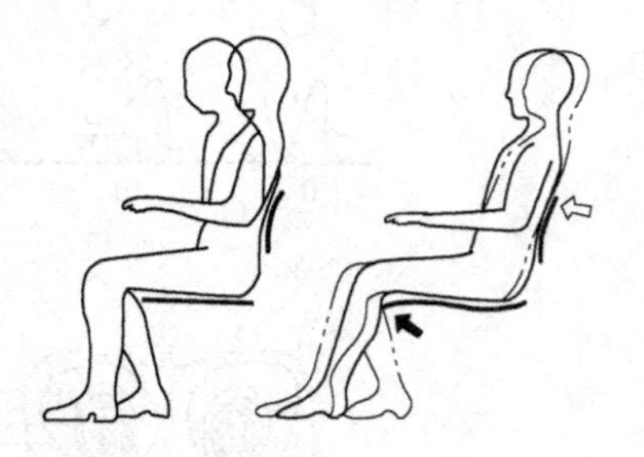
图4-7　座深的选择

（3）座宽　座宽必须能容纳身材粗壮的人。对单人使用的座椅，参考尺寸是臀宽，以女性群体尺寸上限为设计根据。座宽应满足臀部就座所需要的尺度，使人能自如地调整坐姿。表4-1列出了座高、座宽、座深及扶手的参数和选择依据。

表4-1　座椅设计参数及选择依据　（单位：mm）

参数	人体相关尺寸	百分位	工作椅	休息椅参考数值
座高	小腿窝到地面垂直距离	小百分位	370～400	轻度330～360，中度280～340，高度210～290
座宽	女性群体坐姿臀宽	大百分位	400～500	430～450（衣服修正值）
座深	女性大腿长	小百分位	350～400	380～420
扶手	人体重心高度	第50百分位	210～220	210～220

（4）座面与靠背夹角　不同的座面与靠背夹角会导致不同的椎间盘内压力以及背部的肌肉负荷（图4-8）。由图可见，当座面与靠背夹角在110°以上时，椎间盘内压力显著减小，所以人体上身向后倾斜110°～120°是适宜的。事实上，沙发的靠背倾角就以此为设计依据。

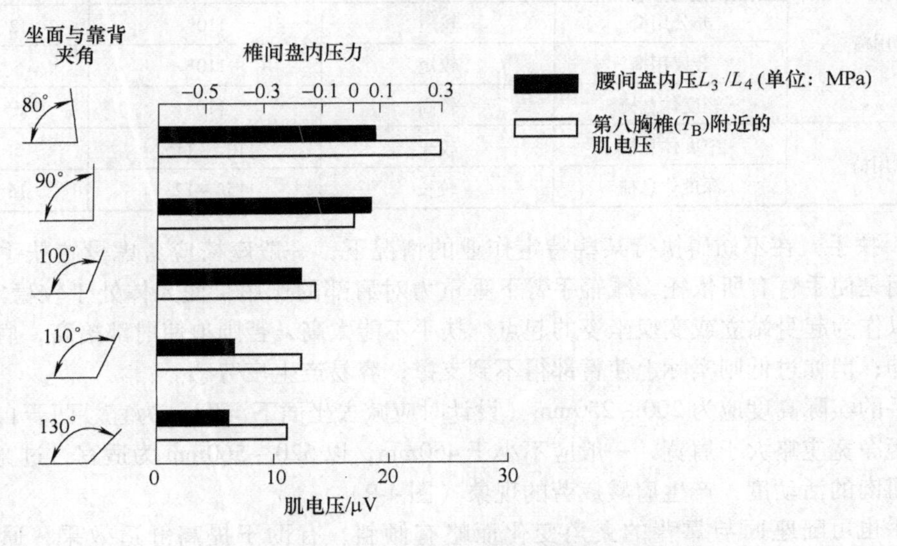

图4-8　靠背倾角与椎间盘内压力和肌电压的关系

（5）座面的后倾角　一般座椅的座面是采用向后倾斜的，后倾角度以3°～5°为宜，座面后倾的作用有两点：

1）由于重力，躯干后移，使背部抵靠椅背，获得支持，可以降低背肌静压。

2）防止坐者从座缘滑出座面。后者在振动颠簸的环境中尤为重要，如汽车驾驶用座椅及长途汽车的乘客座椅设计。表4-2列出了不同座椅的倾角选择。

但对工作用椅来说，水平座面要比后倾斜座面好一些。因为当人处于工作状态时，若座面是后倾的，人体背部也相应向后倾斜，势必产生人体重心随背部的后倾而向后移动，这样一来，就不符合人体在工作时重心应落于原点趋前的原理。这时，人在工作时为提高效率，就会竭力保持重心向前的姿势，致使肌肉与韧带呈现极度紧张的状态，用不了多长时间，人的腰、腹等处就开始感到疲劳和酸痛。因此，一般工作用椅的座面以水平为好，甚至也可考虑椅面向前倾斜，如通常使用的绘图凳面是前倾的。

一般情况下，在一定范围内，后倾角越大，休息性越强，但不是没有限度的。尤其是对于老年人使用的椅子，倾角不能太大，否则会使老年人在起立时感到吃力。

（6）椅靠背　人若笔直地坐着，躯干得不到支撑，背部肌肉也就显得紧张，渐呈疲劳现象，因此，就需要用靠背来弥补这一缺陷。椅靠背的作用就是要使躯干得到充分的支撑，通常靠背略向后倾斜，能使人体腰椎获得舒适的支撑面。

在靠背高度上有肩靠、腰靠和颈靠三个关键支撑点。肩靠应低于肩胛骨（相当于第9胸椎，高约460mm），以肩胛的内角以碰不到椅背为宜；腰靠应低于腰椎上沿，支撑点位置以位于上腰凹部（第2～4腰椎处，高为180～250mm）最为合适；颈靠应高于椎点，一般应不小于660mm。同时，靠背的基部最好有一段空隙，高度至少为125～200mm，利于人坐下时，臀肌不致受挤压。

表 4-2　座椅的倾角选择

分类	种类	靠背	坐面与靠背夹角	坐面倾角
工作用椅	轻型装配	较短	95°	0°～3°
	办公用椅	较短	110°	2°～5°
	会议用椅	较短	110°	5°～10°
	轻度休息椅	较高	110°	5°～10°
休息用椅	中度休息椅	较长	110°～115°	5°～10°
	深度休息椅	较长	115°～123°	15°～23°

（7）扶手　在不妨碍执行某些特定作业的情况下，一般座椅应考虑设置扶手。扶手的主要功用是使手臂有所依托，减轻手臂下垂重力对肩部的作用，使人体处于较稳定的状态。它也可以作为起身站立或变换坐姿的起点。扶手不能太高，否则迫使肘部抬高，肩部与颈部肌肉拉伸；但如过低则实际上使臂部得不到支撑，容易产生疲劳感。

扶手的实际高度应为200～250mm（设计时应减去坐面下沉度）为宜。两臂自然屈伸的扶手间距净宽应略大于肩宽，一般应不小于460mm，以520～560mm为适宜，过宽或过窄都会增加肌肉的活动度，产生肩酸疲劳的现象（图4-9）。

扶手也可随座面与靠背的夹角变化而略有倾斜，有助于提高舒适效果，通常可取为10°～20°的角度。扶手外展以小于10°的角度为宜。

（8）座垫　人体在坐姿状态下，与座面紧密接触的实际上只是臀部的两块坐骨结节，其上只有少量的肌肉，人体重量的75%左右由约25cm^{2}的坐骨周围的部位来支承，这样久坐容易产生压力疲劳，导致臀部痛楚麻木感。故椅座面宜多选用半软稍硬的材料，座面前后也可略显微曲形或平坦形，这有利于肌肉的松弛和便于起立动作。座垫也不宜过软，因为座垫越软，则臀部肌肉受压面积越大，而致坐感不舒服。座垫有效厚度以21～22mm为宜。

图4-10～图4-15所示是各种休息用椅的基本尺寸。

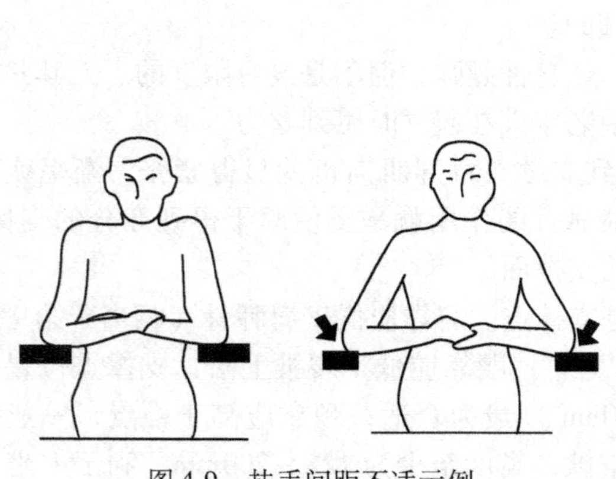

图 4-9　扶手间距不适示例

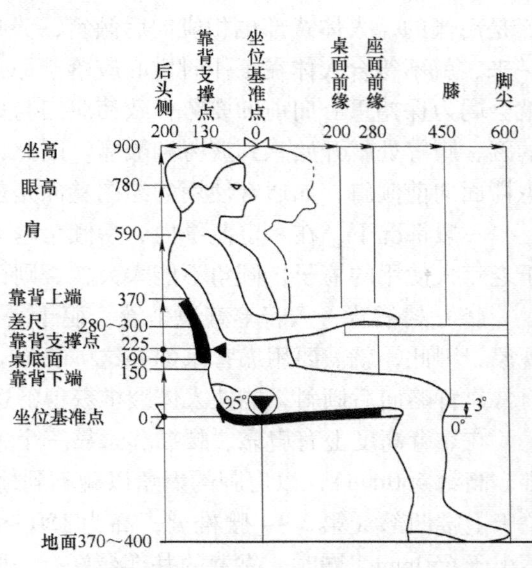

图 4-10　轻型装配用椅（单位：mm）

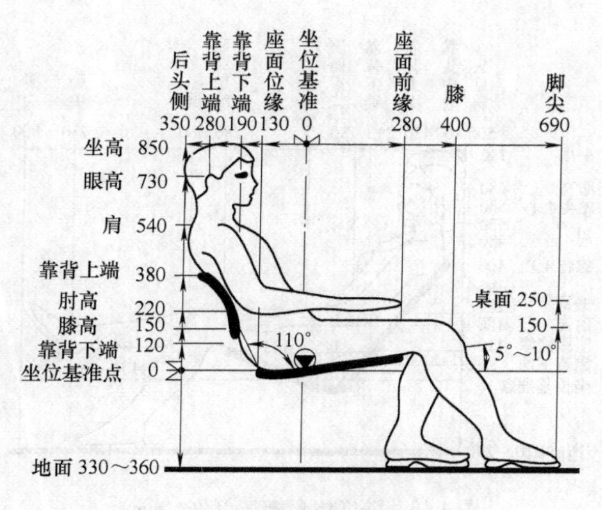

图 4-11 轻度休息椅（单位：mm）

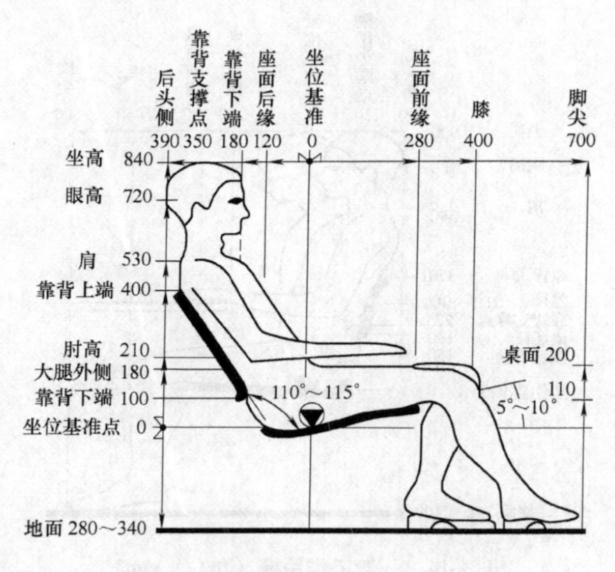

图 4-12 中度休息椅（单位：mm）

4. 工作椅设计方式的探讨

（1）可坐立交替工作的较高椅子 人体工程学研究表明，“站着办公”可以缓解腰酸背痛的症状。美国科学家也曾设计过未来办公室，“站着上班”成为未来办公室的首要标志（图 4-16）。这种工作方式很符合生理学和矫形学（研究人体，尤其是儿童骨骼系统变形的学科）的观点。坐姿解除了站立时人的下肢的肌肉负荷，而站立时可以放松坐姿引起的肌肉紧张。坐与站各导致不同肌肉的疲劳和疼痛，所以坐立之间的交替不仅可以解除部分肌肉的负荷，而且可使脊椎中的椎间盘获得营养。另外，坐立交替的设计还很适合需频繁坐立的工作。例如美国 UPS 邮递公司驾驶员的座椅就比一般汽车驾驶员的座椅高，它可以坐立交替，从而大大减轻了驾驶员频繁坐立的劳动强度。坐立交替式作业是指工作者在作业区内，既可坐也可站。视觉工作区域必须设计在舒服的视线范围内，从而避免由于头的姿势不自然而引起的颈部肌肉疼痛。

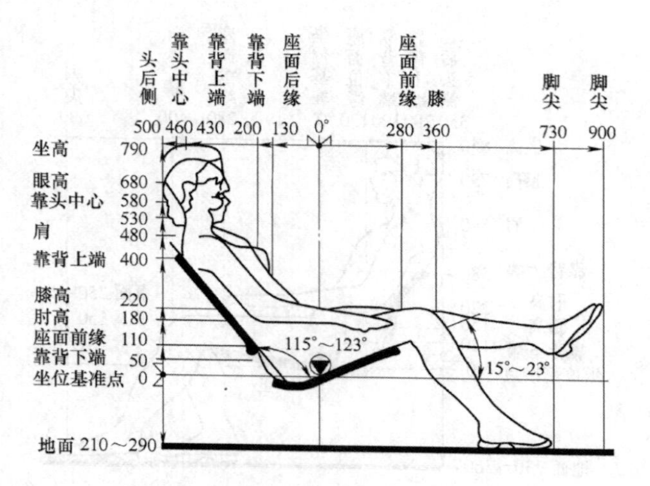

图 4-13　深度休息椅（单位：mm）

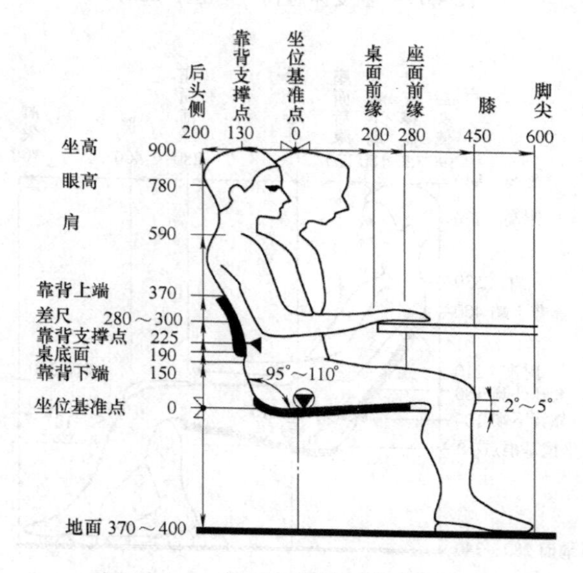

图 4-14　一般工作用椅（单位：mm）

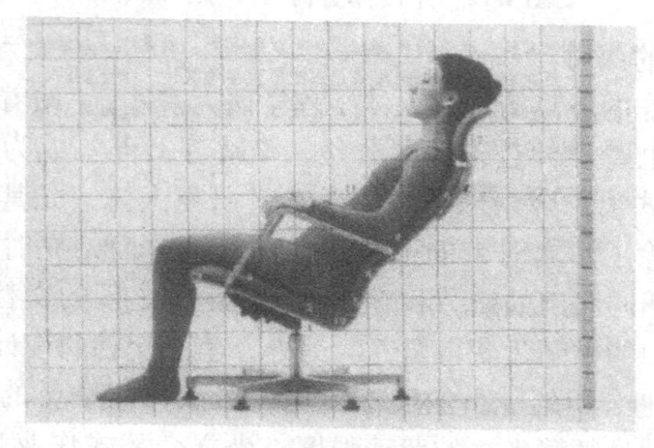

图 4-15　有靠头和足凳的休息用椅的基本尺度

注：图中每格长、宽均为 10mm。

（2）座面前倾　大部分座面的设计都向后倾斜，相对的椅背靠也向后倾斜。但当人在电脑前工作时，或长时间的看书、书写、装配时，为保证眼睛与书本、键盘等物的距离，一般身体会向前倾。如果坐在向后倾斜的座面上，会增加肌肉与韧带的负担，极易疲劳。因此，办公用椅的座面以水平或前倾为最好。

图4-17（彩插）所示是挪威Peter Opsvik公司1992年推出的Thatsit balans椅子。这是一把高度符合人体工程学的沙发椅，使用者可以根据自身需求调整适当的角度，缓解长久不变的坐姿所带来的疲劳。

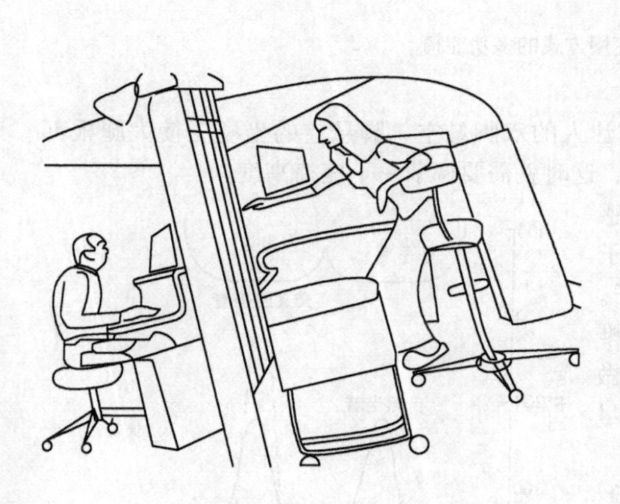

图4-16　未来工作方式

图4-17　Thatsit balans椅子

图4-18所示为消费者最喜爱的产品之一，德国Muvman的神奇单脚椅。不论人在这种椅子上姿势是向前还是向后、左倾还是右倾，它都可协调并自动适应着不同身高、身形的使用者。无论如何移动椅子，使用者的身体仍然被舒适地支撑着。图4-19所示为多种使用方式的多功能椅。

图4-18　德国Muvman单脚椅

图 4-19　多种使用方式的多功能椅

5. 不良坐姿的调整

（1）脚悬空　如果座椅比较高，就容易让人的双脚悬空。脚悬空的坐姿会使大腿根部的血管受压迫，导致血流不畅通，容易疲劳，这时就需要调节一下座椅高度。

（2）在椅子上缩成一团　很多人后腰感到疲劳时，就会选择像只小动物一样在椅子上缩成一团，弓背弯腰貌似很舒适的样子。实际上，这样的坐姿只会额外加重后腰和椎间盘的压力。与其缩成一团，不如站起来做做舒展腰部的广播体操，这才有利于身体尽快从疲劳状态中恢复。

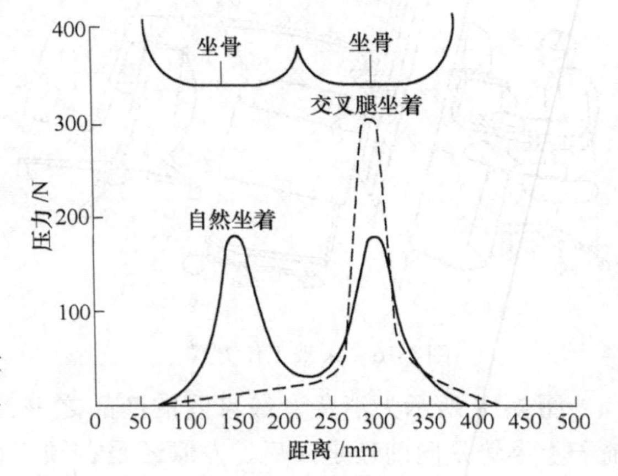

图 4-20　座椅上的体压分布

（3）跷二郎腿　按照我们的日常经验，跷起二郎腿似乎会让身体更放松些。但事实上，如图 4-20 所示，双腿交叉时产生的压力会急剧增加。

（4）挺直腰板　加拿大的医学研究人员发现，挺直腰板的坐姿实际上是个误区：笔直的坐姿非常容易导致背部肌肉受伤，如果需要久坐时，向后略微倾仰的坐姿反而对身体更有益处。这就意味着，最好将身体靠在座椅上，这样脊椎便会由座椅靠背来支撑。

设计应用　古代家具设计中的人体工程学因素分析

对人体工程学的研究思想和方法在设计中的应用方面，我国是世界上最早重视家具设计功能的国家之一。我国明式家具的比例和尺度符合现代人体工程学，结构科学、用材合理，符合人体舒适的要求，其长短、曲直、宽、高、低、粗细之间的关系达到科学与艺术的高度统一，对现代家具设计影响极大。

例如明代官帽椅设计（图 4-21），其背倾角和曲线是工匠根据人体特点设计的，并根据人体休息时的必要后倾度，使靠背具有近于 100°的背倾角。这样处理的结果是：人坐在椅子上，后背与椅子靠背有较大的接触面，肌肉得到充分的休息，因而产生舒适感。另外，很多凳子还有脚踏杖，专门支撑双腿。搭脑的高度与人的颈部平齐，头部正好搭靠在上面。靠背的宽度也很讲究。明代家具的座宽、座深也依具体的使用方式设计，无扶手的椅子座面宽稍小一些，一般在40cm左右，基本符合人体工程学规定的尺寸。椅子不但能使臀部得到支撑，还留出能使人随时调整坐姿的余量。明代无扶手的靠背椅座深为40cm，扶手距座面高度为25cm，也符合人体工程学要求。

又如明式家具中的圈椅（图4-22），其一圈的圆弧半径与端部弯头半径的比例正好是2:1，两圈外切即形成了椅圈的优美曲线。椅座面的矩形也正好符合黄金分割比例。从椅子正面看，椅腿向外倾斜，下端的宽度与椅的座面相等，椅腿内侧呈梯形空间。当座面的中心底端两点相连，恰好构成具有稳定感的等边三角形。其尺度合理，很符合人体的使用要求。

图4-21　明代官帽椅

图4-22　圈椅

4.2.2　床的设计

卧具主要是床和床垫类家具的总称。卧具是供人睡眠休息的，使人躺在床上能舒适地尽快入睡，以消除每天的疲劳，便于恢复精力和体力。因此，床及床垫的使用功能必须注重考虑床与人体的关系，着眼于床的尺度与床面（床垫）弹性结构的综合设计。

1. 睡眠的生理现象

睡眠是每个人每天都进行的一种生理过程。每个人在其一生中大约有1/3的时间在睡眠，睡眠是人为了更好地有更充沛的精力去进行各种活动的基本休息方式。因此，与睡眠直接相关的卧具（主要是指床）的设计，就显得非常重要。

2. 床面（床垫）的设计

人们偶尔在公园或车站的长凳或硬板上躺下休息后，起来时会感到浑身的不舒服，身上被木板硌得生疼。因此，像座椅一样，常常需要在床面上加一层柔软材料。这是因为，正常人在站立时，脊椎的形状是“S”形，后背及腰部的曲线也随着起伏；当人躺下后，重心位于腰部附近，此时，肌肉和韧带也改变了常态，而处于紧张的收缩状态，时间久了就会产生不舒适感。因此，床是否能消除人的疲劳（或者引起疲劳），除了合理的尺度之外，主要是取决于床或床垫的软硬度能否适应支撑人体卧势处于最佳状态的条件。

床或床垫的软硬舒适程度与体压的分布直接相关，体压分布均匀的较好，反之则不好。

体压是用不同的方法测量出的身体重量压力在床面上的分布情况。不同弹性的床面，其体压分布情况也有显著差别。床面过硬时，身体压力分布不均匀，集中在几个小区域，造成局部的血液循环不好、肌肉受力不适等；而较软的床面则能解决这些问题。但是如果睡在太软的床上，由于重力作用，腰部会下沉，造成腰椎曲线变直，背部和腰部肌肉受力，从而产生不适感觉（图 4-23、图 4-24），进而直接影响睡眠质量。

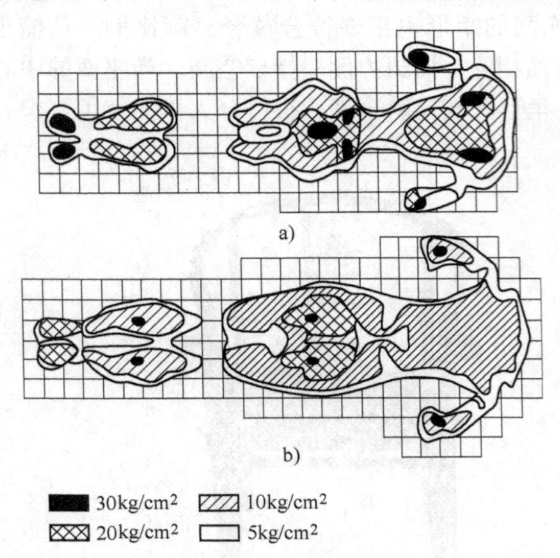

图 4-23 人体卧姿的体压分布

a）硬床面上的体压分布 b）软床面上的体压分布

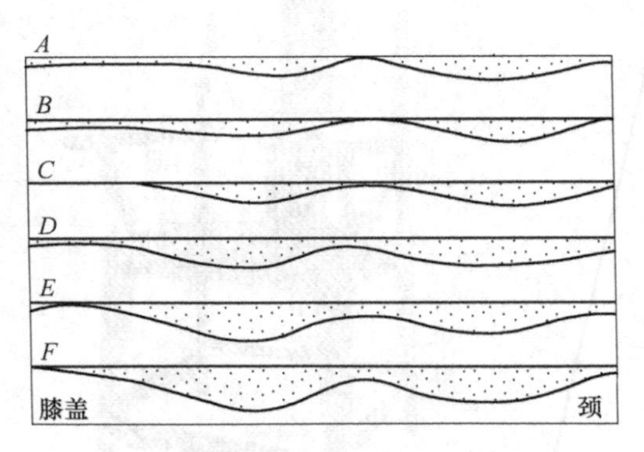

图 4-24 床的软硬度与人体弓背曲线

注：A ~ F 表示床面从硬到软。

因此，为了使人在睡眠时体压得到合理分布，必须精心设计好床面或床垫，要求床面应在具备足够柔软性的同时保持整体的刚性，这就需要采用多层的复杂结构。床面或床垫通常是用不同材料搭配而成的三层结构（图 4-25），即与人体接触的面层采用柔软材料；中层则可采用硬一点的材料，有利于身体保持良好的姿态；最下一层是承受压力的部分，用稍软的弹性材料（弹簧）起缓冲作用。这种软中有硬的三层结构的做法由于发挥了复合材料的振动特性，有助于人体保持自然和良好的仰卧姿态，使人得到舒适的休息。好的床品设计，人在侧卧时，脊柱保证在一条直线上，如图 4-26 所示。

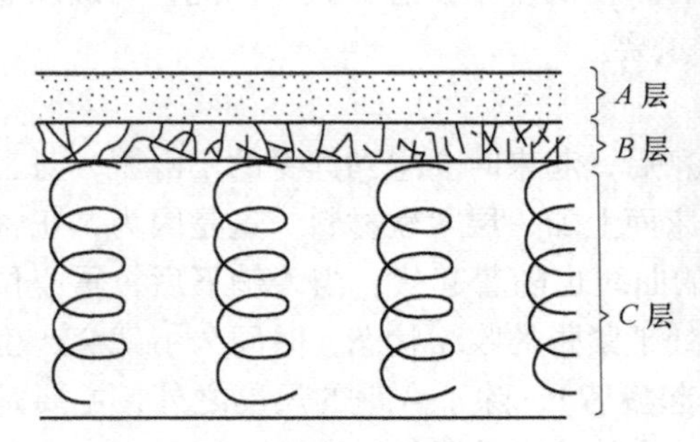

图 4-25 床面或床垫的软硬多层结构

图 4-26 好床面的人体脊柱状态

3. 卧具的主要尺寸及设计依据

卧具的主要尺寸包括床面长、宽、床面高或底层床面高、层间净高，以及为满足安全使用要求所涉及的一些拦板尺寸。这些尺寸在相应的国家标准中已有规定。本节提供了一些参考尺寸，供读者设计时参考。

（1）单层床基本尺寸　单层床的主要尺寸参数如图4-27所示，其参考尺寸见表4-3。

（2）双层床基本尺寸　双层床的主要尺寸参数如图4-28所示，其参考尺寸见表4-4。

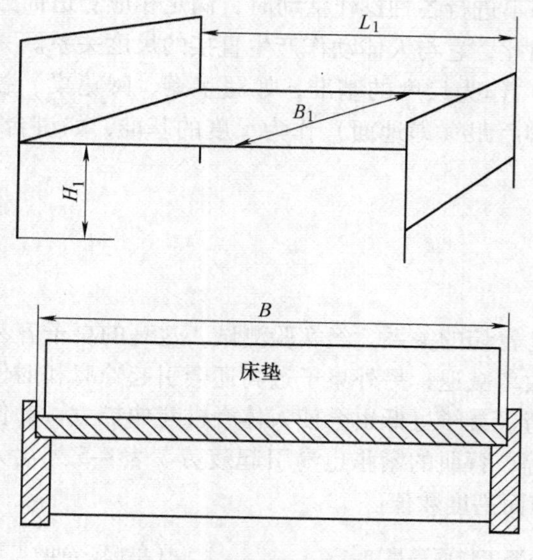

图4-27　单层床的主要参数

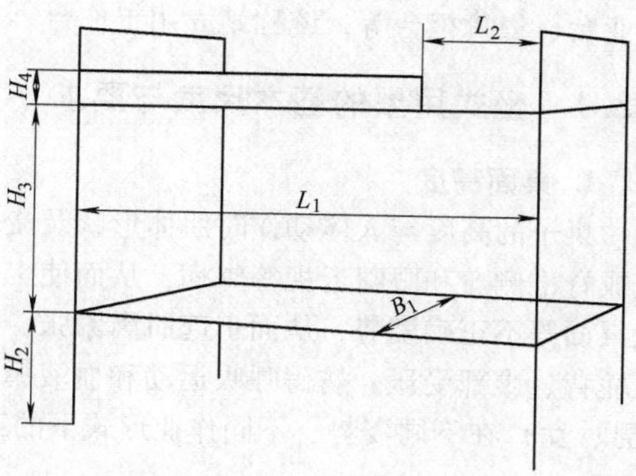

图4-28　双层床的主要参数

表4-3　单层床的基本尺寸（GB/T 3328—1997）（单位：mm）

单层床	床面宽 B_1	床面长 L_1		床面高 H_1	
		双屏床	单屏床	放置床垫	不放置床垫
单人床	720，800，900，1000，1100，1200	1920，1970	1900，1950	240～280	400～440
双人床	1350，1500，1800	2020，2120	2000，2100		

注：嵌垫式床面宽应在各档尺寸基础上增加20mm。

表4-4　双层床的基本尺寸（GB/T 3328—1997）（单位：mm）

床面长 L_1	床面宽 B_1	底床面高 H_2		层间净高 H_3		安全拦板缺口长度 L_2	安全拦板高度 H_4	
		放置床垫	不放置床垫	放置床垫	不放置床垫		放置床垫	不放置床垫
1920，1970，2020	720，800，900，1000	240～280	400～440	≥1150	≥980	500～600	≥380	≥200

4.3 凭倚类家具的设计

凭倚类家具是人们工作和生活所必需的辅助性家具。为适应各种不同的用途，出现了餐桌、写字桌、课桌、制图桌、梳妆台、茶几和炕桌等。另外还有为站立活动而设置的售货柜台、账台、讲台、陈列台和各种工作台、操作台等。

这类家具的基本功能是适应人在坐、立状态下进行各种操作活动时，满足相应舒适而方便的辅助条件，并兼作放置或储存物品之用。因此，它与人体动作产生直接的尺度关系。一类是以人坐下时的坐骨支承点（通常称椅座高）作为尺度的基准，如写字桌、阅览桌、餐桌等，统称为坐式用桌；另一类是以人站立的脚后跟（即地面）作为尺度的基准，如讲台、营业台、售货柜台等，统称站立用工作台。

4.3.1 坐式用桌的基本尺度与要求

1. 桌面高度

桌子的高度与人体动作时肌体形状及疲劳有密切的关系。经实验测试，过高的桌子容易造成脊椎侧弯和眼睛近视等弊病，从而使工作效率减退；另外桌子过高还会引起耸肩和肘低于桌面等不正确姿势，从而引起肌肉紧张、疲劳。桌子过低也会使人体脊椎弯曲扩大，易使人驼背、腹部受压，妨碍呼吸运动和血液循环等，背肌的紧张也易引起疲劳。表4-5列出人（男、女）在不同姿势、不同作业形式下的工作面高度数值。

表4-5　站姿和坐姿工作面高度　（单位：mm）

作业类型	站姿		坐姿	
	男	女	男	女
精密作业	100 ~ 110	95 ~ 105	90 ~ 110	80 ~ 100
轻型作业、学习	90 ~ 95	85 ~ 95	74 ~ 78	70 ~ 75
重荷作业	75 ~ 90	70 ~ 85	69 ~ 72	66 ~ 70

2. 桌面尺寸及选择依据

（1）手的水平活动幅度　桌面的尺寸应以人坐姿时手可达到的水平工作范围（图4-29）为基本依据，并考虑桌面可能置放物的性质及其尺寸大小。如果是多功能的或工作时尚需配备其他物品时，则还应在桌面上加设附加装置。双人平行或双人对坐形式的桌子，桌面的尺度应考虑双人的动作幅度互不影响（一般可用屏风隔开），对坐时还要考虑适当加宽桌面，以符合对话中的卫生要求等。对于餐桌、会议桌之类的家具，应以人体占用桌边缘的宽度去考虑桌面的尺寸，舒适的宽度是按600 ~ 700mm来计算的，通常也可减缩到550 ~ 580mm。各类多人用桌的桌面尺寸就是按此标准核计的。

（2）视觉　阅览桌、课桌等的桌面，最好应有约15°的斜坡，能使人获取舒适的视域。因为当视线向下倾斜60°时，则视线与倾斜桌面接近90°，文字在视网膜上的清晰度就高，既便于书写，又使背部保持着较为正常的姿势，减少了弯腰与低头的动作，从而减轻了背部的肌肉紧张和酸痛现象。但在倾斜的桌面上，往往不宜陈放东西，所以不常采用。

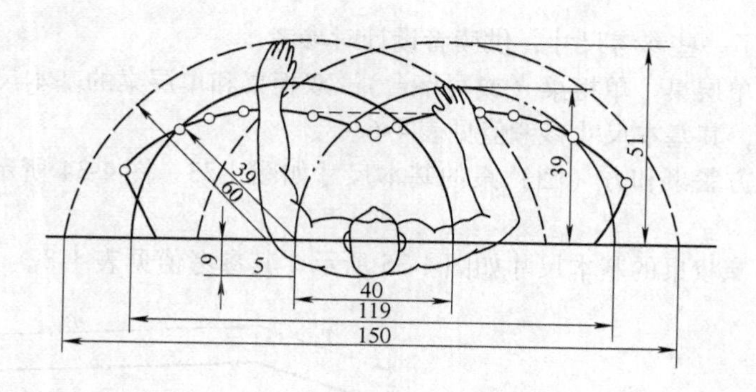

图 4-29 人坐姿时的水平工作范围

--------最大作业域（Banes）1942

—·—通常作业域（Banes）1942

——通常作业域（Squires）1956

（3）腿部空间 设计办公桌时应保证办公人员有足够的腿的活动空间，因为腿能适当移动或交叉对血液循环是有利的。桌面下的净空高度应高于双腿交叉时的膝高，并使膝部有一定的上、下活动余地，所以抽屉底板不能太低，桌面至抽屉底的距离应不超过桌椅高差的1/2，即120~160mm。因此，桌子抽屉的下缘离开椅座至少应有178mm的净空，净空的宽度和深度应保证两腿的自由活动和伸展。

（4）眩光 过于光亮的桌面，由于多种反射角度的影响，极易产失眩光，刺激眼睛，影响视力。

4.3.2 站立用桌的基本尺度与要求

站立用桌或工作台主要包括：售货柜台、营业柜台、讲台、服务台、陈列台、厨房低柜洗台以及其他各种工作台等。

（1）台面高度 站立用工作台的高度，是根据人站立时自然屈臂的肘高来确定的。对于要适当用力的工作而言，则台面可稍降低20~50mm。

（2）台下净空 站立用工作台的下部，不需要留有腿部活动的空间，通常是作为收藏物品的柜体来处理。底部需有置足的凹进空间，一般内凹高度为80mm、深度为50~100mm，以适应人紧靠工作台时着力动作之需；否则难以借助双臂之力进行操作。

（3）台面尺寸 站立用工作台的台面尺寸主要由所需的表面尺寸和表面放置物品状况及室内空间和布置形式而定，没有统一的规定，视不同的使用功能做专门设计。至于营业柜台的设计，通常是按兼采写字台和工作台二者的基本要求进行综合设计的。

一般而言，办公桌应按身材较大的人的人体尺寸设计，这是因为身材小的人可以加高椅面和使用垫脚台，而身材较大的人使用低办公桌就会导致腰腿的疲劳和不舒服。

4.3.3 凭倚类家具的主要尺寸

桌台、几案等凭倚类家具的主要尺寸包括桌面高、桌面宽、桌面直径、桌面深、中间净空宽、侧柜抽屉内宽、柜脚净空高、镜子下沿离地面高、镜子上沿离地面高，以及为满足使用要求所涉及的一些内部分隔尺寸。这些尺寸在相应的国家标准中已有规定。本节除列有规定尺寸外，也提供了一些参考尺寸，供读者设计时参考。

（1）带柜桌及单层桌　单柜桌（或写字台）、双柜桌和单层桌的基本尺寸如图 4-30、图 4-31、图 4-32 所示，其基本尺寸参考值见表 4-6。

（2）餐桌　长方餐桌和方（圆）桌的基本尺寸如图 4-33、图 4-34 所示，其基本尺寸参考值见表 4-7。

（3）梳妆桌　梳妆桌的基本尺寸如图 4-35 所示，其参考值见表 4-8。

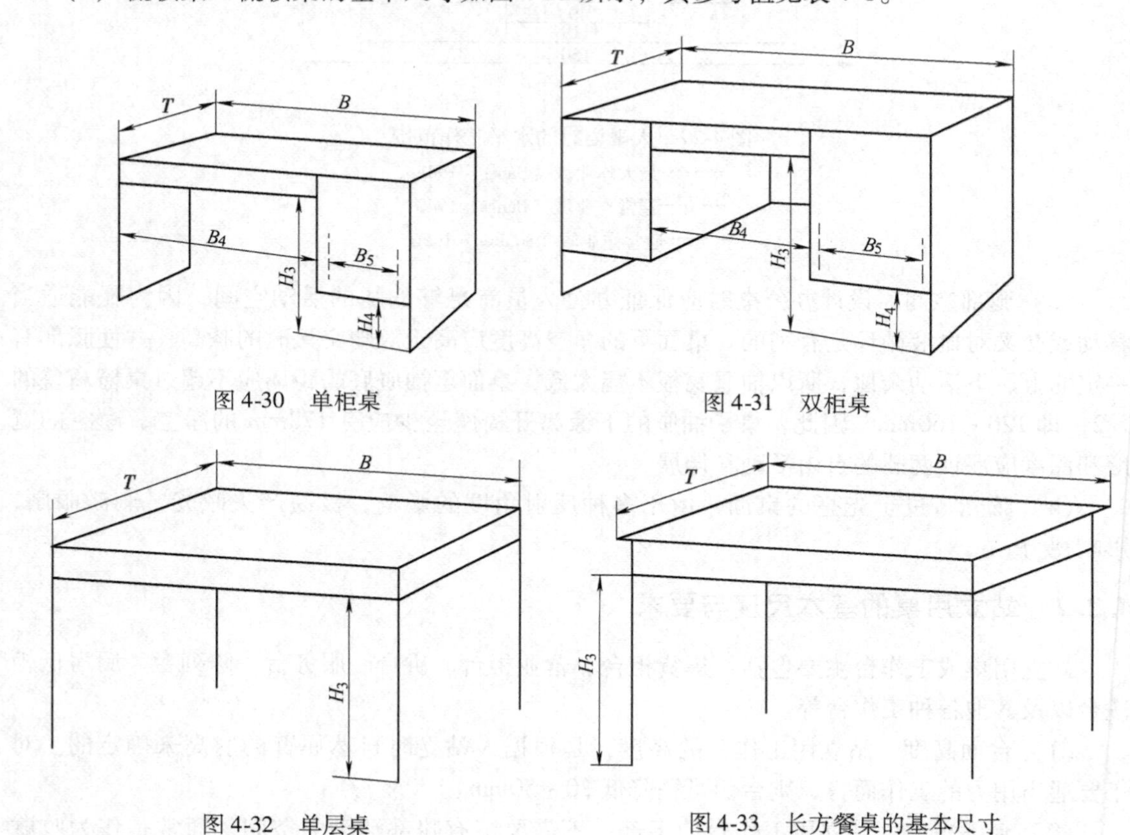

图 4-30　单柜桌

图 4-31　双柜桌

图 4-32　单层桌

图 4-33　长方餐桌的基本尺寸

表 4-6　带柜桌及单层桌的基本尺寸（GB/T 3326—1997）　（单位：mm）

桌子种类	宽度 B	深度 T	中间净空高 H_3	柜脚净空高 H_4	中间净空宽 B_4	侧柜抽屉内宽 B_5	宽度级差 ΔB	深度级差 ΔT
单柜桌	900 ~ 1500	500 ~ 750	≥580	≥100	≥520	≥230	100	50
双柜桌	1200 ~ 2400	600 ~ 1200	≥580	≥100	≥520	≥230	100	50
单层桌	900 ~ 1200	450 ~ 600	≥580	—	—	—	100	50

表 4-7　餐桌的基本尺寸（GB/T 3326—1997）　（单位：mm）

桌子种类	宽度 B（或直径 D）	深度 T	中间净空高 H_3	宽度级差 ΔB	深度级差 ΔT
长方餐桌	900 ~ 1800	450 ~ 1200	≥580	50	50
方（圆）桌	600，700，750，800，850，900，1000，1200，1350，1500，1800（其中方桌边长≤1000）	—	≥580	—	—

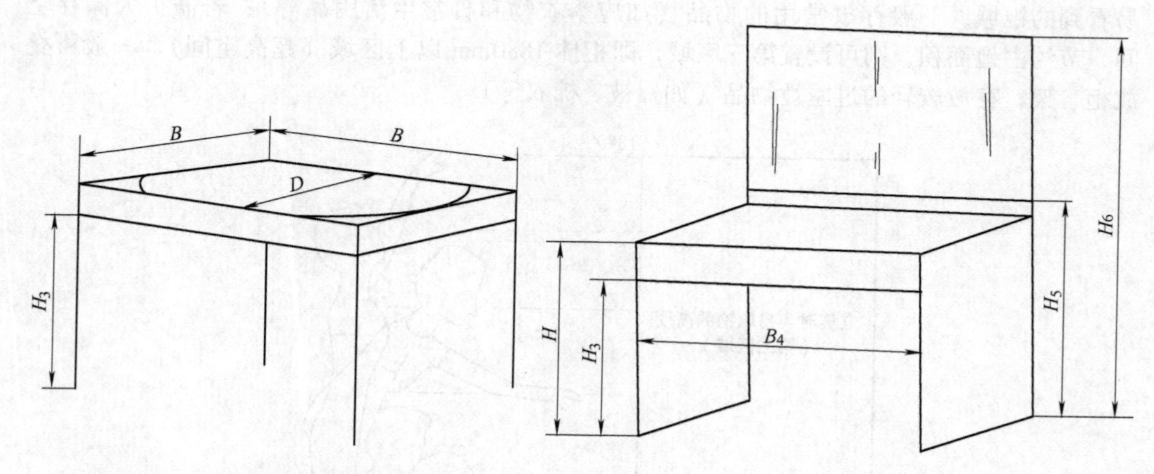

图 4-34 方桌和圆桌的基本尺寸

图 4-35 梳妆桌基本尺寸

表 4-8 梳妆桌的基本尺寸（GB/T 3326—1997）（单位：mm）

桌子种类	桌面高 H	中间净空高 H_3	中间净空宽 B_4	镜子上沿离地面高 H_6	镜子下沿离地面高 H_5
梳妆桌	≤740	≥580	≥500	≥1600	≤1000

4.4 储藏类家具的设计

储藏类家具又称储存类或储存性家具，是收藏、整理日常生活中的器物、衣物、消费品、书籍等的家具。根据存放物品的不同，储藏类家具可分为柜类和架类两种。柜类主要有大衣柜、小衣柜、壁橱、被褥柜、床头柜、书柜、玻璃柜、酒柜、菜柜、橱柜、各种组合柜、物品柜、陈列柜、货柜、工具柜等；架类主要有书架、餐具食品架、陈列架、装饰架、衣帽架、屏风和屏架等。

储藏类家具的功能设计必须考虑人与物两方面的关系：一方面要求储存空间划分合理，方便人们存取，有利于减少人体疲劳；另一方面又要求家具储存方式合理，储存数量充分，满足存放条件。

1. 储藏类家具与人体尺度的关系

人们日常生活用品的存放和整理，应依据人体操作活动的可能范围，并结合物品使用的频繁程度去考虑它存放的位置。为了正确确定柜、架、搁板的高度及合理分配空间，首先必须了解人体所能及的动作范围。这样，家具与人体就产生了间接的尺度关系。常用的物品就存放在取用方便的区域，而不常用的东西则可以放在手所能达到的位置，同时还必须按物品的使用性质、存放习惯和收藏形式进行有序放置，力求有条不紊、分类存放、各得其所。

（1）高度　储藏类家具的高度，根据人存取方便的尺度来划分，可分为三个区域（图4-36）：第一区域为从地面至人站立时手臂下垂指尖的垂直距离，即650mm以下的区域，该区域存放不便，人必须蹲下操作，一般存放较重而不常用的物品（如箱子、鞋子等杂物）；第二区域为以人肩为轴，从垂手指尖至手臂向上伸展的距离（上肢半径活动的垂直范围），高度为650~1880mm，该区域是存取物品最方便、使用频率最多的区域，也是人的视线最易看到的视域，一般存放常用的物品（如应季衣物和日常生活用品等）；若需扩大储存空间，节约占地面积，则可设置第三区域，即柜体1880mm以上区域（超高空间），一般可叠放柜、架，存放较轻的过季性物品（如棉被、棉衣等）。

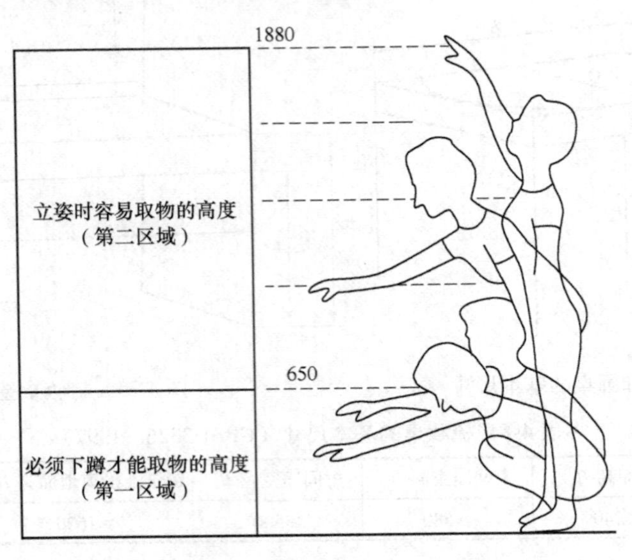

图4-36　储藏类家具的高度划分（单位：mm）

在上述第一、二储存区域内，根据人体动作范围及储存物品的种类，可以设置搁板、抽屉、挂衣棍等。在设置搁板时，搁板的深度和间距除考虑物品存放方式及物体的尺寸外，还需考虑人的视线，搁板间距越大，人的视域越好，但空间浪费较多，所以设计时要统筹安排。

对于固定的壁橱高度，通常是与室内净高一致；悬挂柜、架的高度还必须考虑柜、架下有一定的活动空间。

（2）宽度与深度　至于橱、柜、架等储存类家具的宽度和深度，是由存放物的种类、数量和存放方式及室内空间的布局等因素来确定的，而且在很大程度上还取决于人造板材的合理裁割与产品设计系列化、模块化的程度。一般柜体宽度常用800mm为基本单元，深度上衣柜为550～600mm，书柜为400～450mm。这些尺寸是综合考虑储存物的尺寸与制作时板材的出材率等的结果。

在储藏类家具设计时，除考虑上述因素外，从建筑的整体来看，还须考虑柜类体量在室内的影响及在室内要取得较好的视感。从单体家具看，过大的柜体与人的情感较疏远，在视觉上似如一道墙，体验不到它给人们使用上带来的亲切感。

2. 储藏类家具与储存物的关系

储藏类家具除了考虑与人体尺度的关系外，还必须研究存放物品的类别、尺寸、数量与存放方式，这对确定储存类家具的尺寸和形式起重要作用。为了合理存放各种物品，必须找出各类存放物容积的最佳尺寸值。因此，在设计各种不同的存放用途的家具时，首先必须仔细地了解和掌握各类物品的常用基本规格尺寸，以便根据这些素材分析物与物之间的关系，合理确定适当的尺度范围，以提高收藏物品的空间利用率。设计时，既要根据物品的不同特点，考虑各方面的因素，区别对待，又要照顾家具制作时的可能条件，制定出尺寸方面的通

用系列。

一个家庭中的生活用品极其丰富，从衣服鞋帽到床上用品，从主副食品到烹饪器具、各类器皿，从书报期刊到文化娱乐用品，以及其他日杂用品；而且，洗衣机、电冰箱、电视机、组合音响、计算机等家用电器也已成为家庭必备的设备。这么多的生活用品和设备，尺寸不一、形体各异，它们的陈放与储存类家具有着密切的关系。因此，在设计储藏类家具时，应力求使储存物或设备做到有条不紊、分门别类存放和组合设置，使室内空间取得整齐划一的效果，从而达到优化室内环境的作用。

除了存放物的规格尺寸之外，物品的存放量和存放方式对设计的合理性也有很大的影响。随着人民生活水平的不断提高，储存物品种类和数量也在不断变化，存放物品的方式又因各地区、各民族的生活习惯而各有差异。因此，在设计时，还必须考虑各类物品的不同存放量和存放方式等因素，以有助于各种储藏类家具的储存效能的合理性。

3. 储藏类家具的主要尺寸

针对储藏物品的繁多种类和不同尺寸及室内空间的限制，储藏类家具不可能制作得如此琐细，只能分门别类地合理确定设计的尺度范围。根据我国国家标准，柜类家具的主要尺寸包括外部的宽度、高度、深度尺寸，以及为满足使用要求所涉及的一些内部分隔尺寸等。本节除列有规定尺寸外，也提供了一些参考尺寸，供读者设计时参考。其中，储藏类家具的尺寸符号及说明见表4-9。图4-37所示为几种柜子的基本尺寸，它们的尺寸参考值见表4-10、表4-11和表4-12。

表4-9　储藏类家具尺寸符号及说明

符　号	符号说明
B	柜子外形宽度
B_1	柜内横向挂衣空间宽
T	柜体外形深
T_1	柜内纵向挂衣空间深
T_2	抽屉深
H	柜外形总高
H_1	挂衣棍上沿至顶板内表面间距离
H_2	挂衣棍上沿至底板内表面间距离
H_3	亮脚、围板式底脚、底层屉面下沿离地面高
H_4	镜子上沿离地面高，顶层抽屉上沿离地面高
H_5	层间净高

表4-10　衣柜的基本尺寸（GB/T 3327—1997）　（单位：mm）

柜类	挂衣空间宽 B_1	柜内空间深		挂衣棍上沿至顶板内面距离 H_1	挂衣棍上沿至底板内面距离 H_2		镜子上沿离地高 H_4	顶层抽屉上沿离地高 H_5	底层抽屉面下沿离地高	抽屉深度 T_2	离地净高 H_3	
		挂衣空间深 T_1	折叠衣物空间深 T_1		挂长外衣	挂短外衣					亮脚	包脚
衣柜	≥530	≥530	≥450	≥580	≥1400	≥900	≥1700	≤1250	≥50	≥400	≥100	≥50

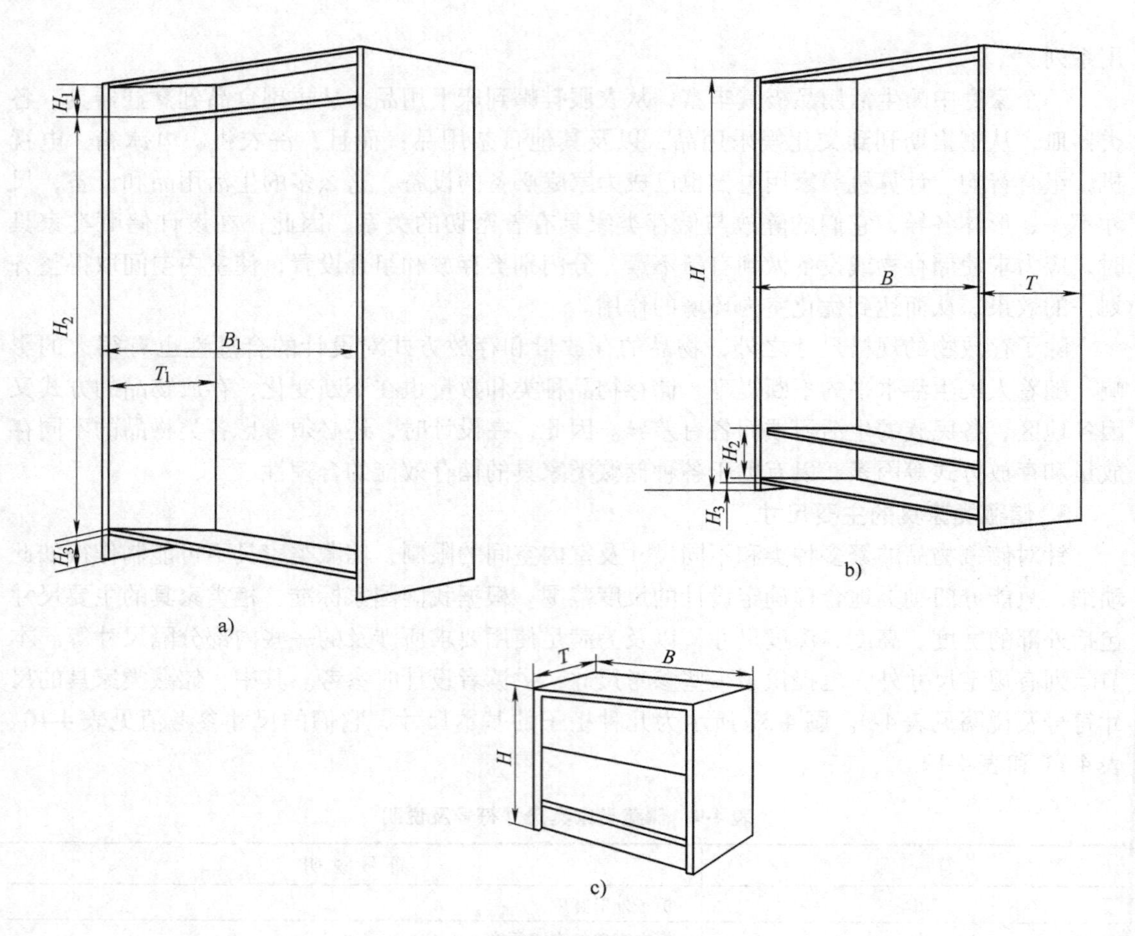

图 4-37　几种柜子的基本尺寸

a）衣柜　b）书柜文件柜　c）床头柜和矮柜

表 4-11　书柜与文件柜的基本尺寸（GB/T 3327—1997）　　　（单位：mm）

柜类	宽 B		深 T		高 H		层间净高 H_5		离地净高 H_3	
	尺寸	级差	尺寸	级差	尺寸	级差	（1）	（2）	亮脚	包脚
书柜	600～900	50	300～400	20	1200～2200	200、50	≥230		≥310	≥100
文件柜	450～1050	50	400～450	10	370～400 700～1200 1800～2200	—	≥330		≥100	≥50

表 4-12　床头柜与矮柜的基本尺寸（GB/T 3327—1997）　　　（单位：mm）

柜类	宽 B	深 T	高 H	离地净高 H_3	
				亮脚	包脚
床头柜	400～600	300～450	500～700	≥100	≥50
矮柜	—	≤500	400～900	—	—

4.5　“城市家具”——公共设施的设计

“城市家具”一词源于欧美等经济发达国家，它是英文“Street Furniture”的中文解释，

泛指遍布城市街道中的如公交候车亭、报刊亭、公用电话亭、垃圾容器、自动公共厕所、休闲座椅、路灯、道路护栏、交通标志牌、指路标牌、广告牌、花钵、城市雕塑、健身器材及儿童游乐设施等城市公共环境设施。之所以称之为“城市家具”，是因为它准确地诠释了人们渴望把城市变得像家一样和谐整洁、舒适和美丽的美好企盼。

公共设施中的人性化设计对设计师提出了很高的要求。设计师必须系统地研究生理学、心理学、人们的生活习惯、日常行为、文化习俗等，重视人与物的完美结合。

首先要求设计师具有人文关怀的精神，能够自觉关注以前设计过程中被忽略的因素，如关注社会弱势群体的需要，关注残疾人的需要等。其次，要求设计师熟练把握人体工程学等理论知识，并能运用到实践中去，体现出设施功能的科学与合理性。例如垃圾箱的开口，太高和太低都不便于人们抛掷废物，太大则又会使污物外露，既不雅观又滋生蚊蝇，同时还要考虑防雨措施以及便于清洁工人清理等。再次，设计通过调动造型、色彩、材料、工艺、装饰、图案等审美因素，进行构思创意、优化方案，满足人们的审美需求。城市家具是城市景观中重要的一部分，它所发挥的作用除了其本身的功能外，还要体现其装饰性和意象性。城市家具的创意与视觉意象，直接影响着城市整体空间的规划品质。这些设施虽然体量大都不大，却与公众的生活息息相关，与城市的景观密不可分，并忠实地反映了一个城市的经济发展水平以及文化水准。随着社会的发展，人们生活方式、思维方式、交往方式等也在不断地变化，人们在渴望现代物质文明的同时，也渴望着精神文明的滋润，城市家具的人性化设计不仅给人们带来生活的便捷，而且也满足了人们的社会尊重需求，更让人们在使用中下意识地感受到一种舒适安闲，并从体味生活的愉悦转化为对美的永恒追求。

4.5.1　公共设施设计的原则

（1）安全性原则　公共设施是人与自然直接对话的道具，人在公共场所与设施直接发生关系，所以，安全问题尤为重要，它是公共设施设计的基本原则。对于安全性的保障各国都颁布了《国家赔偿法》，明确指出由于公共设施的质量和管理不善对人员造成的损伤，国家或管理部门应给予相应的赔偿，将公共设施安全性问题提到了首要的位置。

（2）功能性原则　公共设施要具备便于识别、便于操作、便于清洁三个方面的功能。公共设施是无言的服务员、无声的命令，具有鲜明的可识别性和可操作性。便于识别表现在识别系统设计标准化、形象化、国际化和个性化，强调整体性，传达内容迅速直观而准确。便于操作要求设计尺度合理、结构简易、操作简单。例如垃圾箱的开口大小、高低，直接影响垃圾的投掷率，可回收与不可回收垃圾筒的图标要通俗、形象，垃圾分类工作才更容易推广实施。功能性的原则是公共设施设计的基本要求，它能让使用者在与公共设施进行全方位接触中得到精神和物质的多重享受。

（3）人性化原则　人们对人性化的设计有迫切的需求，人性化的公共设施是超越人体工程学、尺度和舒适度等一般意义，是一种更贴近人性需求、更注重情感的设计意识，表现在对普遍需求和差异需求两方面的同时满足，关注弱势群体，挖掘人的潜能，保护人的健康，建立人与人之间的和谐关系。以美国街头公共电话亭的设计为例，它的电话位置在高度上距地面50cm，专门为残疾人设计，也适合普通人使用。

（4）环境协调性　其一是自然环境协调性。公共设施的设计应考虑自然环境，注意设施与自然环境的和谐统一。其二是人文环境的协调性。人文环境的协调性要求公共设施要充分体现城市的文化特征，符合当地的民众心理。

（5）系统性原则　产品的系统性是城市家具的设计应该采用的思想，把整个设计纳入到一个系统里来，由一个基本构件演变出丰富多彩的扩展系列，这样不仅在面貌上消除了零乱的感觉，而且在生产上也便于组织管理。这些产品通过一些共同点，就是由基本形体（元素）组成的设计语言在产品上的出现，让人感受到这是一个系列的产品。

公共设施建设是系统化建设的一部分，有专门的建设部门，在建设时要与整个城市同步，建设应纳入城市建设的系统规划。

4.5.2　公共设施的人体工程学设计

公共设施设计有两个设计要点：其一应具有良好的尺度与功能，其二形式上应有街道整体景观意识。

1. 公共座椅的设计

坐具为服务设施中最常见的一种服务性设施，人们在室外环境中休息、洽谈、观赏都离不开坐具。显性坐具多指传统意义上的凳、椅。隐性坐具如花坛、置石等，同时兼有休息功能的小品（图4-38）。公共座椅主要为市民休息和美化环境而设置，一定要符合人体工程学和城市特色。

图4-38　隐性坐具

针对不同阶段的人群，儿童座椅要活泼一些，娱乐性强一些，隐私性考虑的必要性就很小；老人座椅则需要融入无障碍设计，并根据老年群体特殊的情感需求进行细部设计。而对于需要与人交流，同时自我保护意识又较强、个性独立的年轻人和沉稳的中年人来说，设计的隐私性比例就大一些。

布置坐具时，坐具的位置、方式和数量要符合人的心理。

（1）边界效应　休息椅的设计应考虑人在室外环境中休息时的心理习惯和活动规律，一般以背靠花坛树丛和矮墙，朝向开阔地为宜，可以观察且后背得到保护，隐私性需求得到满足。

（2）视觉因素　座椅的布置应具有灵活性，将座椅布置成曲线形或成角布置，可调整人们之间的交往状态，避免或增加视线的接触和交流。

坐具的布置可以有不同的形式，表4-13列出12种座位布置方式，每种方式对应的私密性和交往性不同，可以供不同的人群选择。

表4-13 座位布置方式

1为相对布置，交往性较强，私密性较弱；2为平行布置，交往性较弱，私密性较强；

3为并排布置，有一定的交往性和一定的私密性；4为垂直布置，交往性较强，私密性较弱；

5为U形布置，私密性较弱，交往性最强；6为环绕布置，交往性较强，私密性较弱；

7为交错布置，交往性较强，私密性较弱；8为三三两两布置，有一定的交往性，一定的私密性；

9为自由布置，利于交往，私密性较弱；10为矩阵布置，交往性较弱，私密性较强；

11为向心布置，交往性较强，私密性较弱；12为外向布置，交往性较弱，私密性较强。

4、5、7、9这样的布置可以满足人们与伙伴之间的亲密接触，而在整个空间环境中保留最小群体的私密性要求。结伴两人可以考虑设计成2、3、4、7、9等形式，3人以上群体选择5、7、8、9、11等形式，视觉能观察到彼此，利于交流。静思选3，观景选9、12等，每一个座位的布置形式又可以与其他形式结合，进行新的组合。

图4-39 公共设施坐具设计示例

a）法国的公共坐具设计 b）英国的校园座椅设计

图 4-39a（彩插）所示为法国公共设施坐具设计，满足功能要求，形式上采用曲线造型，与周围环境融合，同时注重人的心理和视觉问题。图 4-39b 所示为英国校园座椅设计，座位布置考虑了学生的领域性，学习环境。

2. 公交候车亭的设计

公交候车亭主要是起遮蔽、信息指引、休息等功能。

图 4-40 所示为法国巴黎公交候车亭的设计图，造型简洁，满足功能要求，标识信息明确。图 4-41 所示的候车亭设计色彩明快，坐具及摆设布置更加人性化。图 4-42 所示的仿古候车亭与环境融合，满足功能的同时体现地域特色。

图 4-40　巴黎的公交候车亭设计

图 4-41　候车亭设计示例

图 4-42　仿古候车亭

3. 公共信息系统

（1）信息系统的功能

1）帮助使用者顺利通过一个空间或到达某处。

2）增加某一环境的价值或吸引力。

3）保护公众的安全。

图 4-43 所示（图 4-43b、d 为彩插）为一组信息系统设计案例。

（2）信息系统的设计　信息系统设计首先要让使用者发现信息符号，其次能够理解它的含义，最后乐意接受信息符号的提示去行动。其表现形式为：

a）

b）

c）

d）

图4-43　信息系统设计案例

1）文字式。文字是最为规范的记号体系之一，但当信息量大的时候，文字难以获得瞬间的视觉认识，难以迅速地传达信息。

2）符号式信息，能瞬间理解信息含义，更好地传达信息。

3）图示式信息，如用照片、地图、平面图等构成的引导牌。

4）媒体表现。以电视屏幕等先进的科学技术设备传递信息，在信息内容量大、信息复杂的情况下具有高效率、速度快的特点。

图4-44所示为公共交通导盲设施。

4. 电话亭的设计

1）电话亭的高度必须适宜，需要考虑残疾人、老年人和儿童的需要。

2）要有较好的遮风挡雨的功能。

3）使用者可以放随身携带的物品，如手提包和雨具。

电话记录书写位置

5. 垃圾箱的设计

1）容易投放垃圾。

2）容易清除垃圾。

3）注意环保，垃圾分类。

4）使用场所的考虑。

5）造型与环境协调。

如图4-45所示的可口可乐易拉罐回收桶很独特，以易拉罐形态暗喻回收易拉罐，这款设计很新颖，鼓励人们注意环保。

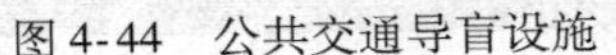

图4-44　公共交通导盲设施

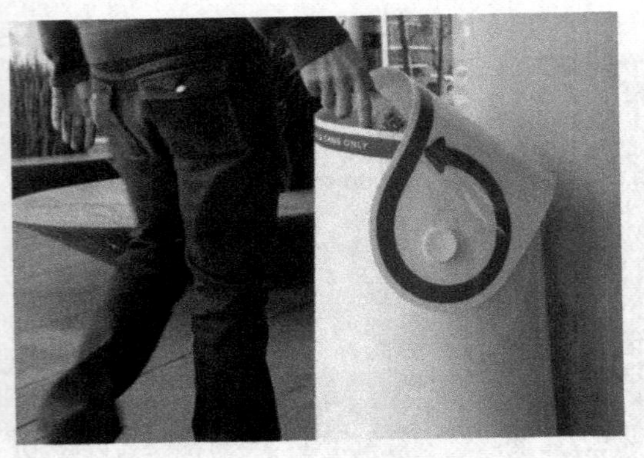

图4-45　可口可乐易拉罐回收桶

6. 自动取款机

（1）功能性　充分考虑人的活动范围，使用方便，如高度、角度的设计。

（2）安全性　在服务性设施设计时，要考虑到使用者的保密性和安全性，特别是涉及个人隐私信息的服务性设施，一般要考虑安放的位置和防护装置。

（3）便捷性　服务信息明确，如按键、旋钮、标识等要醒目、语义明确。界面设计要简洁，友好，避免操作与使用时的人为失误，提高使用的准确率和效率。

推荐参考资料

1. 明清家具鉴藏　胡德生主编　山西教育出版社　2006年1月

2. 永恒的明式家具　侣明室收藏　三联出版社　2006年

3. 中国家具　张晓明著　五洲传播出版社　2008年12月

4. 北欧新锐设计　殷紫著　重庆出版社　2005年5月

5. 巴黎·家的私设计　（日）Editions de paris　山东人民出版社　2008年7月

6. 家具造型设计　刘文金，邹伟华著　中国林业出版社　2007年3月

作业

1. 学生桌椅的设计

作业要求：画出三视图（如果是空间类型的问题请画平面、立面图）、效果图、透视、轴测或其他形式均可，要求图文并茂，设计说明不少于400字。

2. 城市公共设施设计

电话亭、垃圾桶、公交车站等

作业要求：画出三视图（如果是空间类型的问题请画平面、立面图）、效果图、透视、轴测或其他形式均可，要求图文并茂，设计说明不少于400字。

教师及学生优秀作业（图4-46、图4-47（彩插））

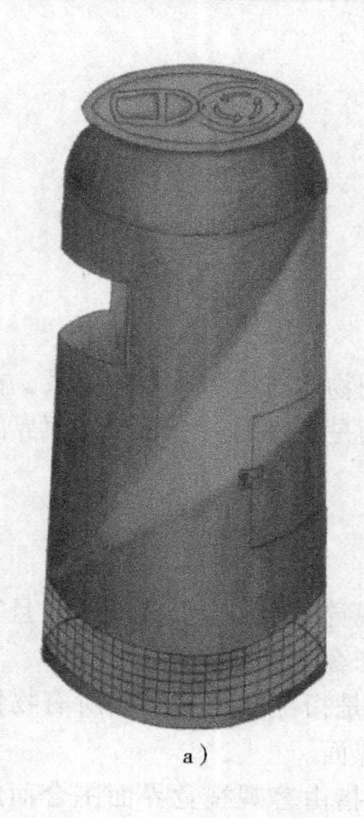

a）

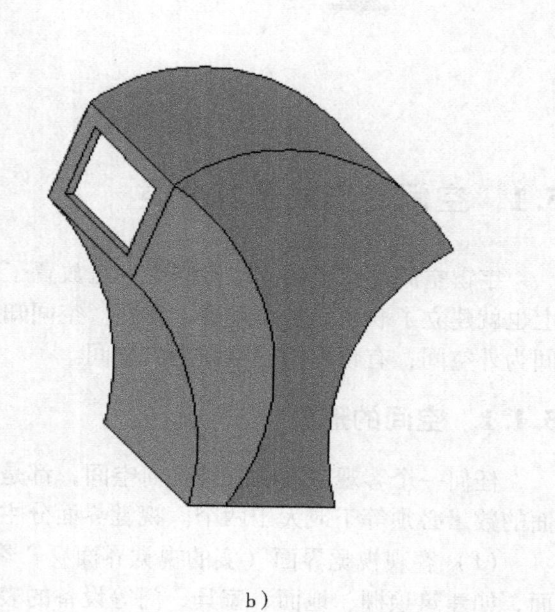

b）

图4-46　学生作业

图4-47　书桌（设计：杨春青）

第5章 人体工程学与室内空间设计

5.1 空间的形成及其分类

宇宙空间是无限的，在空间中一旦放置了一个物体，则物体与物体有多种关系，在视觉上也就建立了联系，从而形成了空间。空间知觉中，顶界面是关键的一个面，无顶界面的空间为外空间，有顶界面的空间为内空间。

5.1.1 空间的形成

任何一个客观存在的三维几何空间，都是由不同虚实视觉界面围合而成的，并且实的界面的数量必须等于或大于两个。视觉界面分主观视觉界面和客观视觉界面。

（1）客观视觉界面（实的视觉界面） 客观视觉界面是指组成物质空间所有物体的表面，如建筑顶棚、地面、家具、门等设备的表面，属实的界面。

（2）主观视觉界面（虚的视觉界面）主观视觉界面是指由客观视觉界面围合而成的界面。主观视觉界面依据客观视觉界面的存在而存在，属虚的界面，如窗户、水帘等。

如图5-1所示，由三个扇形圆盘和一个不连续的三角形组成的图形是客观视觉界面；但随着明度的变化，明显可以看出一个白色三角形的存在，并且白色三角形是覆盖在黑色三角形的上边。白色的三角形为即为主观视觉界面，随着客观图形的变化其图形的明显度会变化。

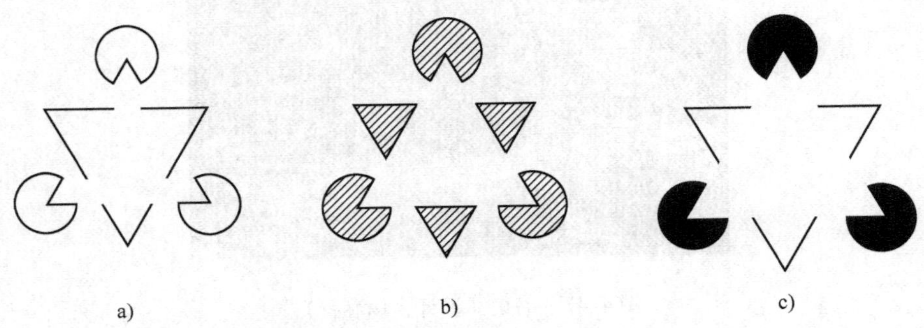

图5-1 客观视觉界面与主观视觉界面

主观视觉界面的形成是利用视觉中的推理、联想和完成化的倾向，属虚的界面，同样具有大小、形状和方向图5-2所示为空间的形成过程。

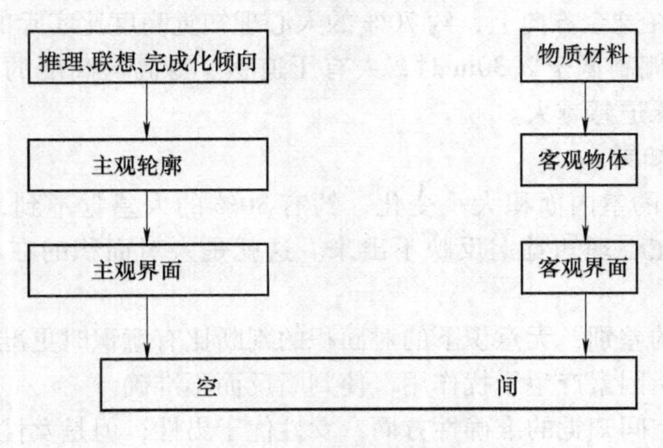

图5-2　空间的形成过程

5.1.2　空间的分类

根据人的行为及其与环境的交互作用将空间划分为：行为空间、知觉空间和围合结构空间。

（1）行为空间　满足人的行为活动所需要的空间称为行为空间，一般是根据人体动态尺度和行为活动的范围考虑的空间，如人站、立、坐、跪、卧等各种姿势所占有的空间，完成炊事活动所需的厨房空间，以及完成洗浴活动所需的浴室空间等。

人在生活和生产过程中都占有一定的空间，如通道的空间大小，踢足球时要满足的足球在运动中所占有的空间大小，看电影时要满足的视线所占有的空间大小，劳动时要满足的工作场所的空间大小，都属行为空间。

（2）知觉空间　即人及人群的生理和心理需要所占有的空间。

1）生理空间是人的生理需求所要求的空间尺度，如视觉上需要的满足采光条件的窗户的大小，嗅觉和呼吸所要求的通风口大小等。

2）心理空间是满足人的心理需要的空间大小，如个人空间等。

如教室的行为空间一般有2.1m就够了，但这时人就会感到压抑、声音传递困难、空气不新鲜、人际间感到太挤，一句话，这个高度不能满足人的视觉、听觉和嗅觉对上课的要求，就要扩大行为空间范围，如增加到4.2m。那么，这2.1m就是知觉空间。

（3）围合结构空间　围合结构空间包含构成室内外空间的实体，如院子则是围墙所占有的空间，室内则是楼地面、墙体、柱子等结构实体以及设备、家具、陈设等所占有空间，这是构成行为和知觉空间的基础。

5.1.3　人对室内空间的心理知觉

1. 对长度的心理知觉

（1）正前方　通过实验发现，有80%的人的心理知觉距离比实际距离短，平均约短1/8。如果正对面的墙上有窗时，则比无窗时的知觉距离要长1/5～1/20。

（2）左右方向　左、右等距时，心理知觉距离与实际距离基本一致；左、右距离不等时，近的一方心理知觉距离比实际要长，而远的一方则感觉短。左、右方向距离越窄，前方的相对知觉距离就越长。

（3）头顶方向　在这个方向上，约70%的人心理知觉高度比实际的高度要高1/5左右。15～20m^2的房间，顶棚高低于2.30m时，人有压迫感。身高与高度的心理知觉似乎无相关关系，但身高越高，压迫感越大。

2. 对面积的心理知觉

对于在15～20m^2的室内面积大小变化，约有80%的人感觉不到，房间各边缩短1/10左右，对面积的变化在心理知觉上反映不出来。这就是人对面积的在心理知觉上的无差别间距。

有意识和无意识的差别：无意识下的对面积的判断比有意识时更准确，因为有意识进行估计时，许多其他暗示因素产生干扰作用，使判断反而不准确。

一般情况下，在空间知觉的准确性方面，女性优于男性，但是女性易受其他暗示干扰因素的影响（如开窗，色彩等）。

关于建筑室内的心理资料对建筑室内空间设计具有重要的指导作用。在设计上考虑人的心理作用，能有效地、合理地利用空间。例如，前方距离由于心理感觉变短，可用后退色（如蓝色）来调节。此外，可通过改变室内构造要素，如色彩、光线、质地等来调节知觉空间。

5.1.4　空间的视觉特性

空间的视觉特性可分为：空间大小、空间形状、空间质地、空间冷暖、空间旷奥度等。

1. 空间大小

几何空间尺度的大小是指行为空间的几何尺度，如体育馆的室内空间大小主要取决于体育活动范围和观众占有的空间大小，不受环境因素影响，只受几何尺寸影响。

知觉空间的大小受环境因素的影响，通过比较而产生相对的视觉空间尺度大小。利用人的视觉特性可以通过以下方法使空间小中见大。

（1）以小比大　当室内空间较小时，可采用矮小的家具、设备和装饰配件。

（2）以低衬高　当室内净高较小时，常采取局部吊顶，造成高低对比，以低衬高。

（3）划大为小　室内空间不大时，常将顶棚或墙面，甚至地面的铺砌均采用小尺度的空间或界面的分格，造成视觉的小尺度感，与室内整个空间相比而显示其空间尺度较大。

（4）界面的延伸　当室内空间较小时，有时将顶棚（或楼板）与墙面交接处，设计成圆弧形，将墙面延伸至顶棚（相对缩小了顶棚面积），使空间显得较高，或将相邻两墙的交接处（即墙角）设计成圆弧或设计成角窗，使空间显得大。

（5）其他方法　通过光线、色彩、界面质地的艺术处理，使室内空间显得宽阔。

2. 空间旷奥度

空间的旷奥度，即空间的开放性与封闭性，是空间视觉的重要特性。它是空间各种视觉特性的综合表现，涉及面很广。

实践证明，长期在封闭性很强的空间里生活和工作，对人的生理和心理都是有害的，容易造成精神疲惫、体力下降、抗病能力降低。但是，如果室内空间开放性较强，非常通透，

也会影响人的心理，如私密性的要求。因此，如何掌握室内空间开放或封闭程度，就是室内空间旷奥度问题。

空间旷奥度，归根结底是空间围合表面的洞口大小，多数情况下是指门窗、洞口的位置、大小和方向，这里包括侧窗、天窗和地面的洞口。同时，它还包含室内空间的相对尺度、各个围合界面的相对距离和相对面积比例的大小。

随着建筑物向多层和高层发展，室内空间的扩大，开间和深度的加大，已经不能靠窗户来解决，而是采用人工照明和空气调节来补偿，出现了所谓“无窗厂房”、“大厅式”办公空间等。影响旷奥度的视觉特性主要有以下几个方面：

1）旷奥度随着虚实视觉界面的数量而变化。实的视觉界面（如顶棚、墙面、地面）的数量越多，则室内空间奥的程度越强（则封闭性越强）；相反，则旷的程度越强。

2）对于长方体（或方向性强的形体）的室内空间旷奥度，其虚的界面（门窗洞口）设在短边方向（或形体指向性强的一面），或在墙角（两面墙面交界处）设转角窗，或在顶墙交接处设高窗时，其室内空间的开放性，要比虚的界面设在长边更强。这是形体指向诱导的结果。

例如在屋顶和墙体交接处设计了虚的界面，则屋顶有飞来的感觉，显得室内与天空相接，室内的开放性很强。

3）在室内容积不变的情况下，减少顶面的面积（相对增加墙的高度），室内空间显得宽敞，反之显得压抑。

4）在室内空间尺度不变的情况下，若改变顶棚的分格的大小，旷奥度也随之变化。另外，如果在顶棚或地面挖一个洞，形成上下空间的贯通，则室内显得宽敞（图5-3彩插）。

5）改变室内的家具、陈设的数量或尺度。如果减少家具等陈设，室内就显得宽敞。

6）空间旷奥度还随着室内光线的照度大小、色彩的冷暖、界面质地的粗糙或光洁、室内温度高低等变化而变化。一般情况下，照度高、冷色调、质地光洁、温度偏冷，室内空间显得宽敞。

图5-3　空间旷奥度示例

在空间中，材质与色彩一样，对空间的大小以及视觉效果产生影响。材质有细腻与粗糙、光亮和灰暗、松软与紧密之别。材质的纹理越细、表面越光洁，就越给人以空间扩大的感觉；反之，纹理越大、表面越粗糙，室内空间看上去则有缩小之感。一般来讲，小空间的材质应选择具有扩大空间的细致、平整、光滑的材料；大空间则可以适当选择一些粗纹的材质。在特殊情况下，小空间中，为了取得对比，也可以选用一些比较粗糙的材料，但应适当控制其面积。

7）当室内净高小于人在该空间的最大视野的垂直高度时，则空间显得压抑。当室内宽度小于最大视野的水平宽度，则空间显得狭小。

封闭空间采用坚实的围护结构，有很少虚的界面，无论在视觉、听觉、肤觉等方面，均造成与外部空间隔离的状态，使空间具有很强的封闭性、内向性、私密性和神秘感。

开敞空间与室内空间界面，应尽可能采用通透的、开敞的、虚的界面，使室内空间与外部空间贯通、渗透，使空间具有很强的开放感。

5.2 人体工程学在室内设计中的应用

人体工程学在室内设计中的应用主要有以下几个方面：

1）为确定空间范围提供依据。

2）为家具设计提供依据。

3）为确定感觉器官对环境的适应能力提供依据。

人际交往决定人的行为，人的行为决定空间的设计。本节主要结合人在不同空间的行为特性如居住行为、观展行为、服务行为等进行空间设计。

5.2.1 居住行为与空间设计

将人在居室空间内的行为规律和行为特征用图表形式表达出来，就是居住行为的空间秩序。这种模式对建筑室内的空间布局非常重要。私密性较强的空间（如卧室）布置在室内的尽端位置，起居室等开敞空间应该布置在居室中间的人流通过的地方。居室空间的空间秩序要符合人的行为特征和心理要求。图5-4所示为居住行为空间秩序模式。

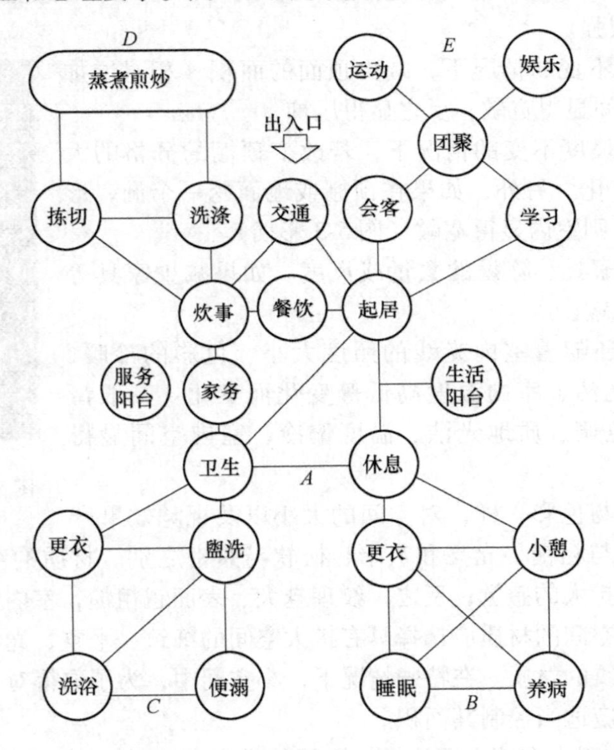

图5-4 居住行为空间秩序模式

1. 起居室的设计

（1）起居室功能 如图5-4所示，起居室往往是联系门户和其他各个房间的枢纽，因此成为住宅室内的中心。起居室是一个多功能的公共活动空间，它的主要行为模式有团聚、娱乐、会客、学习等，这些行为都是经常性的、共同性的。同时，起居室是家庭居室中的重

要空间，它装修的风格及其空间布局、意境的创造是主人的职业、爱好、文化修养的直接反映。人生10%的时间是在起居室度过的，在这里交往的一般都是朋友、亲戚和家庭成员。起居室作为住宅的主要生活空间，应该有适宜的尺度，交往空间一般在4米以内，太大则缺乏亲近感。因此，起居室一般为16～20m²（不包括餐厅）即可。

随着起居室功能的增加，设计时可将起居室分成若干个小空间，用虚的界面如轻质隔断、帷幔、家具等进行空间分割。

（2）起居室设计要点

1）主次分明。在起居室中通常以聚谈、会客空间为主体，辅助一其他区域而形成主次分明的空间布局，而聚谈、会客空间的形成往往是以一组沙发、座椅、茶几、电视柜围合而成。

2）个性突出。在家庭的布置中，客厅往往占据非常重要的地位，空间也是开放的，在布置上，一方面注重满足会客这一主题的种种需要，风格用具方面尽量为客人创造方便；另一方面，客厅作为家庭外交的重要场所，更多地用来弘显一个家庭的气度与公众形象，因此规整而庄重，大气且大方是其主要的风格追求。

3）交通组织合理。如图5-4所示，起居室是住宅交通体系的枢纽，要保证空间的流畅性。

4）相对隐蔽。设置过渡空间避免开门见厅，宜采取一定措施，如屏风、隔断等进行空间和视线的分割，以增加卫浴、卧室隐蔽感，满足人们的心理需求。

5）要有良好的通风与采光。

6）要考虑心理要素。不同的性格、爱好、职业、文化素养以及经历的人会有不同的精神需求，反映在装饰上，就有不同的风格，或豪华气派，或宁静淡雅，或热情豪放，室内照明、色彩、材质、家具、绿化等都是影响起居室装饰风格及意境创造的重要因素。

如图5-5（彩插）所示，该起居室设计中考虑了主人的喜好，增加一博古架，整体感觉舒适、简洁，体现出主人的审美和文化修养。

图5-5　起居室示例

（3）起居室常用人体尺寸　图5-6所示为起居室设计中常用到的人体尺寸。

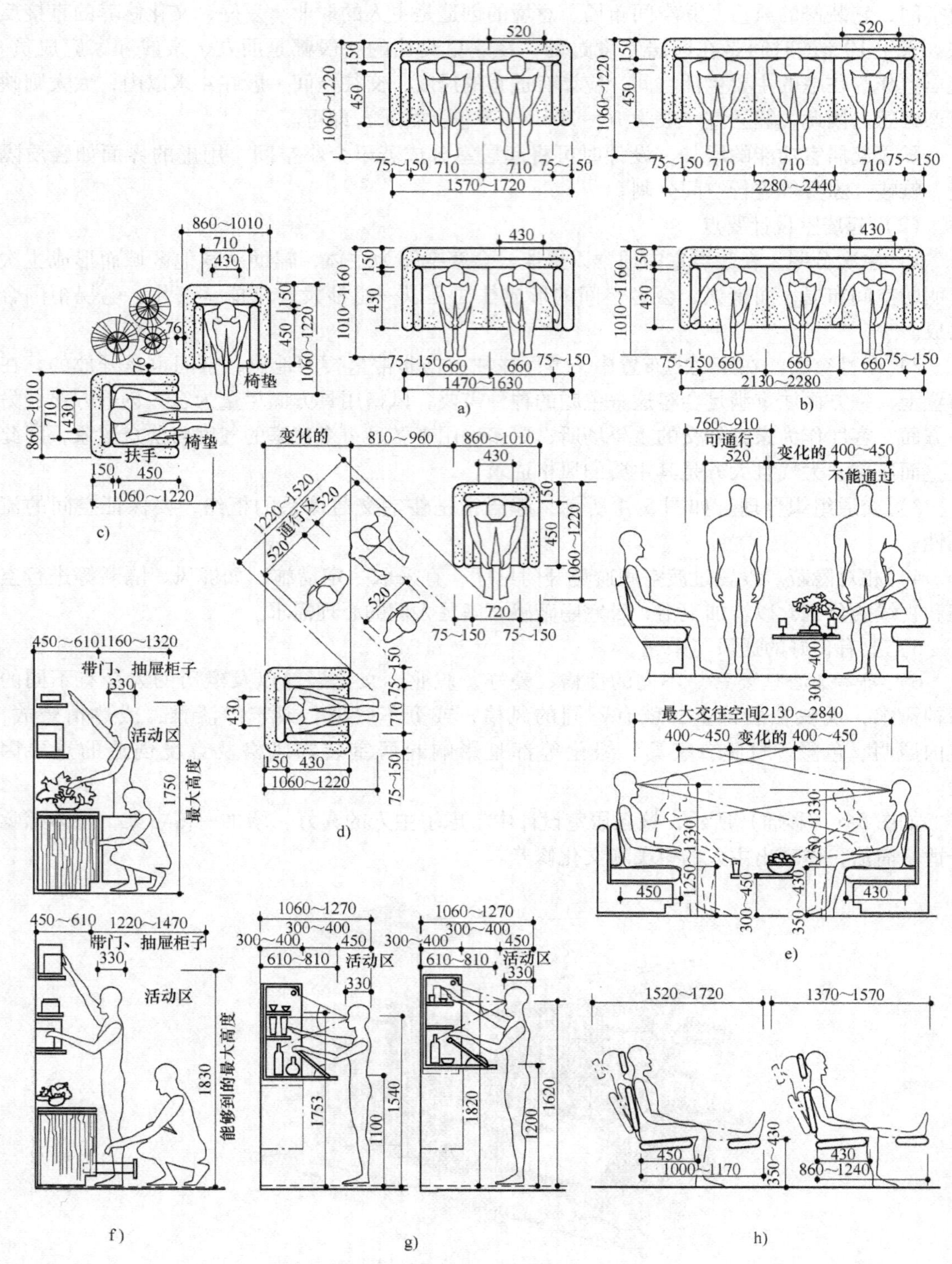

图 5-6 起居室设计常用人体尺寸（单位：mm）

a）双人沙发 b）三人沙发 c）拐角处沙发布置 d）可通行的拐角处沙发布置

e）沙发间距 f）靠墙柜橱 g）酒柜 h）有带搁脚的躺椅

2. 卧室的设计

人有三分之一的时间是在卧室中度过的，卧室是私密性的室内空间，根据不同家庭成员的需要，分主卧室和次卧室。主卧一般是家庭中夫妇所使用的私人生活空间，是功能比较齐全的地方，有睡眠、休闲、储藏、梳妆等区域。

卧室设计常用人体尺寸如图5-7所示。

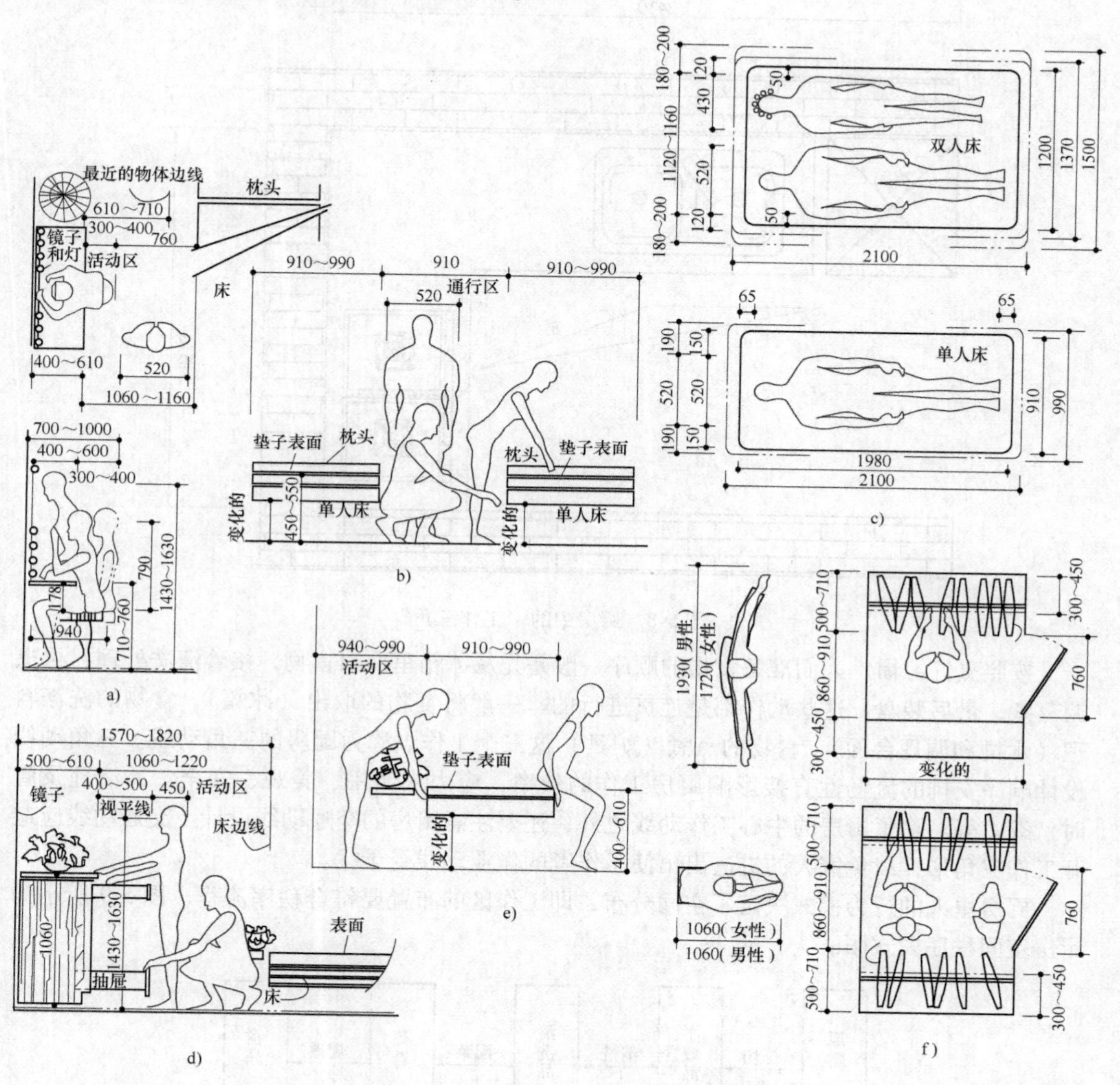

图5-7　卧室设计常用人体尺寸（单位：mm）

a）梳妆台　b）双单人床间床间距　c）单人床和双人床

d）小衣柜与床的间距　e）单床间床与墙的间距　f）小型存衣间

3. 厨房设计

（1）厨房设计中的效率问题　要保证操作功能的效率最大化，就要满足厨房空间的合

理平面形式要求，以及空间安排应符合厨房操作者的作业顺序与操作习惯。人体工程学专家研究得出，任何类型的厨房中，水池、冰箱和炉灶的关系最为密切，以这三点连线构成的三角形，为工作三角。工作三角形的三边之和为 4.5 ~6.6m 时最为有效，工作三角设计合理，可使人在平日的操作中减少 60% 的路程和 27% 的操作时间（图 5-8）。

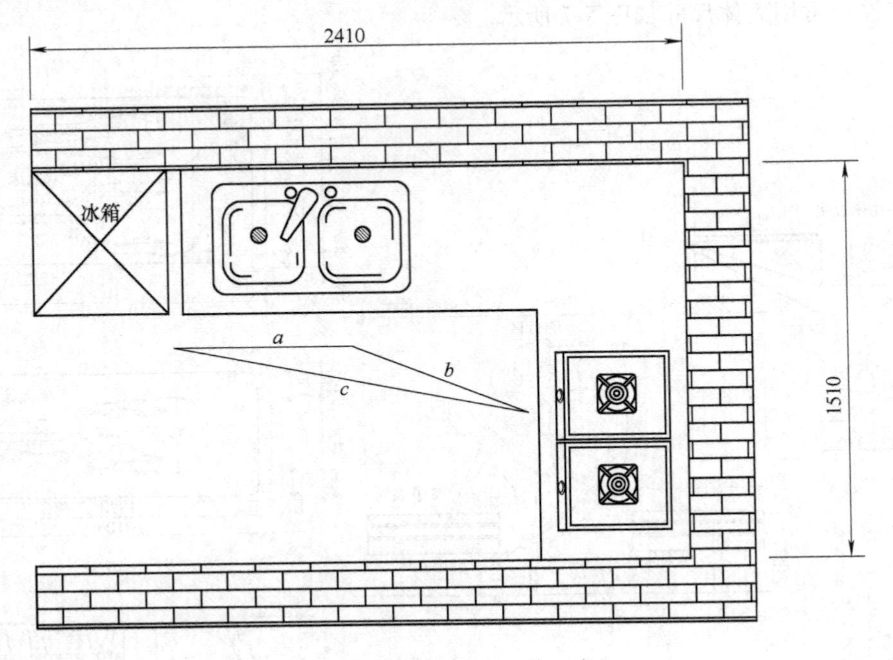

图 5-8　厨房中的“工作三角”

按照烹饪习惯，人们准备食物的顺序一般是先从冰箱里取出食物，接着清洗处理，再烹调蒸煮，最后装盘，这些动作都是连贯进行的。一般将食物的取出（冰箱）、食物的洗涤料理（水槽和调理台面）、食物的烹煮（炉具）这三个工作点称为厨房的三角动线。三角动线设计顺序安排的流畅性直接影响厨房工作的效率，应力求实用、美观、安全、易清理及省时、省力等。除了厨房的中心工作动线之外，还要注意厨房的交通动线设计。交通动线应避开工作三角形，以免家人的进进出出使工作者的作业动线受干扰。

厨房里人的行为模式决定了空间分布，即工作区的布置要符合秩序流程。图 5-9 所示为厨房空间秩序模式图。

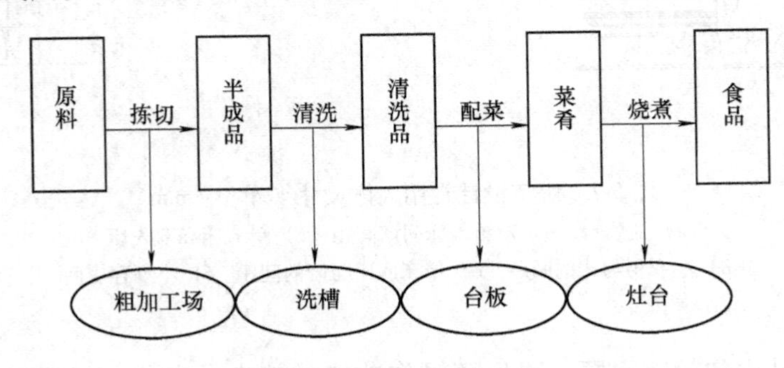

图 5-9　厨房空间秩序模式

（2）厨房平面分布图　在布局厨房时，要根据操作流程找出空间与空间之间的最短距离，即找到最短厨房动线。所谓动线，是指人进行厨房操作时，按照操作的习惯在空间行走的路径。厨房功能设备以及存储物品繁多，如果不能按照操作者习惯的行走路线进行合理规划，就会造成操作者在众多设备之间反复奔走，很容易浪费时间，使操作者疲劳。因此，对厨房内的设备布置和活动方式进行合理安排，让厨房动线变得最短，就成为保证厨房工作效率的关键。

在规划动线时，要考虑三点因素。

合理性：这是最重要的一点，是操作者在动线空间中行走时得以顺畅的保证，主要是使工作动线避开交通动线，以免在操作时受到进出家人的干扰。此外，合理的动线安排也减少了发生碗碟落地等意外。

实用性：操作者进行操作时，使往返在不同工作区之间的次数达到最少，避免手忙脚乱做无用功以及到处滴水甚至烧煳菜的尴尬。

美观性：动线设计得科学合理，厨房工作区之间就会形成和谐的关系，从而形成整洁有致、轻松流畅的厨房氛围。

1）一字形设计是指厨房所有工作都在一条直线上完成的布局，这种设计多见于小套房或公寓（图5-10）。

图5-10　“一”字形厨房

特点：空间狭长而独立，烹饪简便，对于收纳空间的需求不大，所需要的厨具类型也较简单。最大的特点是结构单一、好整理，厨具及其设施主要沿着墙面一字排开，费用较为经济。

一字形厨房最好的动线安排依序是：冰箱→清洗料理区→烹调区。若厨房里摆不下冰箱，也应以最靠近洗涤区为宜。喜欢简单过生活，重视休闲情趣的单身贵族或小家庭，因人口少、烹调简便、对于收纳空间的需求不大，所需要的厨具类型也较简单，因此很适合使用一字形厨房。

一字形的工作台不要太长，高度以感觉舒适为准，一般为 80～90cm，以免降低效率。

2）L 形设计是指将清洗、配膳、烹饪三个中心依次连接的厨房布局，这种设计在空间的利用上会比较充分（图 5-11）。

图 5-11 “L”形厨房

特点：在动线规划上比一字形厨房来得更灵活，但摆设厨具的每一个墙面至少都要预留 1.5m 以上的长度。想要发挥 L 形厨房最大的工作效益，最好按照烹饪习惯将设备沿着 L 形的两条轴线摆放。此外，L 形的一面不要过长，灶具也不宜靠窗，避免风把灶火吹灭而引起灾情。L 形厨房可以说是功能性十足，具有较强的未来机能延展性。由于水火不兼容的特性，L 形的厨房在规划上可以将烤箱与灶具安排在一条轴线上，而冰箱与水槽设计在另一条轴线上，让厨房的操作动线达到最便利的效果。L 形厨房所占的空间并不大，不论是面积小的厨房、窄形或方型格局的空间、独立密闭空间或餐厅连接厨房的开放空间都可以运用。如果是开放性空间，在 L 形短边的垂直处，不妨再装设一个小型吧台或便餐台，同时它也可以是一处出菜区，在别墅中较多应用。

3）U 形厨房是 L 形厨房的延伸。一般的做法是在另一个长边再多增加一个台面，以便收纳更多物品或电器设施。U 形厨房如果规划得当，冰箱、水槽和炉具间的关系能形成一个正三角形（图 5-12）。

特点：U 形布局要求厨房的空间较大，能够将配膳和烹饪分开设计。因其空间大，可增加一些日常饮食中常用物品的收藏柜，便于清洁卫生，也使厨房整体上看更干净、整洁。水槽最好放在“U”形底部，冰箱应摆放在靠近厨房入口、接近餐厅处，以避免家人取用食品时，干扰厨房操作者。U 形厨房的空间需求必须是 $5m^2$ 以上的空间，U 形通道的最小宽度为 1219mm，适合居住空间较为余裕，而且重视生活品位的家庭。

4）岛形厨房的设计是在 L 形厨房中加装一个便餐台或料理台面，以便于同时多人使用（图 5-13）。

图 5-12　“U”形厨房

图 5-13　岛形厨房

特点：可以同时容纳多人一起使用，是一处联络家人、朋友，交流感情的绝佳场所。一般来说，岛形厨房设计适用于大厨房或开放式厨房，不只可以调理食物，也可以用来摆设完成的餐点，甚至可以在厨房中聚会。中央的岛台可以作为单纯的收纳柜、工作台面，也可以安排进水与电线管路做成调理区。其他的空间安排可仿照 L 形厨房或 U 形厨房结构来安排，烤箱、微波炉等大型家电可由高柜来集中收纳，创造整体的美感。岛形厨房所需空间大约 $8m^2$ 以上，适合想要营造居家品位、居家空间较大的家庭。

（3）厨房设计中的人体工程学设计依据　尺寸设计依据：凡是与人的使用有关的设施，其尺寸要根据人的身体尺寸来确定。

橱柜设计要符合人体工程学。除了水平面分区布局的规划，在垂直方向的橱柜设计方面，设计师还要依据人体工程学和烹饪者的习惯设计出功能合理、造型美观的整体厨房，这对设计师的专业水平和经验要求很高。设计时，不仅要使橱柜的标准尺寸与厨房的尺寸相适宜，还要注意橱柜的设计应适合主妇的身高。表5-1列出了整体橱柜设计的主要尺寸及设计依据。

表5-1　整体橱柜设计的主要尺寸及设计依据

尺寸名称	尺寸范围/mm	尺寸选择依据
操作台的高度	900左右 810～840	工作台的高度应以主妇站立时手指能触及水盆底部为准，过高会令人肩膀疲惫，处于静态施力状态，过低则会令人腰酸背痛
操作台的深度	600左右	女性略探身向前可触及的深度
操作台的宽度	760左右	人在站立工作时，手臂与身体左右夹角为15°时的所占的宽度，再加心理宽松度值
吊柜的高度	1450～1750	操作台上方的吊柜要能保证主人操作时不碰头为宜，根据我国女性的平均身高取物品的最佳高度范围
吊柜深度	300～400	操作台上方的吊柜要能保证主人操作时不碰头，取物时胳膊处于比较合适的倾斜角度
抽油烟机与灶台的距离	690～800	这一距离取80cm为宜，且抽油烟机距地不小于165cm。

整体橱柜设计案例如图5-14所示。

图5-14　整体橱柜设计

4. 衣帽间设计

随着居住面积的增加，步入式衣帽间已经逐渐走进了千家万户，逐渐被人们接受并流行。步入式衣帽间的功能设计必须从人和物两个方面考虑：一方面，步入式衣帽间应该方便人们的出行及回家后的衣物存放；另一方面，为人们提供一个舒适的更换服装的空间。

（1）人体尺寸运用　步入式衣帽间不仅为人们提供了一个能分门别类存放衣物的场所，还为人们提供了一个隐蔽的更换衣物的私人空间。因此，衣帽间中要留出一定的活动空间，可供人走动、选择衣物和更换衣物，这也是所谓步入式衣帽间的一个产品内涵。

图5-15和图5-16所示为步入式衣帽间内行走的尺寸和换衣时的尺寸。

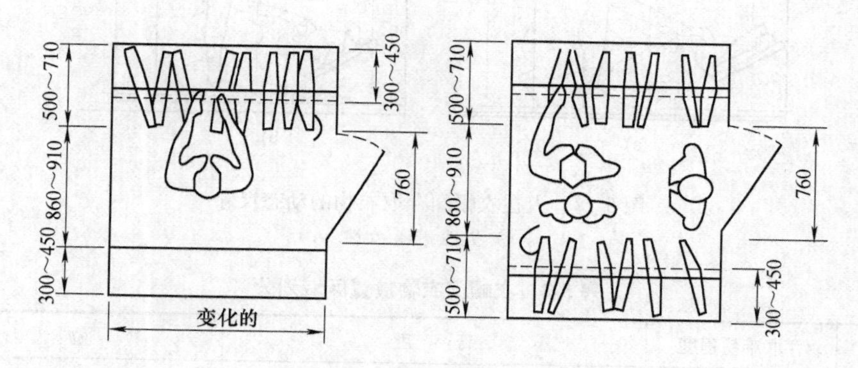

图5-15　步入式衣帽间内行走的尺寸

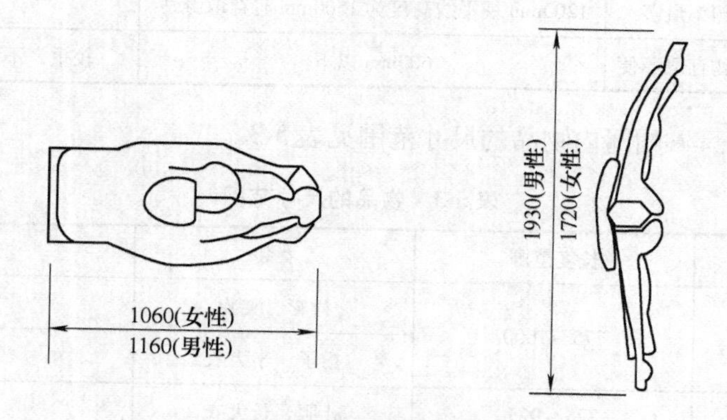

图5-16　步入式衣帽间内换衣的尺寸

（2）存取衣物的动态尺寸　人不管是站着、弯腰，或是蹲下，甚至拉抽屉或在高处拿东西时，其动作都有一定的尺寸、一定的高度。因此，在取放衣物时，一定要符合自然、顺手的动作尺寸。为了正确设计步入式衣帽间中挂衣杆、搁板、抽屉等的高度及合理分配空间，首先必须了解人体所能及的动作尺寸范围，如图5-17所示。

根据人体动作行为和使用的舒适性及方便性，衣帽间的衣物放置区域在高度上可划分为三个区域，见表5-2。

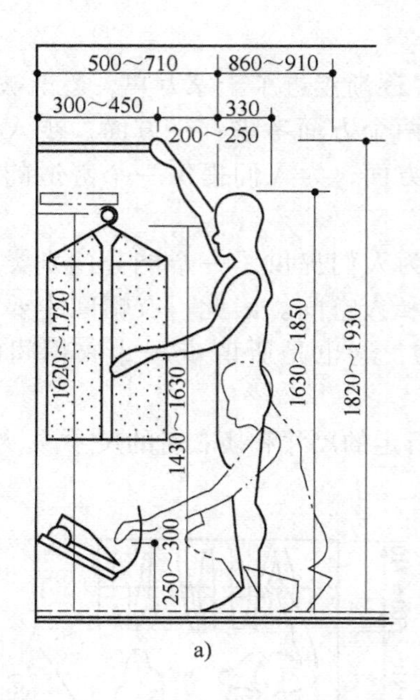

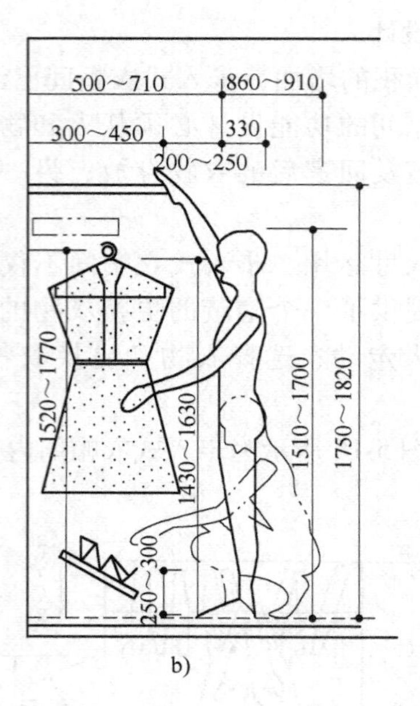

图 5-17 人在衣帽间存取衣物的动态尺寸

a）男性 b）女性

表 5-2 衣帽间衣物放置区域划分

区 间	存取难易程度	高 度	物 品
第三区	伸手能及	1800mm 以上	较轻的过季物品、叠放
第一区	易取视线可及 使用频率最多	600～1800mm 站立取物舒适范围为 600～1200mm 视平线高度为 1500mm 时存取舒适	挂衣 小件物品
第二区	下蹲取物存取不便	600mm 以下	较重，不常用物品，如鞋子等

（3）物的尺寸 衣帽间内物品的尺寸范围见表 5-3。

表 5-3 物品的尺寸范围 （单位：mm）

男装	长度范围	女装	长度范围
夹克、套装 衬衫、裤子	775～1000	衬衫、夹克	625～875
		裙子、半大衣	775～1075
叠挂在衣架	725～925	礼服、长大衣	1200～1375
全长悬挂	1175～1325	长连衣裙、晚礼服	1525～1700
大衣、罩衣	1200～1350		

（4）其他物品尺寸 衣帽间内的鞋柜：每双鞋子宽 20cm，高 15cm，进深 30cm。放矮靴的宽度要有 28cm，高度要有 30cm，放高靴子的高度需要有 50cm。装内衣的格子宽 15cm，高 12cm；装袜子的格子宽度为 8cm，高度为 9cm。放帽子的盒子直径需要 35～45cm，高 25cm。抽屉的安装高度不要超过 130cm。

（5）人和物的关系　步入式衣帽间内部要求储存空间划分合理，分门别类地满足衣物的存放要求，并且不能损坏被储存的物品。设计中要考虑用户的存衣习惯：

1）按衣服种类分，如上衣习惯放在上部，裤装习惯放于下部。

2）按衣物的穿着场合划分，人们出入不同的环境需要穿着不同类型的衣服，如礼服套装、休闲装、运动装、居家服等。

3）按季节分类放置。

4）按家庭成员划分，以个人分类，如男主人、女主人、老人、孩子等。

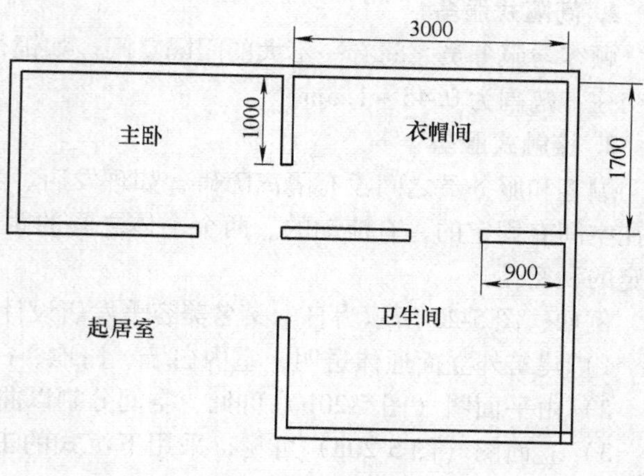

图5-18　房间布局

设计应用

如图5-18所示，根据客户需求，衣帽间与主卧相连，与卫生间相邻。注重私密性设计。

空间尺寸

L形，保证一人在内部的行走尺寸，宽为1.7m，如图5-19所示。

分区

根据行为习性，将其进行分区。在杂物小件区，将一些小件物品如领带、腰带和配饰等最好收纳在分隔好的抽屉里，方便取用，放在主卧至衣帽间入口处。此外，这里还可放置手表、帽子、围巾、手套等物品，存取方便。浴衣等放置在衣帽间至卫生间入口处，方便洗浴时取物、换衣，保证私密性。尺寸选择方面，小件区的常用物品高度在1300mm左右，视线可见，取物方便；上衣区、裤子区、长衣区挂衣高度都在1750mm左右，区域范围考虑了物的长度。

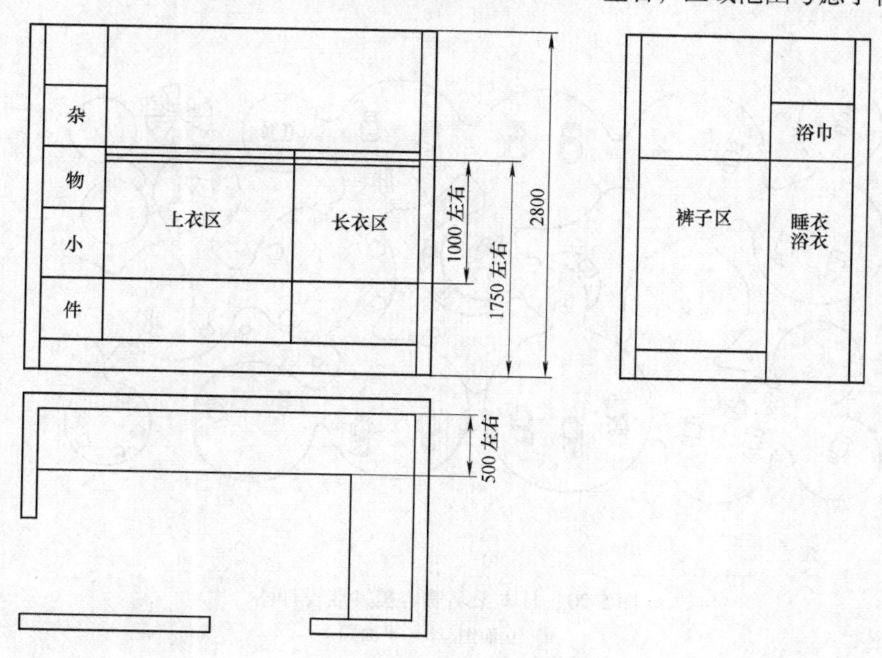

图5-19　衣帽间设计图

5.2.2 服务行为与交往空间设计

1. 间隔式服务

顾客与服务员之间有一不大的间隔空间，如银行、邮局商店柜台、吧台等，属个体距离的交往，范围为0.45～1.3m。

2. 接触式服务

顾客和服务员之间没有隔离障碍，如理发店、美容院、按摩场所等。这种行为所要求的交往空间有固定的，有流动的。两个个体之间的距离为0～0.45m，属亲密距离。空间要有一定的私密性。

例如，图5-20所示为日本桑名美容美发店设计的平面图和立面图，其特点是：

1）建筑外立面通体透明，室内白墙、白地、白纱幔，有无言的静谧之美。

2）由平面图（图5-20b）可见，空间分割以曲线造型，优美且保证空间的连续性。

3）立面图（图5-20a）可见，采用下沉式的工作区尺寸选择考虑人体尺寸及视觉，保证接触式服务空间的私密性。

4）设计注重人际交往的距离研究，空间的设计有一人间，为客人提供安静的环境，二人间、三人间为朋友、亲人间提供交流的场所。

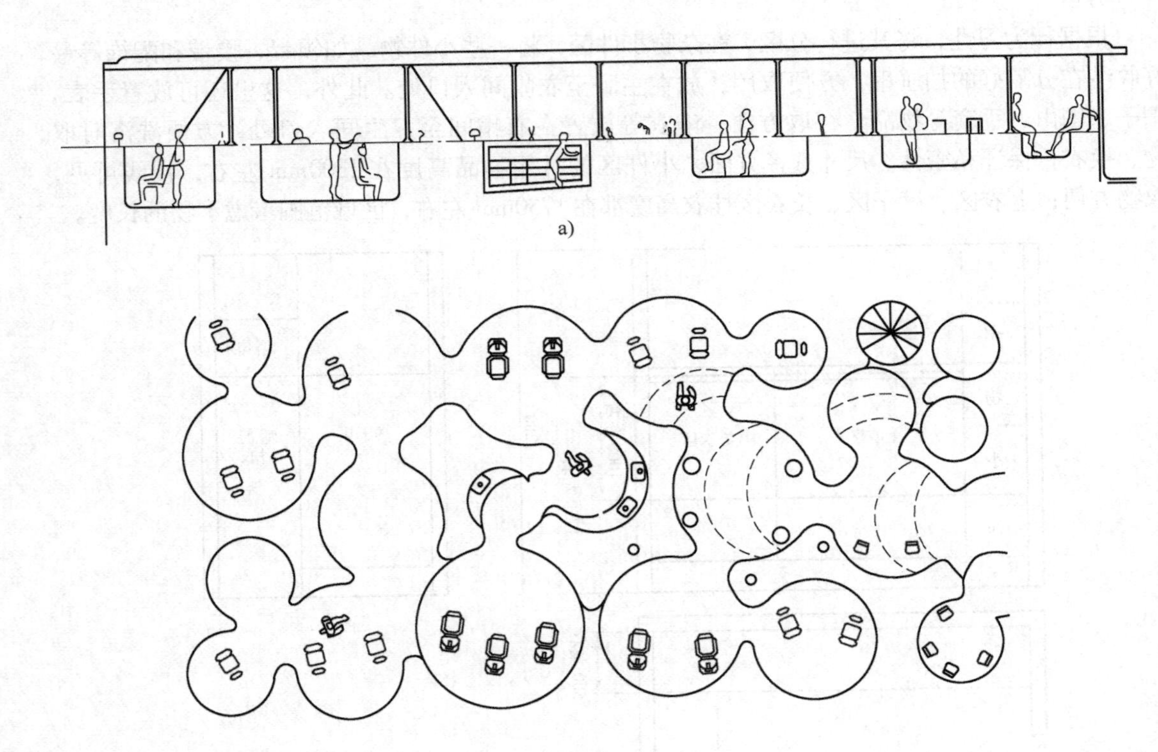

图5-20 日本桑名美容美发店设计图

a）立面图 b）平面图

5.2.3　观展行为与展示空间设计

1. 展示设计中的人体工程学因素分析

（1）展厅高度　展厅净高最低应大于或等于4m，过低会使观众压抑、憋闷。展厅最高有8m，10m，乃至更高，适合大型国际博览会的展示需要。

（2）观展行为习性。

1）求知性：这是观众的行为动机之一。

2）猎奇性：这是人的本能，要求展品新奇、有特色，能吸引住观众。

3）渐进性：人对知识的追求是一个渐进的过程，要求展品选择有一个完整的内容，并且有一定的秩序。

4）向左拐，向右看：根据人的行为习性和视觉规律，多数观众进入展厅后，习惯向左拐，从左向右、从上向下观看文字、展品介绍等，因此展览路线最好从左开始，序言设在左侧，展览从左至右布置。

5）抄近路：人的本能习性，观展路线要减少迂回。

6）向光性：在避免眩光前提下，可提高展品亮度。

（3）展示秩序图　图5-21所示为展示秩序图。

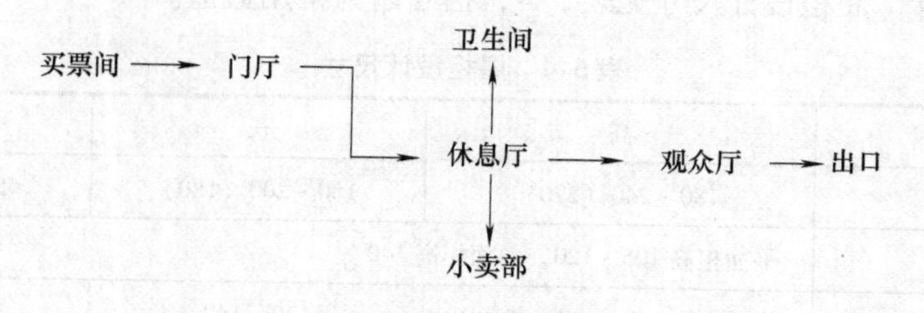

图5-21　展示秩序图

（4）展示通道　展示通道分主通道和次通道，通道宽度以“股”为单位，每股人流宽60cm，为人体静态测量宽度再加通行时的动态量。主通道为8～10股，即4.8～6m，次通道4～6股，即2.4～3.6m，以避免产生拥挤现象。通道的设置还与展品大小有关，如展品高大而且需要环视时，为保证视角，周围至少要留出1.8～2m的回旋余地。

（5）视距　视距一般是展品高度的1.5～2倍，保证观察展品时在正常视域范围，竖向视角为20°～30°，横向视角小于45°。从图5-22中人体尺寸与视角、视距、展品高度图可以得出以下规律：展示陈列区一般为80～320cm。最佳展示高度为127～187cm。对较高的展品陈列时，为便于观看，可垂直向前倾斜一定角度。

（6）陈列密度　展示空间中，展品与道具所占的面积占展场地面与墙面的40%最佳，占50%也可。但如果超过60%时，就会显得拥挤、堵塞。特别是当展品与道具体形庞大时，陈列密度必须要小。否则，会对观众心理造成压迫感和紧张感，极不利与参观；特别是当观众多时，会引发堵塞和事故。

（7）展示环境

1）光环境设计。展厅光源一般采用人工光源，为避免展品对人的正反射产生眩光，宜采用高侧光和顶光。图5-22所示为防止展品对人的正反射的照明设计方案。

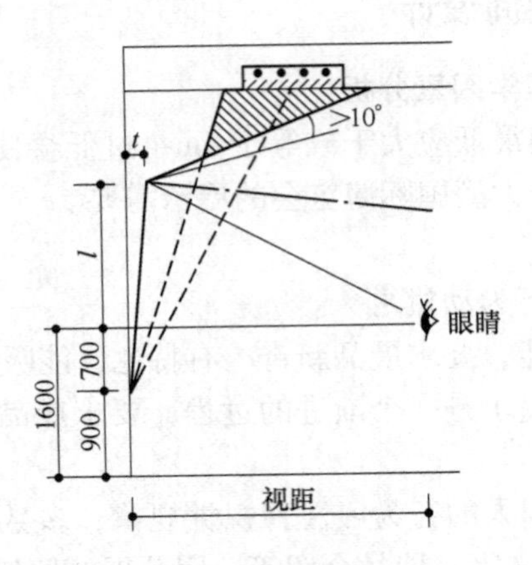

图 5-22　防止展品对人的正反射

2）休闲问题。休闲的环境氛围及合理设计的公共设施是休闲问题的主要内容。

3）展示导向。按人的感觉系统来分，展示导向分为视觉导向、听觉导向、特殊导向。对于一个大型的展览，为了让观众正确把握自己的位置和实现正确的观展行为，必须有合理的导向系统。

（8）展柜设计　展柜设计尺寸见表 5-4，括号内为常用数值。

表 5-4　展柜设计尺寸　（单位：cm）

展柜类型	高	长	宽
高展柜	180～240（220）	160～200（180）	45～90（60，70）
矮展柜	平面柜高 105～120，斜面柜高 140		
桌式和立式展柜	桌式 140，立式 180～200	120～140	70～90

2. 展示设计中的人体工程学尺寸

展示设计中的展品陈列高度、视距等人体工程学尺寸如图 5-23 所示。

5.2.4　餐饮环境设计

1. 茶室设计

中式风格的茶馆设计适应于典雅的空间，用仿明清的桌椅装饰，配以素净雅致的书写艺术条幅，渲染出古色古香的浓重气氛。图 5-24a 所示为茶馆走廊设计，图 5-24b（彩插）所示为茶馆散座区设计。

2. 茶馆包间设计

茶馆包间是洽谈行为与交往空间。洽谈行为为两种个体或群体之间的平等的人际关系，其场所位置是不定的，而交往空间的大小和环境却有一定的规律性。一般来说，应在社交距离之内，不超过 4m，要有一定的私密要求。

茶馆包间可作为一般性的洽谈场所，如图 5-24c（彩插）所示的空间适合 4～6 人，空间设计清净文雅，具有一定的亲切感和私密性。

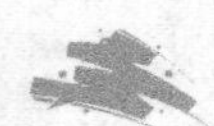

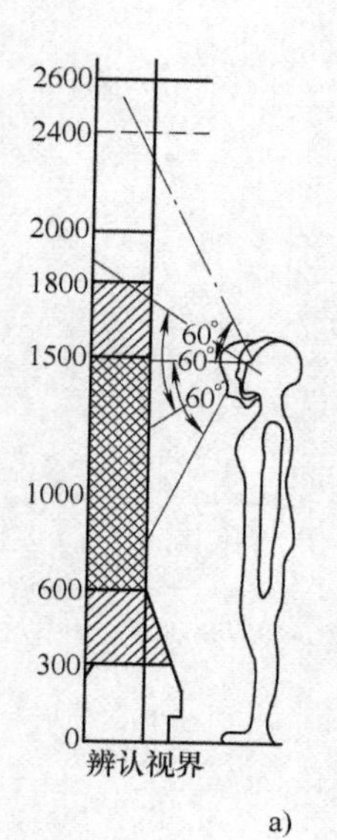

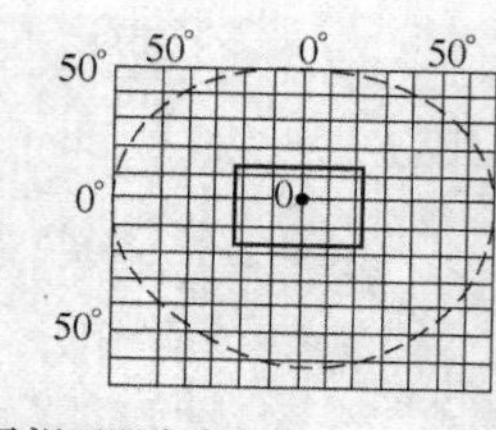

陈列品视距调查表

陈列品性质	陈列品高度 D(mm)	视距 H(mm)	D/H
图　板	600	1000	1.6
	1000	1500	1.5
	1500	2000	1.3
	2000	2500	1.2
	3000	3000	1.0
	5000	4000	0.8
陈列立柜	1800	400	0.2
陈列平柜	1200	200	0.19
中型实物	2000	1000	0.5
大型实物	5000	2000	0.4

a)

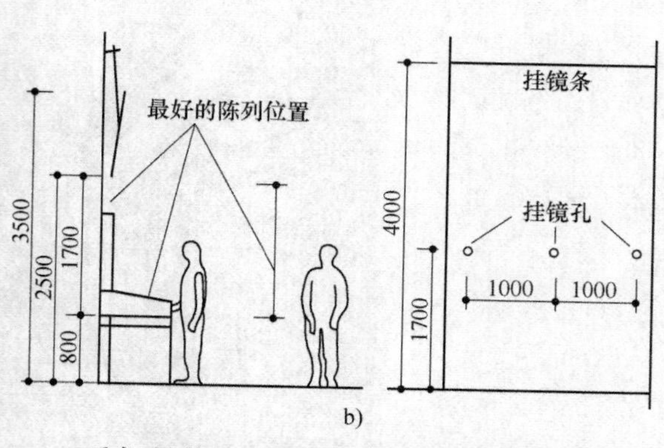

b)

垂直面上的平面展品陈列地带一般由地面 0.8m 开始，高度为 1.7m。高过陈列地带，即 2.5m 以上，通常只布置一些大型的美术作品（图画、照片）。小件或重要的展品，宜布置在观众视平线上（高 1.4 左右）。挂镜条一般高度 4m，挂镜孔高 1.7m，间距 1m。

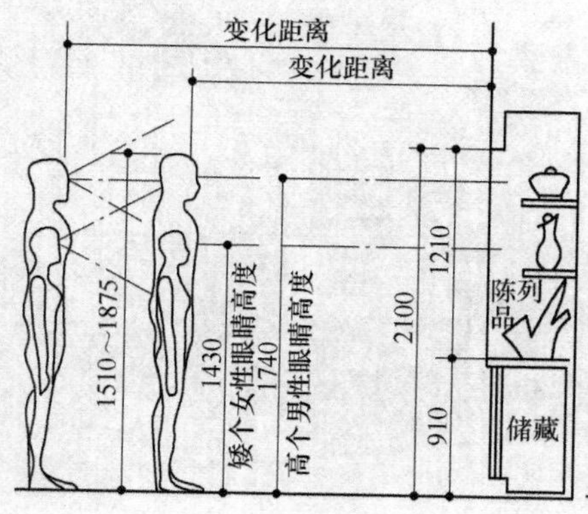

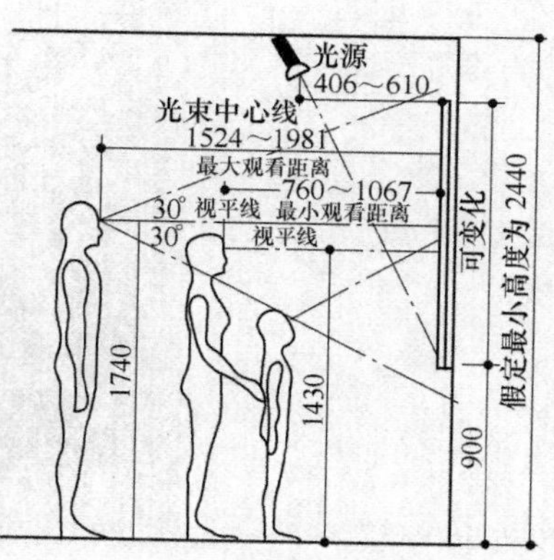

c)

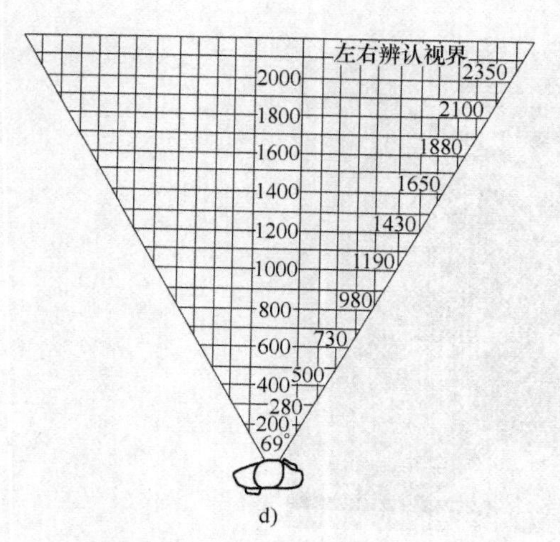

d)

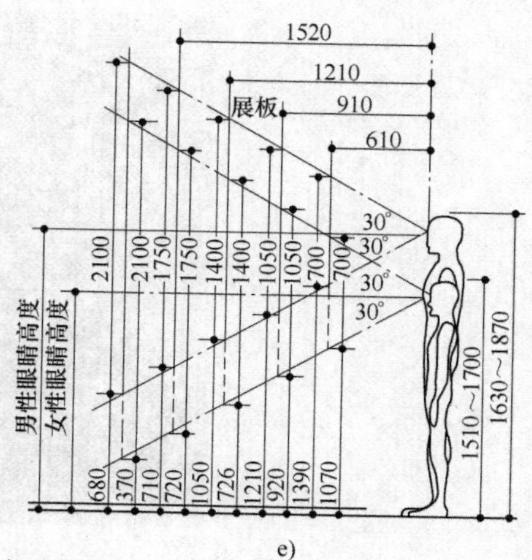

e)

图 5-23　展示设计中的人体工程学尺寸（单位：mm）
a）眼睛的视野　b）陈列位置尺度　c）展板陈列尺度
d）展品陈列与视野关系（水平）　e）展品陈列与视野关系（垂直）

a）

b）

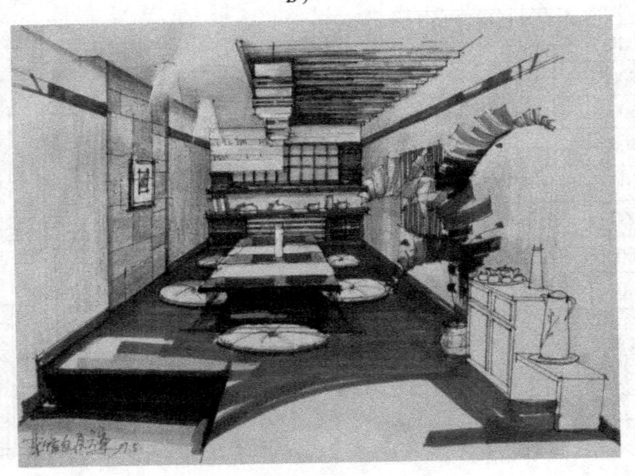

c）

图 5-24　茶室设计

3. 餐饮空间常用人体尺寸（图 5－25）。

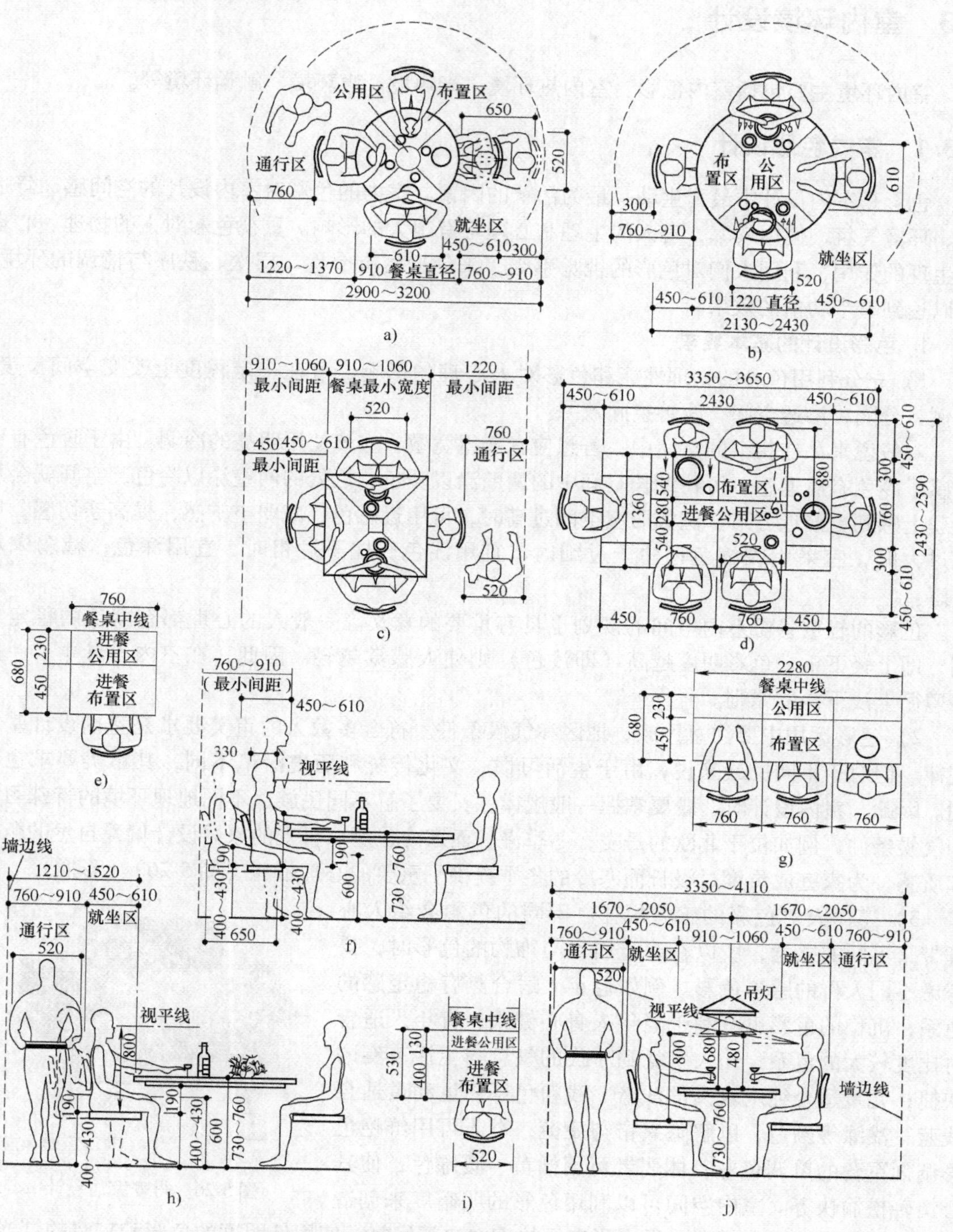

图 5-25　餐饮空间常用人体尺寸（单位：mm）

a）四人用小圆桌尺寸　b）四人用餐桌尺寸　c）四人用小方桌尺寸　d）长方形六人进餐桌尺寸（西餐）
e）最佳进餐布置尺寸　f）最小就座区间距（不能通行）　g）三人进餐桌布置尺寸　h）座椅后最小可通行间距
i）最小进餐布置尺寸　j）最小用餐单元密度

5.3 室内环境设计

室内环境主要包括室内色彩、室内热环境、光环境、声环境、触觉环境等。

5.3.1 室内色彩设计

色彩是室内设计中最为生动、最为活跃的因素。室内的色彩对室内设计的空间感、舒适度、环境气氛、使用效率，对人的生理和心理均有很大的影响。重视色彩对人的物理、心理和生理的作用，利用人们对色彩的视觉感受，来创造富有个性、层次、秩序与情调的环境，可以达到事半功倍的效果。

1. 色彩设计的基本要求

1）充分利用色彩的物理性能和色彩对人心理的影响，可在一定程度上改变空间尺度、比例、分隔、渗透空间，改善空间效果。

一般说来，在狭窄的空间中，若想使它变得宽敞，应该使用明亮的冷调。由于暖色有前进感，冷色有后退感，可在细长空间中的两壁涂以暖色，近处的两壁涂以冷色，空间就会从心理上感到更接近方形。例如居室空间过高时，可用近感色，减弱空旷感，提高亲切感；墙面过大时，宜采用收缩色；柱子过细时，宜用浅色；柱子过粗时，宜用深色，减弱笨粗之感。

色彩的轻重感对室内空间的规划也具有重要的意义。一般人的心理都有默认的稳定原则，即上轻下重。色彩明度越高（即浅色）则使人感觉越轻。因此，在室内设计中，一般多遵循上浅下深的原则。

2）色彩运用中要注意民族、地区和气候条件。符合多数人的审美要求是室内设计基本规律。但对于不同民族来说，由于生活习惯、文化传统和历史沿革不同，其审美要求也不同。因此，室内设计时，既要掌握一般规律，又要了解不同民族、不同地理环境的特殊习惯和气候条件。例如位于北欧的丹麦，冬季漫长而寒冷，所以丹麦的家居设计偏爱自然的色彩和质感，为家庭成员度过漫长而寒冷的冬季提供了重要的心理依托（图5-26）（彩插）。

3）遵循人对色彩的感情规律。不同的色彩会给人心理带来不同的感觉，所以在确定居室与饰物的色彩时，要考虑不同人群的感情色彩。例如老年人适合具有稳定感的色系，沉稳的色彩也有利于老年人身心健康；青年人适合对比度较大的色系，让人感觉到时代的气息与生活节奏的快捷；儿童适合纯度较高的浅蓝、浅粉色系；运动员适合浅蓝、浅绿等颜色，以解除兴奋与疲劳；军人可用鲜艳色彩调剂军营的单调色彩；体弱者可用橘黄、暖绿色，使其心情轻松愉快等。室内空间可以利用色彩的明暗度来创造气氛。使用高明度色彩可获得光彩夺目的室内空间气氛；使用低明度的色彩和较暗的灯光来装饰，则给予人一种“隐私性”和温馨之感。

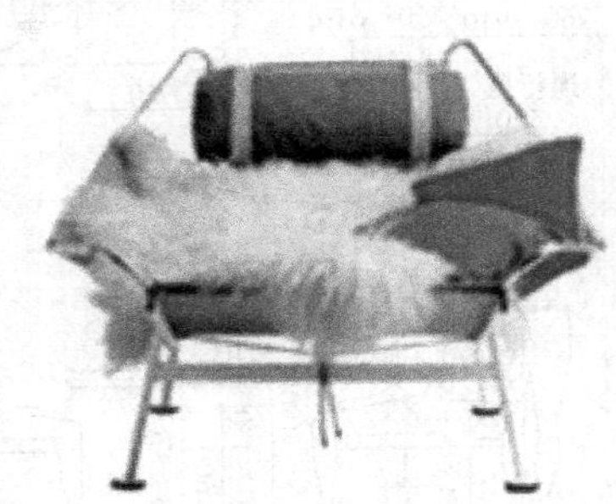
图5-26　丹麦家居设计

4）要满足室内空间的功能需求。不同的空间有着不同的使用功能，色彩的设计也要随着功能的差异而相应变化。室内色彩主要应满足功能和精神要求，目的在于使人们感到

舒适。

应认真分析每一个空间的使用性质，如儿童居室与起居室、老年人的居室与新婚夫妇的居室，由于使用对象不同或使用功能有明显区别，空间色彩的设计就必须有所区别。

室内空间对人们的生活而言，往往具有一个长久性的概念，如办公、居室等这些空间的色彩在某些方面直接影响人的生活，因此使用纯度较低的各种灰色可以获得一种安静、柔和、舒适的空间气氛。纯度较高且鲜艳的色彩则可获得一种欢快、活泼与愉快的空间气氛。

2. 室内配色原则

在具体的色彩环境中，各种颜色是相互作用而存在的，在协调中得到表现，在对比中得到衬托。室内色彩设计就是确定色彩基调，然后利用色彩的物理性能及其对生理和心理的影响，进行配色，以充分发挥色彩的调节作用。

1）室内配色多采用同色调和与类似色调调和，给人以亲切融合的感觉。在室内色彩设计时，首先要定好空间色彩的主色调。色彩的主色调在室内气氛中起主导和润色、陪衬、烘托的作用。形成室内色彩主色调的因素很多，主要有室内色彩的明度、色度、纯度和对比度。其次要处理好统一与变化的关系。有统一而无变化，达不到美的效果，因此，要求在统一的基础上求变化，这样容易取得良好的效果。为了取得统一而又有变化的效果，大面积的色块不宜采用过分鲜艳的色彩，小面积的色块可适当提高色彩的明度和纯度。

2）遵循对比性原则。室内设计中，为突出重点或打破沉闷的气氛，往往在局部运用与整体色形成对比的颜色，使色彩充分发挥其各自的强有力的个性特征，给人以活跃、强烈的视觉效果，起到装饰、注目、美化的作用。

5.3.2　室内视觉环境设计

1. 屏幕的大小和位置

因为人的视野是一定的，视距一定时，在较少移动目光的前提下，人观察的范围是有一定大小的。过大人只能注意到中心的信息，过小则会造成视觉疲劳而只注意边缘的信息。因此，屏幕的面积和视距是成正比的。

2. 室内光环境

室内光环境包括天然采光和人工照明两种。

天然采光设计就是利用日光的直射、反射和投射等性质，通过各种采光口设计，给人以良好的视觉和舒适的光环境。例如，水平窗可以使人感觉舒服、开阔；垂直窗可以取得条屏挂幅式构图景观；落地窗可取得同室外环境紧密联系感；高窗台可以减少眩光，取得良好的安定感和私密性；透过天窗可以看到天空的云影，并提供时光的信息，使人有置身于大自然的感觉；而各种漏窗、花格窗，由于光影的交织，似透非透，虚实对比，使自然光透射到粉墙上，从而产生变化多端、生动活泼的景色。

采用人工照明，利用灯光可以指示方向，造景，扩大室内空间等。

室内设计对照明光一般有照度、均匀度等要求。

（1）照度　在被灯光照射的工作面上，单位面积上的光通量（人眼对光的感觉量）叫做照度，单位是勒克斯（用 lx 表示）。不同功能的室内空间对一般照度的要求是不一样的。办公建筑照明的照度值见表5-5，住宅建筑照明的照度值见表5-6。

表 5-5　办公建筑照明的照度值

房间名称	平均照度/lx
普通办公室	100 ~ 150 ~ 200
行政办公室	75 ~ 100 ~ 150
会议室、接待室	100 ~ 150 ~ 200
报告厅	100 ~ 150 ~ 200
陈列室、营业厅	100 ~ 150 ~ 200
有计算机显示屏的场所	200 ~ 300 ~ 500
设计室、绘图室、打字室	200 ~ 300 ~ 500
档案室	75 ~ 100 ~ 150
休息室	50 ~ 75 ~ 100

表 5-6　住宅建筑照明的照度值

房间功能	平均照度/lx
起居室、卧室	30 ~ 50 ~ 75
阅读、缝纫	150 ~ 200 ~ 300
短时间阅读	100 ~ 150 ~ 200
看电视	10 ~ 15 ~ 20
餐桌	50 ~ 75 ~ 100
厨房	50 ~ 75 ~ 100
走道、楼梯	15 ~ 20 ~ 30

（2）照明质量　照明设计不仅要解决照明数量问题，还要解决照明质量问题，因为它直接影响到视觉工作的效率，甚至影响到身体健康和心理状况，还会影响到整个室内的气氛和各种效果。照明质量包括一切有利于视功能及舒适感，易于观看和安全美观的亮度分布，如眩光控制、均匀度、方向性、扩散等。

1）眩光按照其形成原因，可以分成直接眩光、反射眩光和光幕反射等类型；按照它的危害程度，又有失能性眩光和不舒适眩光之分。眩光的主要危害在于产生残像，破坏视力，破坏暗适应，降低视力，分散注意力，降低工作效率，产生视觉疲劳。

根据建筑使用功能的不同，眩光控制可分为三个等级。

一级为高质量，基本保证无眩光，适用于对眩光控制要求较高的场所，如阅览室、办公室、绘图室。

二级为中等质量，室内可有轻微的眩光，适用于会议室、接待室、餐厅、候车室、游艺厅、营业厅、训练馆等。

三级为低质量，室内有眩光感觉，适用于储藏室、洗手间等。

眩光的控制应分别从光源、灯具、照明方式等方面进行，也可在室内装修中配合控制。

① 合理选择室内装饰材料。室内有光泽的表面很容易产生镜面反射，产生反射眩光。为此，各种装修或家具表面不宜采用有光泽的材料或涂料。此外，还要调整有玻璃的家具物品与光源的相对位置，控制它们产生的反射眩光。

② 合理选择室内照明灯具。在光源方面，选用不同的类型，就会有不同程度的眩光效应。一般是光源越亮，眩光越显著。几种常用光源的表面亮度和眩光大小见表5-7。

表5-7　几种常用光源的表面亮度及眩光大小

光源	表面亮度	眩光
白炽灯	较大	较大
柔和白炽灯	小	无
卤钨灯	大	大
荧光灯	小	很小
高压钠灯	较大	中等
高压汞灯	较大	较大
金属卤化物灯	较大	较大
氙灯	大	大

③ 合理布置光源位置，将光源移出视野。人的活动尽管是复杂多样的，但是视线的活动有一定的规律，大部分集中于视平线以下，因而将光源安装在正常视野以上，水平线25°以上就行，45°以上更好。在照明方式的选取上，通过隐蔽光源或降低光源的亮度可以减少眩光的危害（图5-27）。

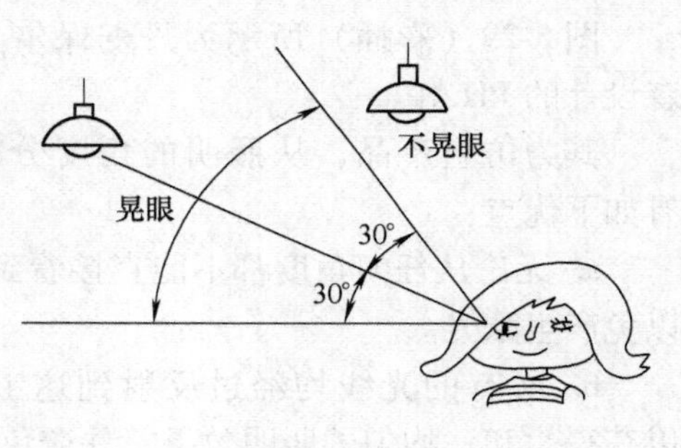

图5-27

另外，将光源置于侧面，可避免直接反射。如图5-28a所示，照明灯的光线直接反射，干扰视线；而图5-28b所示为照明灯的光线向两侧反射，避免了眩光。

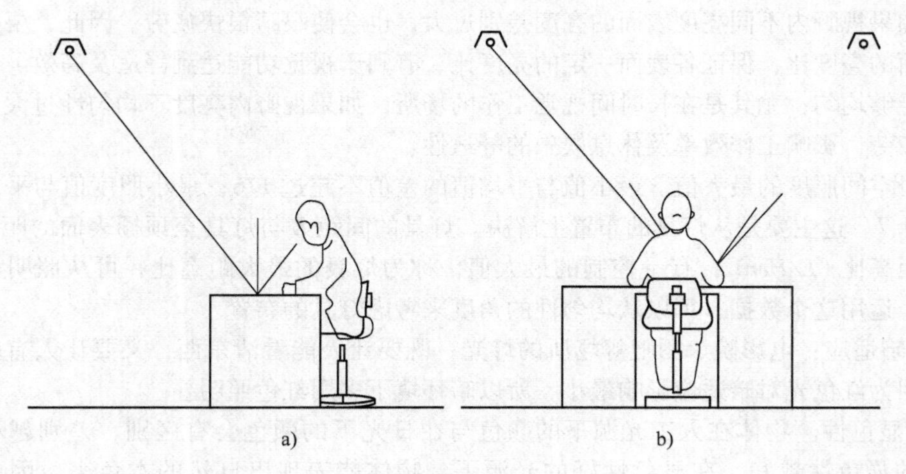

图5-28　光源位置

a）差　b）好

④ 在室内装修时，亦可调节室内环境即背景的亮度，以减少眩光的危害。可设法增加室内各表面的亮度，或减少光源及其周围的亮度对比，以取得合适的亮度平衡。这就要求选取合适的墙面、顶棚和地面材料的颜色和反光系数，如墙面宜采用白色或淡色的粉刷、壁纸、石膏板等，通过光的多次反射来限制环境亮度。反光系数宜为0.3~0.5，不能过高，否则会产生反射眩光。

⑤ 间接照明。反射光和漫射光都是良好的间接照明，可消除眩光。此外，阴影也会影响视线的观察，而间接照明可消除阴影。

⑥ 在灯具方面，可从灯具的材料、数量、位置及方向等因素入手。可以利用灯具材料的化学性质来降低表面亮度，如常用的磨砂玻璃。可做遮光罩或格栅，并具有一定的保护角。灯具数量越多，则造成眩光的可能性也越大。灯具位置越高，则眩光的可能性就越小。

图5-29 PH灯

图5-29（彩插）所示为丹麦保尔·汉宁森设计的PH灯。

其为仿生产品，从照明的角度分析，具有如下优点：

a. 无论从任何角度都不能直接看到光源，以免产生眩光。

b. 所有的光线均经过反射到达工作面，以获得柔和、均匀的照明效果，并避免了由阴影产生的强烈的明暗对比。

c. 对白炽灯光谱进行补偿，以获得宜人的光色。

2）亮度分布：照明均匀度。为形成良好的视度，要求各个表面之间有一定的亮度对比，但如果视野内不同亮度表面的亮度差别过大，也会使眼睛很快疲劳。因此，要控制好室内各表面的亮度比，保证各表面一定的亮度比，有利于视觉功能达到舒适及高效。在视野内亮度应足够均匀，尤其是在长时间视觉工作的场所，如果视野内亮度不均匀性过大，容易引起视觉疲劳，影响工作效率及休息娱乐的舒适性。

一般空间照度的最大值、最小值与平均值的差值不超过1/6，最小照度值与平均值之比不低于0.7。这主要是从灯具的布置上解决。灯具的间距 L 与灯具至顶棚表面的距离 Her 的比值即距高比（L/Her），有一控制的最大值，称为灯具的最大距高比，可从照明设计手册中查到。运用这个数据，可以从均匀性的角度来考虑灯具的布置。

3）暗适应：电影院、酒吧等场所的灯光，既要让人能看清东西，又要让人有较好的暗适应。因为红色光对暗适应影响最小，所以暗环境下多用红色照明。

4）显色性。物体在人工光源下的颜色与在日光下的颜色会有区别，差别越小说明人工光源的显色性越好。在显色性好的光源下，物体能表现出自然的本色来。因此，在进行室内光环境的设计时，要注意光源的性质和显色性的选择。各类主要光源的显色指数见表5-8。

表 5-8　各类主要光源的显色指数

光源	显色指数	光源	显色指数
日光	100	氙气	94
荧光灯	65	钠灯	29
改良后的荧光灯	95	金属卤化物等	65
水银灯	23	荧光水银灯	44

5.3.3　听觉与设计的相关因素

1. 噪声

噪声是干扰声音，凡是干扰人的活动（包括心理活动）的声音都是噪声。许多生理学研究发现，当人受噪声影响时，会有如下反应：血压升高；心率加快；代谢加快；消化减慢；肌肉紧张；影响人的注意力，使人烦恼；会使人作业技能下降，尤其对脑力劳动干扰较大；影响睡眠，造成各种慢性疾病，造成慢性劳损。

2. 听觉阈限

在室内相距说话者1m距离进行测量，其说话声强为：

轻声说话 60～65dB；口述 65～70dB；会议讲话 65～75dB；讲课 70～80dB；叫喊 80～85dB。

不同室内环境的噪声允许极限值见表5-9。

表 5-9　不同室内环境的噪声允许极限值　　（单位：dB）

噪声允许极限值	不同地方	噪声允许极限值	不同地方
28	电台播音室、音乐厅	38	公寓、旅馆
33	歌剧院（500座位，不用扩声器）	40	家庭影院、医院、教室
35	音乐室、教室、安静办公室、大会议室	43	接待室、小会议室

3. 噪声防护设计

设计时，可采取以下途径实现噪声防护：

（1）减少噪声源。

（2）组织噪声传播。

（3）采取个人防护措施。

5.3.4　触觉与设计的相关因素

皮肤的感觉即为触觉，皮肤能对机械刺激、化学刺激、电击、温度和压力等产生反应。

1. 影响舒适温度的主要因素

（1）季节因素　夏天和冬天比，感觉舒适的温度要高一些。

（2）年龄因素　随年龄的增加，血液循环功能变差，身体感觉舒适的温度有所增加。

（3）性别差　女性感觉舒适的温度略高。

（4）作业性质的影响　作业负荷越大，感觉舒适的环境温度相对越低。作业性质与最佳温度见表5-10。

室内热环境的主要参照指标见表5-11。

表5－10　作业性质与最佳温度

作业性质	轻体力作业	重体力作业	精神性作业
最佳温度/℃	19～21	13～19	15～17

表5－11　室内热环境的主要参照指标

项目	允许值	最佳值
室内温度/℃	12～32	20～22（冬季）22～25（夏季）
相对温度/℃	15～18	30～45（冬季）30～60（夏季）
气流速度/（m/s）	0.05～0.2（冬季） 0.05～0.9（夏季）	0.1
室温与墙面温差/℃	6～7	<2.5（冬季）
室温与地面温度/℃	3～4	<1.5（冬季）
室内与顶棚温度/℃	4.5～5.5	<2.0（冬季）

2. 皮肤压力

皮肤压力经常用在把手、操纵装置的旋钮、操纵杆的设计中。设计这些产品时，应注意其形状、大小，避免因受力面积过小而产生对皮肤的局部压力过大，从而对皮肤造成伤害。

触觉的特性对于盲人来说更为重要，除了研究盲文外，盲道的设计也要考虑提示块对脚步皮肤的压力处于适当的范围内。

人的身体与承托面的大小会产生受力问题，是室内设计中经常遇到的问题。

此外，在家具及室内装修设计中，楼梯栏杆、扶手、门把手、椅面、床面材料的选择等均应考虑到皮肤的压力。

3. 静电

空气干燥的季节，人体活动时，皮肤与衣服之间以及衣服与衣服之间互相摩擦，便会产生静电。随着家用电器增多以及冬天人们多穿化纤衣服，家用电器所产生的静电荷会被人体吸收并积存起来，加之居室内墙壁和地板多属绝缘体，空气干燥，因此更容易受到静电干扰。静电令人身体不适，还会引起头痛、失眠和烦躁不安等症状，甚至导致皮疹和心律失常，对神经衰弱者和精神病人危害就更大。

消除静电的方法：

1）保持室内温度。这样静电就不容易产生。室内温度超过20℃时，不会产生静电。

2）冬季，室内最好使用加湿器，还可摆放花草，避免产生静电。湿度大于60%时，可消除静电。

3）地板、墙面、顶棚等使用防空间静电材料。图5-30所示为一地毯公司发布的在地毯

上行走时可能带上静电量的实验数值。

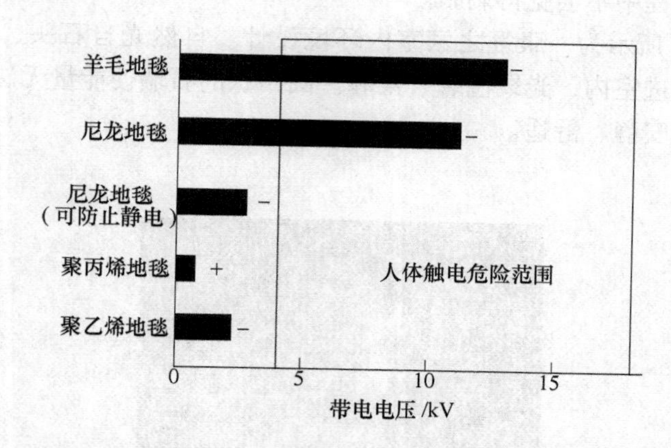

图 5-30　人行走时产生的静电量（温度为 20℃，湿度为 60%）

5.3.5　嗅觉与室内环境设计

室内微气候的影响，除了前面介绍的视觉环境和触觉环境外，还与室内气味环境有直接、密切的关系。室内气味环境直接影响人的情绪和工作效率。

气味定量化十分困难，室内气味与室内温度、人均空间、气味浓度有很大的关系。温度越高，空间越小，气味浓度越大。为了设计通风换气量，日本学者将气味尺度化，将气味分为 7 个等级，称为气味等级，见表 5-12。

表 5-12　气味与尺度

气 味 等 级	语 言 形 容	说　明
0	无味	安全无感觉
1/2	最小阈值	有训练才能感觉
1	明显	正常人能感觉到，无不适感
2	普通	室内允许界限
3	强	不舒适
4	剧烈	很不适
5	不能忍受	呕吐

进行嗅觉环境设计时，应注意：

1）加强室内通风和换气，保持室内空气洁净和清新。

2）室内绿化装置和装修材料的选择要合理。

3）利用嗅觉的掩蔽特性。

4）采用合理的空间几何尺寸设计。

设计应用

图 5-31（彩插）所示为美容保健疗养院洗头区室内设计。缅甸式彩漆挂盘及光色柔和

的照明装置为陈设简单的洗头区增色很多。有织物结构遮盖的顶棚柔和地漫射着光线，使疗养者在仰脸洗头的过程中不会觉得刺眼。

图5-32（彩插）所示为一康复之家室内环境设计。自然光自石头、集气墙和草秸捆墙之间狭长的玻璃窗照进室内，光线温馨、柔和。圆凸状的石墙使能量无法散失，并且还能折射声波，使室内保持安静、舒适。

图5-31　美容保健疗养院洗头区室内设计

图5-32　康复之家室内环境设计

参考资料

室内设计资料集　张绮曼，郑曙旸主编　中国建筑工业出版社　1991年6月

室内设计原理　来增祥，陆震纬编著　2版　中国建筑工业出版社　2006年7月

作业

起居室设计

作业要求：

1）必要家具包括四人沙发、电视、酒柜等。

2）看懂平面图（图5-33）的基础上，只绘出起居室空间布置的平面图和立面图，并画出家具尺寸及家具间距离尺寸。

3）简短设计说明，说明尺寸选择的依据。

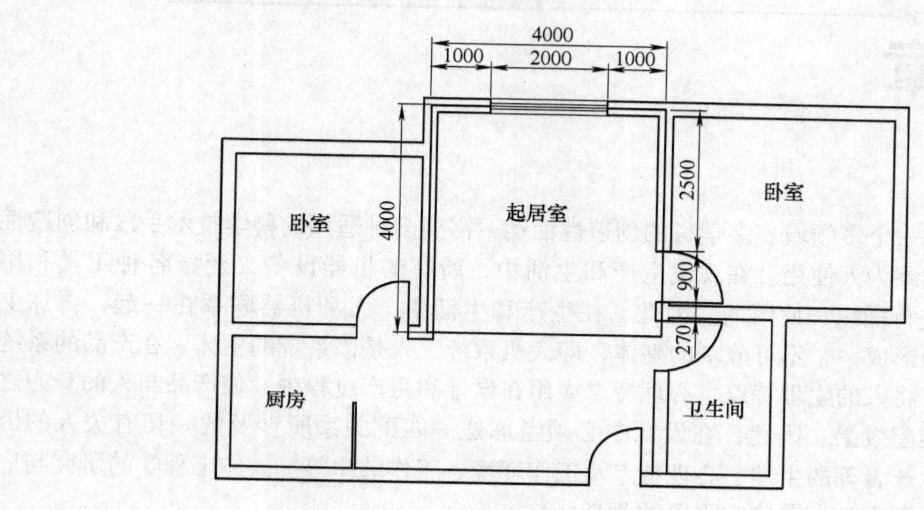

图5-33　房间平面图

第6章 人体工程学与产品设计

产品设计是一个多领域、多学科的创造性活动，需要多种适用的科学技术手段和创造性思维来完成，最终为人使用。在现代生产和生活中，所有的机器设备（泛指各种工具和用具）都是由人进行操纵和使用的。因此，在生产和生活中，人和机器联系在一起，再加上所在的环境，即形成一个不可分割的整体，即人机系统。人是该系统的主体，在产品的系统化设计过程中，将人的生理特点、心理特点应用在设计和生产过程中，使产品与人的身心之间取得最佳的匹配效果。因此，在设计中必须考虑这一匹配关系所涉及的一切有关人的因素：消费者、生产者等的生理、心理特点及工作环境、工作效率等。人体工程学的研究与应用，对产品设计和生产有着非常重要的意义。

许多产品在投入使用后达不到预期效果，不仅与产品的工艺、性能、材料、可靠性等有关，更为重要的是与所设计的产品和人的特性不适应有关。而这些问题的产生是因为在产品的开发设计阶段，忽视了人的因素的研究，即使产品有比较好的性能，投入使用后也不可能得到充分发挥。因此，无论是开发性产品设计还是改良性产品设计，人机关系都是整个设计过程中必不可少的一个因素。

6.1 人体工程学在产品设计中的地位

1. 人体工程学的应用和研究贯穿产品设计的各个过程

（1）问题提出阶段　观察使用者是每一项设计方案的起点。在人们生活和工作的现场，了解他们如何与这个世界进行互动，如何使用产品、购物、到医院看病、搭乘火车和使用移动电话等。将人们的活动记录下来，追踪消费者与某项产品、服务或空间的所有互动。通过观察分析，明确人与产品的关系、人与产品使用环境的关系，确定产品的功能特性及人与产品的功能分配。

（2）方案设计阶段　根据观察结果，进行分析。通过头脑风暴，从人、产品与环境方面进行全面的分析，提出众多方案。最终选择部分可行方案，以快速和廉价的方式制作模型。此外，人体工程学的参与还可以通过虚拟场景、虚拟人物进行产品的展示，进行方案的研讨。

（3）细节设计阶段　通过研究，确定最佳方案，制造可操作的模型。人体工程学的参

与可通过创造情节，虚拟出不同类型的消费者，并且实地模拟他们的角色，展现各式各样的人如何以不同的方式使用产品或服务，以及如何透过各式各样的设计，以满足使用者个别的需求。过程中可加入客户观点，主动邀请客户参与这个流程，以过滤选项。

（4）重复评估和改良原型阶段　在这个阶段，将诸多选项过滤到只剩几个可能的解决方案。对总体设计运用人体工程学原理进行分析，评估验证产品的可行性，确保产品的操作方便、安全高效，有利于创造良好的条件，满足人的生理及心理需求。

2. 人体工程学在产品设计中的应用

1）为产品设计的合理性提供依据。对人体结构特征和机能特征进行研究，提供人体各部分的结构特征参数和人体各部分的机能特征参数，既给产品设计提出了种种限制，又给产品设计进行了定位。人与产品信息传递所涉及的各种装置、设置、色彩、形状、大小、肌理等，无不以人体工程学所提供的参数为设计依据。

2）为生存环境的设计提供依据。通过研究人体对环境中各种化学、物理因素的反应和适应能力，分析作业场所的声、光、热、振动、灰尘、静电等对人身心产生影响的因素。这些因素对人的生理、心理及工作效率的影响程度，决定人的舒适程度和安全限度，给产品设计中环境的设计提供分析方法与设计准则。

3）为“人-机-环境”系统的最优化设计提供理论依据。人体工程学从系统论的角度来关注各个因素的协调。例如产品在整个系统中既受到人的各种因素的限制，又受到环境的各种因素的限制，因此产品的设计除必须适应人的生理结构特征和人的一般心理特征外，还必须关注因时代变化而产生的新变化、新需求。反过来，产品设计将人体工程学的应用范围扩大到前所未有的范围，新技术的出现带来很多新的人机关系，从而推动人体工程学向新的广度和深度发展，使其理论更加完善。

设计应用

图6-1（彩插）所示为IDEO具现代感的超市购物车。其设计过程为：

图6-1　超市购物车

首先，负责该项目的IDEO团队行动起来，去超市观察消费者的购物习惯，咨询业内人士，观察社区民众。调查人员在杂货店里通道间走来走去，观察人们如何购物。他们看到一些安全问题，成人和孩子们挤在一起；他们注意到有经验的采购者利用互联网上的购物服务，把购物车当做一个相对固定的基地，不用推购物车而更加灵活地穿梭于购物通道之间；他们还注意到在通道堵塞处，购物者不得不收起购物车的后盖，和那些动作缓慢的人或对面来的人擦肩而过。

其次，整个团队在一起开始“头脑风暴”、“行为映射”、“简易的原型制作”、“深入探讨”、“分散的组织”、“影子预示”、“做自己的顾客”，并初步确定一个方案；根据初步方案设计一个模型；使购物车对儿童更具亲和力；计算出一种更有效率的采购系统；增加安全性。围绕这些主题，团队成员集体探讨了一些可能的解决方案。

最后，进一步完善模型并最终确定下来。它们都带有一些高技术的细微设计，如一个顾客用来寻求帮助的麦克风和一个可以用来结账的扫描头；新设计的敞开式框架使得6个标准的手提篮可以被灵活地放在购物车的上、下两层，购物者可以把它当做存储基地，自己只要手提一个篮子去购物就可以了。

与传统的购物车比较，IDEO购物车的优点有：这款购物车的革命性在于安装有内置高科技扫描仪，可以扫描放入购物车的商品价格，使顾客免于排长队；新购物车可以旋转90°，推动起来很方便；购物车的大铁筐换成了活动式小筐，方便顾客拿上拿下。另外，它设计了上下两层支架，来支撑几个平时在超市里少量购物时用的小篮子，这有两个好处，一是消费者不需要推着满车的东西到处跑，只要把车推到货架附近，然后提着篮子去找东西就可以了。另外，消费者在付钱的时候，篮子就被收走了，所购的物品挂在购物车的钩子上推到外面，购物车就是一个带轮子的支架。西方的无家可归者常偷购物车装自己的东西，但这种没有篮子的购物车对他们没有任何价值，也自然就不会被偷走。

从产品设计过程来看，人体工程学渗透到产品设计的各个步骤。由此可见，好的设计远远不只是好看的外表，而且还能为使用者创造各种方便。

6.2 产品设计中的人体工程学因素分析

产品设计中，人体工程学因素的分析包括产品设计中人的要素的分析、使用环境和使用过程的分析。任何产品的设计都是针对一定的目标用户，因此，在人机系统中首先要对使用者进行分析。国家标准GB/T 14776—1993规定了生产区域内工作岗位尺寸的人体工程学设计原则及其数值，设计时可参考。

1. 使用者的分析

（1）使用者的构成分析　人与人之间在年龄、性别、地域、文化背景等方面都存在差异，产品设计应该将使用者作为一个群体对待，进行分析与研究，了解该群体的共性与个性，有针对性地设计产品。

（2）使用者的生理因素分析　几十年来，生理学、心理学、测量学、人体工程学、环境心理学等学科的研究，都为产品设计提供了丰富的资料和数据。除此之外，产品设计还应该关注体验设计，即对产品的使用状态、使用过程等进行体验和感受，获得直接经验。针对特殊群体，设计者可通过观察、询问、调研等获得间接体验。

（3）使用者的行为分析　不同国家、不同地区的人们由于生活背景的不同，会形成某些固定的行为习惯，对产品使用或操作会有不同的方式。

2. 使用环境分析

这里所说的环境是指影响产品人机关系的外界的限制性因素，包括物理环境和社会环境，如产品使用的气候、季节、场所、时间、安全性等。因为使用环境不同，街头休息椅与家庭躺椅就会有不同的设计要求，其使用条件和使用目的也会有很大的不同。设计者应使自己设计的产品在各种条件下都美观大方、安全耐用、使用方便，保持良好的人机关系。例如，街头长椅安放在露天环境，其周围嘈杂、混乱的环境就是设计时必须加以考虑的因素，与家庭躺椅相比，除了满足其基本的休息、舒适等功能要求外，设计师还要使该椅子经久耐用、防酸防碱、防止破坏等。

3. 使用过程分析

对使用过程进行分析需要深入、仔细、科学。一些产品中的人机不匹配问题，不是仅凭常识就可以发现的，有时甚至在短时间内使用也体会不到。然而，如果长期使用该产品，其影响与危害性就会日积月累，最终导致对人体身心健康的伤害。这种问题尤其容易发生在某些工作场合，许多职业病如颈椎炎、肩周炎、腰肌劳损、静脉曲张等及其他一些疾病都与长期采用不合理的工作姿势有关。因此，在设计人们长时间、高频率使用的产品时，要进行认真的使用过程分析。

4. 技能作业中的动作研究

技能作业，是指那些需要脑、手、眼协调动作才能完成的复杂工作，并且通过反复学习才能熟练。例如，开车、弹琴、打字、流水线上的装配等都属于技能作业。充分了解人的动作特点，有助于设计师设计出合理的作业面。

（1）动作分类

1）定位动作是为了一个明确的目的，把肢体的一部分移到一个特定的位置的动作。借助视觉帮助的称为视觉定位动作，不依赖视觉的称为盲目定位动作。定位动作完成的好坏与年龄，受训练程度，操纵目标的位置、大小、色彩、形状等有很大关系。研究定位动作对操纵装置的设计很有意义。

2）逐次动作是一连串目标不同的定位动作加起来的动作。逐次动作的研究对指导生产环境的合理布局、作业区的设置和工具摆放具有指导意义。

3）重复动作是在一段时间内重复同一动作。重复动作时，肌肉处于不断的松弛和紧张的交替状态中，不容易疲劳。试验证明，动作频率是影响动作质量的重要因素，与心率接近时，动作质量最好。

4）连续动作是对操纵对象进行连续控制的动作。

5）调整动作是机体的一种自我保护方式，不断调整一部分肌肉的受力状态。设计师在设计工作环境和作业工具时，要考虑到机体的需要，为人们提供调整的机会和空间。

（2）动作分析　吉尔布雷斯把人的动作分为3类18个要素：

1）第一类包括伸手、抓住、移动、定位、组装、拆下、运用、放置，是必要动作。

2）第二类包括寻找、发现、选择、检查、思考、预定位，是辅助性动作。

3）第三类包括紧握、难免的延迟、可免的延迟、休息，是多余的动作。

经分析，应去掉多余动作，精简辅助动作，通过工作场所的重新布置改善必要动作，使之符合动作经济原则。

（3）动作经济原则

1）有效利用肢体。例如下肢力量大，但只能完成简单动作；手指动作精细，但力量不大。要根据四肢的特点合理分配工作。

2）节约动作。

3）使动作符合人的本能和习惯。

4）避免静态肌肉施力。

5. 人的肌力

肢体的力量来自肌肉的收缩，肌肉收缩时所产生的力称为肌力。肌力的大小取决于生理因素，即单个肌纤维的收缩力、肌肉中肌纤维的数量与体积、肌肉收缩前的初长度、中枢神经系统的机能状态、肌肉对骨骼发生作用的机械条件。

在操作活动中，肢体所能发挥的力量大小除了取决于上述人体肌肉的生理特征外，还与施力姿势、施力部位、施力方向有密切关系。只有在这些综合条件下的肌肉出力的能力和限度才是操纵力设计的依据。

1）在直立姿势下，弯臂时不同角度的力量分布如图 6-2 所示，大约在 70°处可达最大值，即产生相当于体重的力量。这正是许多操纵机构（转向盘）置于人体正前上方的原因所在。

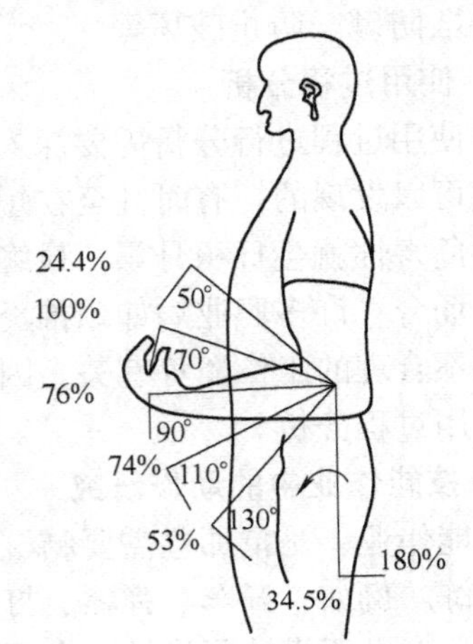

图 6-2　直立姿势下弯臂时的力量分布

2）在直立姿势下臂伸直时，不同角度位置上拉力和推力不同，最大拉力产生在 180°位置上，而最大推力产生在 0°位置上。

6.3　手持式工具的设计

工具是人手的延伸，极大地扩大了人的生理能力，增加了人的动作范围和力度，提高了工作效率。人们可利用不同的姿势，在不同的位置，配合不同的工具来完成不同的工作。设计得体的工具可以很好地辅助人类完成工作，减轻工作强度，提高劳动效率，保证身心健康。工具的设计需要考虑相关的人机操作界面、操作姿势、操纵空间等多种因素。

手持式工具是最为常用的工具，设计时必须配合手的轮廓，配合用力方向和力度。

1. 手持式工具的设计原则

根据德里利斯的观点，有效的作业工具必须满足如下的基本原则：

1）必须有效地实现预定功能。例如，一把斧子必须将其最大动能转入斩切作业，利索地劈开纤维并抽出斧子。

2）必须与使用者身体成适当比例，使人力操作效率最高。

3）必须按人的力度和工作能力设计，应适当考虑使用者的性别、年龄等。

4）不应引起过度疲劳。

5）必须以某种形式暗示操作者使用姿势，并提供感官反馈。

6）考虑操作安全性。

2. 手持式工具设计的生理学基础

（1）手的尺寸　设计手持式工具时，应以人手的尺寸为依据。图6-3所示为人手测量项目。表6-1～表6-4列出了各种不同年龄段男、女手的尺寸。

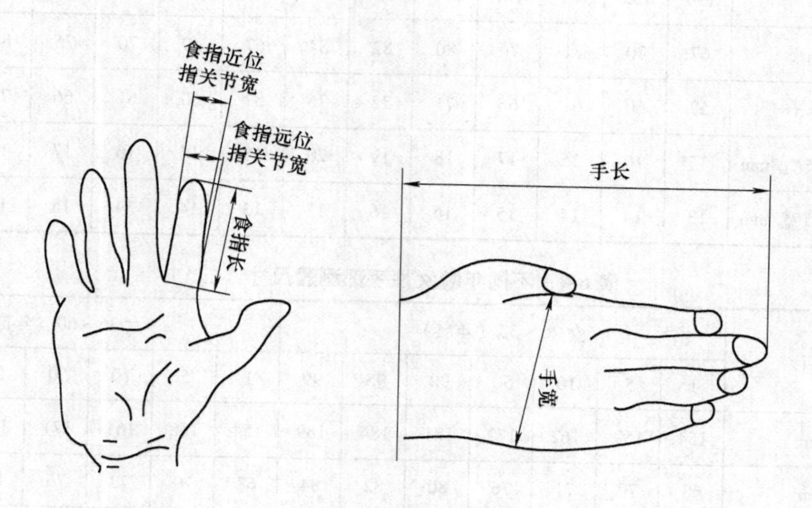

图6-3　人手测量项目

表6-1　不同年龄男性手部测量尺寸（一）

测量项目	男18～60（年龄）							男18～25（年龄）						
	1	5	10	50	90	95	99	1	5	10	50	90	95	99
手长/mm	164	170	173	183	193	196	202	163	170	173	182	193	196	202
手宽/mm	73	76	77	82	87	89	91	73	75	77	82	87	89	91
食指长/mm	60	63	64	69	74	76	79	60	63	64	69	74	76	79
食指近位指关节宽/mm	17	18	18	19	20	21	21	17	17	18	19	20	20	21
食指远位指关节宽/mm	14	15	15	16	17	18	19	14	15	15	16	18	18	19

表6-2　不同年龄男性手部测量尺寸（二）

测量项目	男26～35（年龄）							男36～60（年龄）						
	1	5	10	50	90	95	99	1	5	10	50	90	95	99
手长/mm	165	170	173	183	193	196	202	161	170	173	182	193	196	202
手宽/mm	74	76	78	82	87	89	92	73	76	77	82	87	89	91
食指长/mm	61	63	64	70	75	76	79	60	63	64	68	74	76	79
食指近位指关节宽/mm	17	18	18	19	20	21	21	17	18	18	19	20	21	21
食指远位指关节宽/mm	14	15	15	16	17	18	19	14	15	15	16	18	18	19

表 6-3　不同年龄女性手部测量尺寸（一）

测量项目	女 18～60（年龄）							女 18～25（年龄）						
	1	5	10	50	90	95	99	1	5	10	50	90	95	99
手长/mm	154	159	161	171	180	183	189	154	158	161	170	180	183	188
手宽/mm	67	70	71	76	80	82	84	67	69	70	75	80	81	83
食指长/mm	57	60	61	66	71	72	76	57	60	61	66	71	72	75
食指近位指关节宽/mm	15	16	16	17	18	19	20	15	16	16	17	18	18	19
食指远位指关节宽/mm	13	14	14	15	16	16	17	13	14	14	15	16	16	17

表 6-4　不同年龄女性手部测量尺寸（二）

测量项目	女 26～35（年龄）							女 36～60（年龄）						
	1	5	10	50	90	95	99	1	5	10	50	90	95	99
手长/mm	154	159	162	171	181	184	189	154	158	161	171	180	183	189
手宽/mm	68	70	71	76	80	82	84	68	70	72	76	81	82	85
食指长/mm	57	60	61	66	71	73	76	57	60	61	66	71	73	76
食指近位指关节宽/mm	15	16	16	17	18	19	20	16	16	16	17	19	19	20
食指远位指关节宽/mm	13	14	14	15	16	16	17	13	14	14	15	16	17	17

（2）腕关节的运动　腕关节的运动有两种，一种为掌侧屈和背侧屈；另一种为尺侧偏与桡侧偏（图 6-4）。

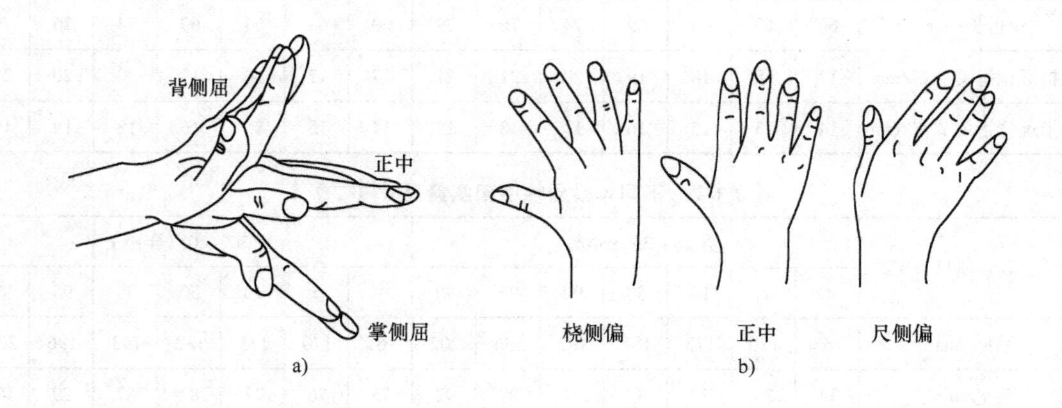

图 6-4　腕关节的运动
a）掌侧屈和背侧屈　b）尺侧偏和桡侧偏

（3）腕关节和前臂运动能力（表 6-5）

表 6-5　腕关节和前臂运动能力

方　向	男性百分位			女性百分位		
	5	50	95	5	50	95
腕部弯曲	51°	68°	85°	54°	72°	90°
腕部伸展	47°	62°	76°	57°	72°	88°
腕部桡侧偏	14°	22°	30°	17°	27°	37°
腕部尺侧偏	22°	31°	40°	19°	28°	37°
前臂外转	86°	108°	135°	87°	109°	130°
前臂内转	43°	65°	87°	63°	81°	99°

由表 6-5 中数据可见，男女腕关节和前臂的运动能力各有不同，所以在设计男用、女用手持式工具时可以将这些数据作为设计依据。

3. 把手的设计要点

把手的设计要点包括直径、长度、形状、角度及表面纹理等，其尺寸范围及说明见表6-6。

表 6-6　把手设计的各尺寸范围及说明

设计要点	尺寸范围	说　明
直径	方盒上的把手为 31 ~ 38mm 操纵活动为 22mm 抓握把手为 30 ~ 40mm，以 40mm 为好	保持灵巧和速度时用下限， 施加大扭矩时用上限
长度	最小尺寸为 100mm 舒服尺寸为 120mm	应保证四个手指能够握持
形状	推力时为三角形断面 多种任务时为方形断面，长宽比为0. 67 ~ 0. 8 大扭矩时为丁字形断面	可在把手末端限位
角度	把握中心线与前臂中心线约 75°角	设计成工具弯曲而非手腕弯曲
表面纹理	舒适的握感、防滑、增大摩擦、防振	
双手握持	双手平行时 45 ~ 50mm 握力最大 “八” 字形时 75 ~ 80mm 握力最大	最大抓握力限制在 90N 以下

（1）工具设计　图 6-5 所示为几种工具的设计及效果图。

图 6-6 所示为全新触感的门把。德国 HWEI 公司自己设计研发的这款把手及其系列看似无异于一般门把。实际上，任何人都会对其柔软且充满触感的表面材质感到惊喜。轻软光滑的手感改变了人们对冰冷手把的刻板印象，自信浑厚的造型设计忠实地表达了这创新的材质触感，让此产品相较于其他同类产品，能更加亲近使用者，这正是通用设计的核心宗旨。

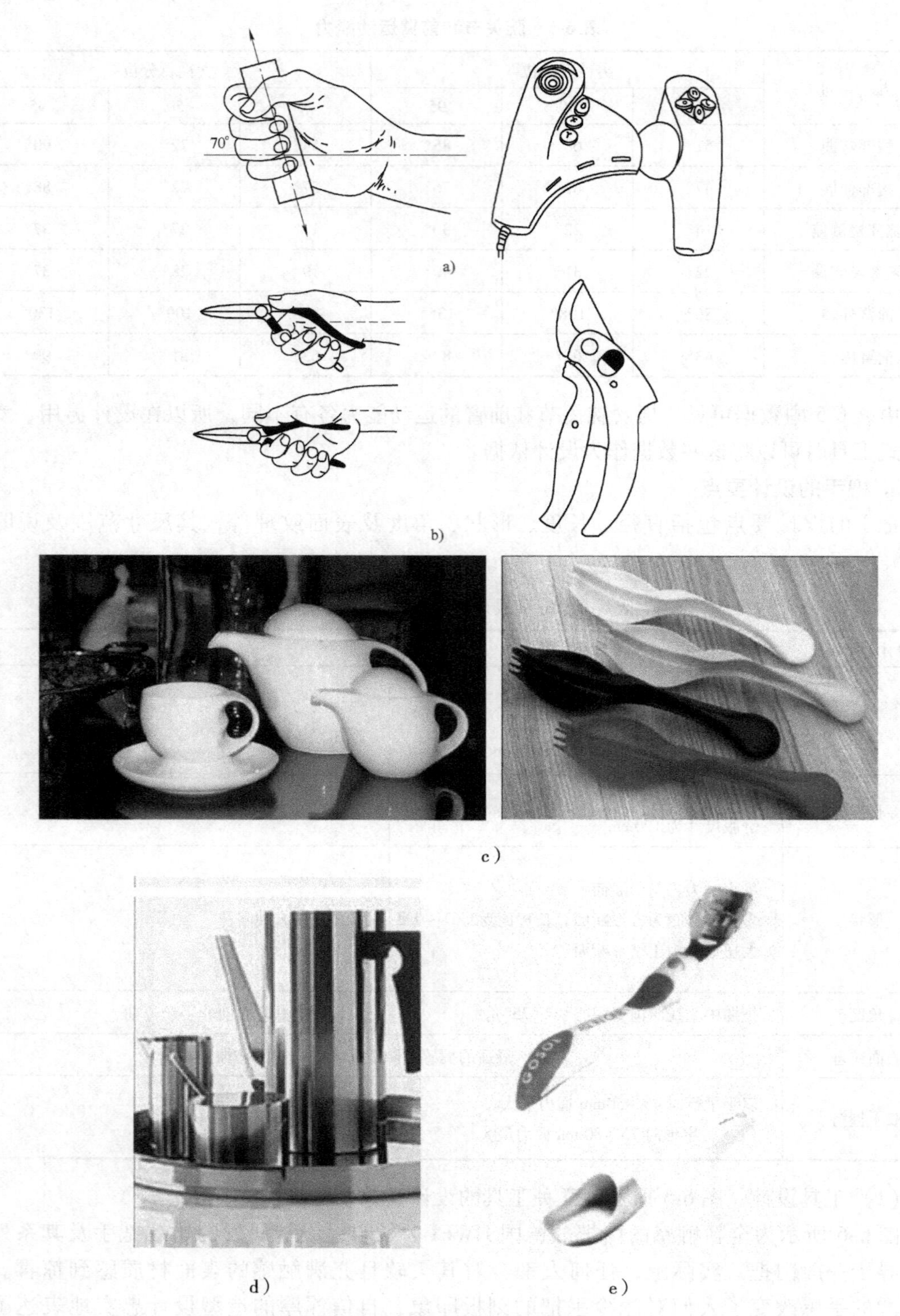

图 6-5　几种工具的设计及图例

a）视频游戏控制器的设计　b）园艺钳子的设计　c）科拉尼的仿生设计图样

d）丹麦系列餐具　e）IDEO 冰淇淋勺

图6-6　全新触感的门把　　图6-7　Oral-B粗手柄儿童牙刷

（2）儿童产品设计　对于宝洁的Oral-B粗手柄儿童牙刷，如果只认为牙刷把的肥厚可爱从视觉上赢得了孩子们的欢心，那就没能领悟这个作品的价值所在：儿童习惯用整个手掌握紧牙刷，丰满柔软的手柄把能让他们感觉安全和有趣，更乐意刷牙；并且手柄的设计考虑了儿童的手部特征（图6-7）。

图6-8所示为一组手持式工具。

a）　b）　c）　d）

图6-8　手持式工具

e)

图6-8 手持式工具（续）

6.4 人机界面设计

人机界面（Human-Machine Interface）是人机工程学中最重要的一个研究分支，它是指人和机间相互施加影响的区域，凡参与人、机信息交流的一切领域都属于人机界面。也可将人机界面定义为设计中所面对、所分析的一切信息交互的总和，它反映着人与物之间的关系。有学者认为，人机界面设计可理解为广义的人机界面设计和狭义的人机界面设计。

广义的人机界面：在人机系统中，人与机器是相互作用和相互制约的两个部分，人与机之间存在一个相互作用的“面”，称为人机界面（图6-9）。人与机之间的信息交流和控制活动都发生在人机界面上。机器的各种显示都“作用”于人，人通过视觉和听觉等感官接受来自机器的信息，实现机—人信息传递，即信息的输入；人将信息经过脑的加工、决策，然后作出反应，通过控制器传给机器，即信息的输出，实现人—机信息传递。人机界面是人与机器进行交互的操作方式，即用户与机器互相传递信息的媒介，人机界面的设计直接关系到人机关系的合理性和人机交互效率。人机界面的设计主要是指显示、控制以及它们之间关系的设计。

狭义的人机界面是计算机系统中的人机界面，又称为人机接口、用户界面，它是计算机科学与心理学、图形艺术、认知科学和人体工程学的交叉研究领域，是人与计算机之间传递和交换信息的媒介，是计算机系统向用户提供的综合操作环境。一个友好、美观的人机界面会给人带来舒适的视觉享受，拉近人与计算机的距离，为商家创造卖点。人机界面设计不是单纯的美术绘画，需要定位使用者、使用环境、使用方式，并且为最终用户而设计，是纯粹的科学性的艺术设计。检验一个人机界面好坏的标准，既不是某个项目开发组领导的意见，也不是项目成员投票的结果，而是最终用户的感受。因此，人机界面设计要和用户研究紧密结合，是一个不断为最终用户设计满意视觉效果的过程。

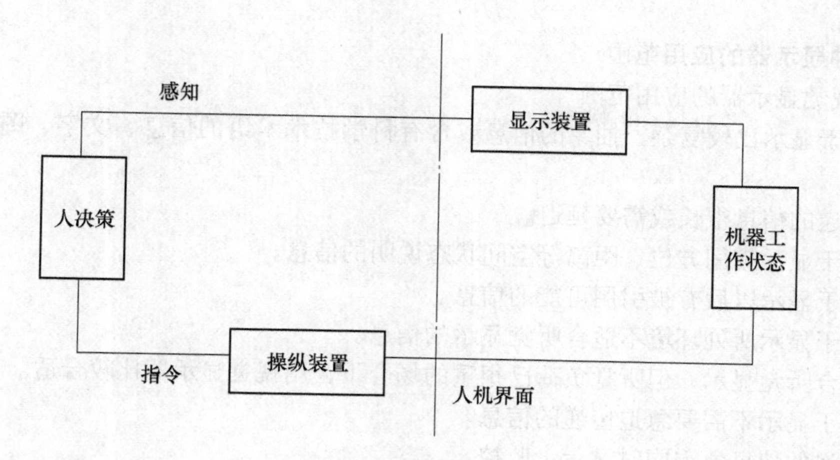

图 6-9　广义的人机界面

人机界面设计应结合心理学、人体工程学、计算机语言学、艺术设计、智能人机界面、社会学与人类学等多学科知识来进行，其发展趋势也更加人性化、高科技化。

6.4.1　显示装置的设计

显示装置是将机的内部工作信息通过感觉通道传递给人的装置。人机系统中，显示装置的功能是通过可视化的数值、文字、曲线、符号、标志、图形、图像声波、触觉、温度等其他人体可以感知的信号传递给人，可分为视觉显示器、听觉显示器、触觉显示器等。其中，视觉显示器的应用最为广泛。表 6-7 列出了显示方式的类型。

表 6-7　显示方式的类型

显示装置的显示方式	分　类	说　明
按信息传递通道分类	视觉显示	应用最为广泛，如信号灯、图形、符号标志
	听觉显示	可听的声波
	触觉显示	物体表面的不同形状和肌理
按显示参数分类	工作条件参数	定量显示，如计数器、温度表、压力表
	工作状态参数	定性显示，如开关状态、交通信号等
	显示系统输入参数	警戒显示
按显示形式分类	模拟式显示	用刻度和指针指示有关参量或状态，显示的信息形象、直观，使人对模拟值在全量程范围内所处的位置一目了然，如钟表、汽车上的燃油量表、氧气瓶上的压力表
	数字式显示	用数码直接指示有关参量或状态，认读过程简单、直观，只要对单一数字或符号辨认识别就可以了。认读速度快，精度高，且不易产生视觉疲劳，如计算器、电子表及列车运行的时间显示屏幕
	屏幕式显示	在显示屏上的一部分区域显示有关参量或状态，显示信息的种类多，显示效果好，如显示器、示波器、雷达、彩超、各种产品上的显示屏等

1. 各种显示器的应用范围

（1）视觉显示器的应用范围

1）用于显示比较复杂、抽象的信息或含有科学技术术语的信息、文字、图表、公式等的显示。

2）传递的信息很长或需要延迟。

3）用于显示需用方位、距离等空间状态说明的信息。

4）用于显示以后有被引用可能的信息。

5）用于显示所处环境不适合听觉显示的信息。

6）适合听觉显示，但听觉负荷已很重的场合下，用视觉显示器比较合适。

7）用于显示不需要急迫传递的信息。

8）传递的信息急需同时显示、监控。

（2）听觉显示器的应用范围

1）用于显示较短或无需延迟的信息。

2）用于显示简单且要求快速传递显示的信息。

3）视觉通道负荷过重的场合下，宜用听觉显示器。

4）用于显示所处环境不适合视觉显示的信息。

5）传递的信息以后不需要再引用。

6）传递的信息与时间有关。

7）作业情况要求操作者不断走动。

8）用于显示要求立即作出快速响应的信息。

（3）触觉显示器的应用范围

1）视觉通道负荷过重的场合下，宜用触觉显示器。

2）使用视觉、听觉通道传递信息有困难的场合宜用触觉显示器。

3）用于显示简单并要求快速传递的信息。

4）经常要用手接触机器或其装置的场合宜用触觉显示器。

2. 视觉显示器的设计

因为视觉显示器应用最为广泛，所以下面主要针对视觉显示器的设计进行介绍。

视觉显示器类型很多，就机械产品而言，目前应用最广的仍是指针式显示器，即仪表显示。

指针式显示器是由指针和刻度的对应关系而显示机器各种状态下参数的仪表。设计或选用时，应重点考虑仪表盘形式、仪表盘大小、刻度线及分度单位、文字符号、指针形状、色彩匹配等因素。正确显示信息、观察认读准确、迅速、不易疲劳。作为人机沟通的直接窗口，其设计涉及操作的人性化。此外，在造型和色彩的选择上也要体现出功能与审美的结合。

（1）设计原则

1）仪表显示设计应以人接受信息的视觉特性为根据，以保证操作者迅速而准确地获得所需要的信息。显示的精确程度应与人的视觉辨认特性和系统要求相适应，不宜过低，也不宜过高。

2）仪表显示信息的种类和数目不能过多，同样的参数应尽量采用同一种显示方式。显示的信息数量应限制在人的视觉通道容量所允许的范围内，使之处于最佳信息条件下。显示的格式应简单明了，显示的意义应明确易懂，以利于操作者迅速接受信息，正确理解和判断信息。

3）仪表的指针、刻度、标记、字符与刻度盘在形状、颜色、亮度等方面应保持合适的对比关系，以使目标清晰可辨。一般的目标应有确定的形状、较强的亮度和鲜明的颜色。相对于目标而言，背景亮度应低些，颜色应暗些；同时要考虑与其他感觉器官的配合。

4）仪表显示应在空间关系、运动关系和概念上与系统中其他显示装置、操纵装置兼容。显示装置的编码应与相关操纵装置的编码一致，运动方向应相同。

（2）仪表盘形式　指针式显示器的表盘形式可分为圆形、直线形和其他三类。

1）仪表形式（形状）对信息读取的影响。常用的表盘形状有圆形、半圆形、直线形（水平直线形、垂直直线形）、扇形、开窗等（图6-10）。其中，开窗式仪表显露的刻度少，认读范围小，视线集中，认读时眼睛移动的距离短，因而认读迅速准确，效果好。圆形和半圆形表盘的认读效果优于直线形刻度盘；水平直线形表盘的认读效果优于垂直直线形的。

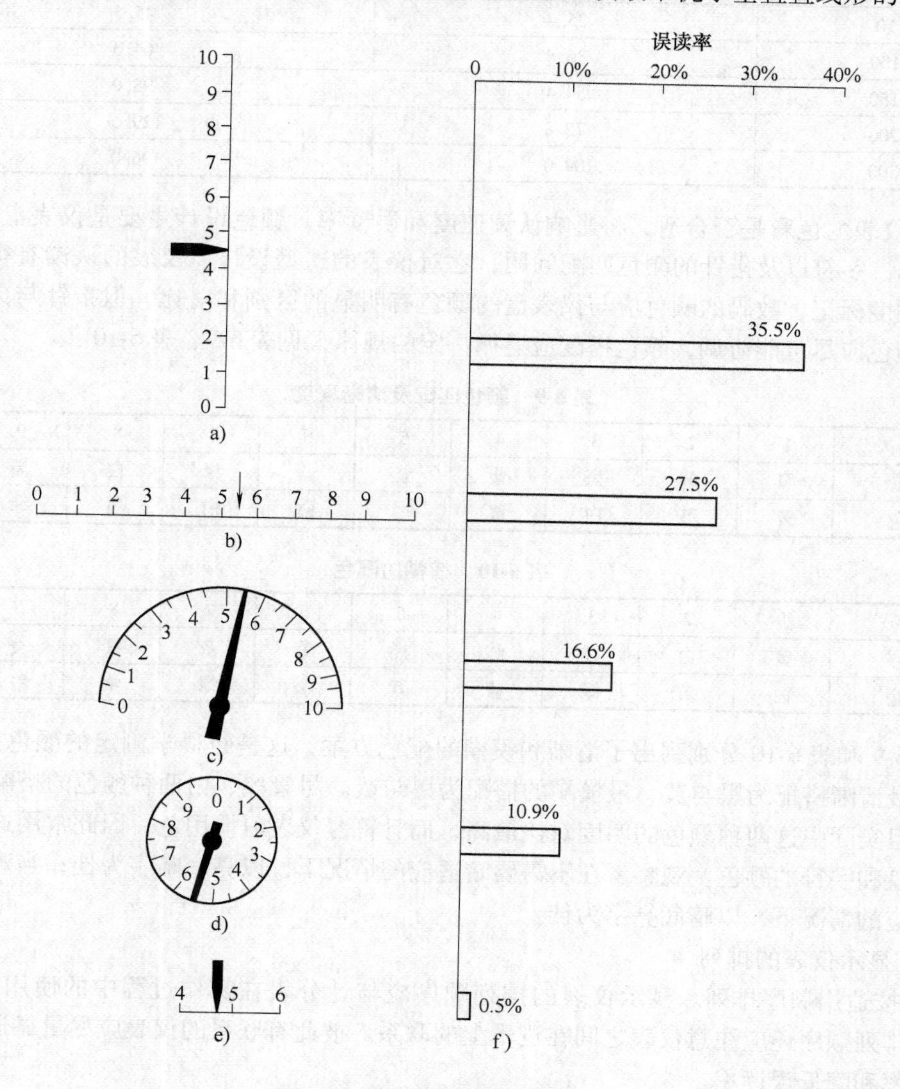

图6-10　表盘形式及其误读率

a）垂直形　b）水平形　c）半圆形　d）圆形　e）开窗形　f）误读率

2）设计仪表盘尺寸时，要注意仪表盘的大小与其刻度标记数量和观察距离有关。此外，仪表盘的大小对认读速度和精度有很大的影响。以圆形仪表为例，其最佳直径 D、目视距离 L 及刻度标记的最大数量 I 见表 6-8。仪表盘认读效果最优的尺寸是其对应的视角为 2.5°~5°。只要确定了操作者与显示装置间的目视距离 L，就能算出表盘的最优尺寸，其计算公式为

$$\alpha = 2\arctan(D/2L)$$

表 6-8　圆形仪表的表盘最佳直径、目视距离及刻度标记的最大数量　（单位：mm）

刻度标记的最大数量 I	表盘最佳直径 D	
	目视距离 L（500mm）	目视距离 L（900mm）
38	25.4	25.4
50	25.4	32.5
70	25.4	45.5
100	36.4	64.3
150	54.4	98.0
200	72.8	129.6
300	109.0	196.0

3）仪表的色彩是否合适，将影响认读速度和误读率。颜色设计主要是仪表盘面，刻度线和数码、字符以及指针的颜色匹配问题，它对仪表的造型设计、仪表的认读有很大影响。指针、刻度标记、数码的颜色应与仪表盘的颜色有明显的区别和对比，但指针与刻度标记，数码的颜色应尽可能协调，颜色搭配应遵循一定的规律，见表 6-9、表 6-10。

表 6-9　颜色匹配及清晰程度

顺序	1	2	3	4	5	6	7	8	9	10
底色	黑	黄	黑	紫	紫	蓝	绿	白	黑	黄
被衬色	黄	黑	白	黄	白	白	白	黑	绿	蓝

表 6-10　模糊的配色

顺序	1	2	3	4	5	6	7	8	9	10
底色	黄	白	红	红	黑	紫	灰	红	绿	黑
被衬色	白	黄	绿	蓝	紫	黑	绿	紫	红	蓝

表 6-9 和表 6-10 分别列出了清晰和模糊的配色方案，这是经科学测定的颜色搭配规律。其中，最清晰搭配为黑与黄，最模糊的搭配为黑与蓝。尽管黑、白两种颜色的搭配不是最清晰的，但实际中这两种颜色的明度对比最高，而且符合仪表习惯用色，因此常用这种搭配作为仪表盘和字符的颜色。观察者在不需要暗适应的情况下，以亮底暗字为佳；当观察者在需要暗适应的情况下，以暗底亮字为佳。

4）显示仪表的排列

① 按适用顺序排列。显示仪表的排列顺序应与计分表在操作过程中的使用顺序一致；同时，排列顺序还应注意仪表之间在逻辑上的联系。彼此有联系的仪表应尽量靠近，以提高认读效率和降低误读率。

② 按功能进行组合排列。按心理学要求，仪表的排列应当符合操作活动的逻辑性。因此，仪表和相应的操纵器应按它们的功能用途分组，即把传递同一参数或与完成同一功能作

用的一些仪表分组排列。

③ 按最佳零点方向排列。由于标量显示器在系统中处于正常工作状态下，其指针位置基本保持不变，仅在异常状态下，指针才发生变化。因此，在排列多个标量显示仪表时，应使其正常工作状态下指针全部指向同一方向。

④ 按视觉特性排列。由于人眼的水平运动比垂直运动速度快而幅度宽，因而仪表排列的水平范围应大于垂直范围。自左至右、自上而下和顺时针方向圆周运动扫视，这是人的视觉习惯，仪表的排列顺序和方向也应遵循这一视觉特性。人眼的观察效率以左上方为最优，其次是右上方、左下方，而以右下方最差，仪表应按其重要程度和使用频率的要求分别布置在观察效率不同的方位上。此外，排列应尽量紧凑，以缩小搜索视野的范围，降低视觉疲劳速度。

⑤ 按显示与操纵相合性排列。当多个仪表对应于多种操作器时，二者的排列方式会影响操纵效率。因大多数人均用右手操作，所以仪表均应排列在对应操纵器的左面或上面，以避免遮挡视线。

5）考虑作业环境的因素。人的感官、运动器官和大脑思维的敏锐程度都会受到作业环境的影响。因此，在设计或选择显示仪表时，应考虑显示信号的强度、形式、数值大小、信噪比等，使其突出于其他视觉和听觉背景，以利于操作者正确理解、接受、判断及反应。图6-11所示为美国SAEJ209号标准推荐的一种仪表板上仪表的分区和排列形式。图6-12所示为德国的一种筑路机操作界面。

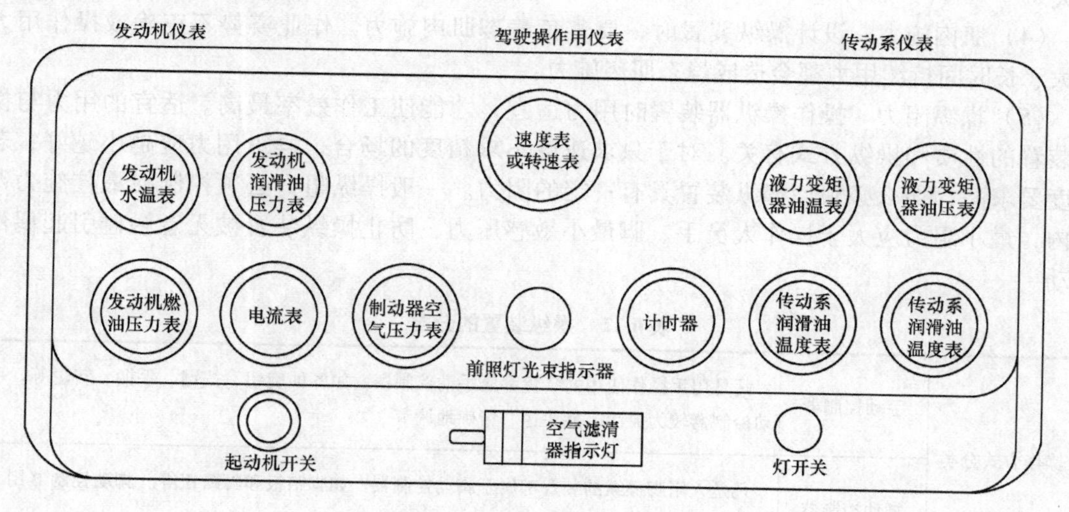

图6-11 仪表的分区和排列形式

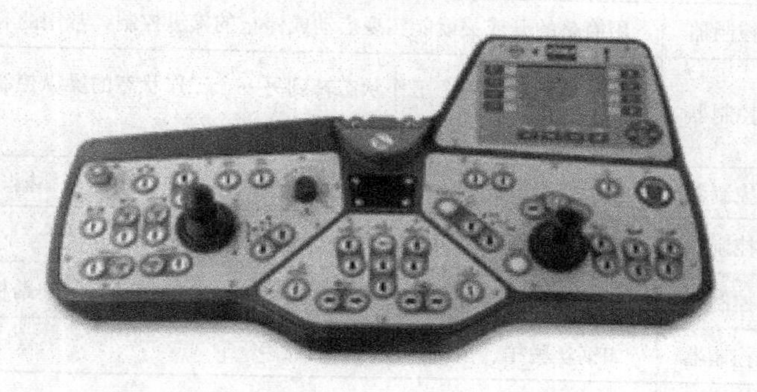

图6-12 德国的一种筑路机的操作界面

6.4.2 控制装置的设计

人输出命令有四肢运动和声音，其中手、足运动是控制的主要形式。随着技术的发展，声控、光控、计算机远程控制等控制方式越来越被广泛应用。本部分主要针对手动控制器、脚动控制器的设计进行人体工程学分析及应用。

手动控制器，脚动控制器的设计必须注意两点：一是材料质地优良，价格合适；二是适合使用，操作安全、方便、省力，适合人的生理、心理特点及行为习惯。

1. 控制器设计中的人体工程学问题

（1）手、脚生理尺寸　设计操纵装置时，要考虑手、脚的生理尺寸和所需的作业范围。操纵装置的分类见表6-11。

（2）手和脚的运动能力　主要是考虑运动速度。一般情况下，手的上、下运动速度比左、右运动速度快，准确率也高；同时，手从下往上比从上往下快，水平面内的前、后运动比左、右运动快。

（3）作业姿势　操纵者的作业姿势不同，施加的操纵力也会不同。一般而言，坐姿下比立姿下更能施力，脚操作力比手操作力大，双脚踏踩力比单脚踏踩力大，右手拉力比左手大。

（4）肌肉施力　设计操纵装置时，要避免静态肌肉施力。作业姿势不正确或操作用力过大、长时间持续用力都会造成静态肌肉施力。

（5）操纵阻力　操作操纵器装置时用力适宜，才能使工作效率最高。适宜的用力与操纵装置的性质和操纵方式有关。对于只求速度不求精度的场合，操纵用力应越小越好；若精度要求高，那么必须使操纵装置具有一定的阻力。一般操纵阻力必须控制在最佳施力范围内，最小阻力应大于操作人员手、脚最小敏感压力，防止操纵装置被无意触碰引起偶然启动。

表6-11　操纵装置的分类

按操作方式分类	手动控制器	凡是用手操作使用的装置都属手动控制器，如各种旋钮、按键、手柄、转轮等。手动控制器较为灵活，能快速、精确地调节
	脚动控制器	凡是人用脚操纵的装置都属于脚动控制器，如脚踏板和脚踏钮等。脚动控制器用于需要力量比较大的控制
按功能分类	开关控制器	用简单的开或关就能实现启动或停止的操纵控制，常用的有按钮、踏板、手柄等
	转换控制器	用于把系统从一个工作状态转到另一个工作状态的操纵控制，常用的有手柄、选择开关、选择旋钮、操纵盘等
	调整控制器	用于使系统的工作参数稳定地增加或减少，常用的有手柄、按钮、操纵盘和旋钮等
按运动方式分类	旋转控制器	如曲柄、手轮、旋塞、旋钮、钥匙等
	摆动控制器	如开关杆、调节杆、杠杆键，拨动式开关、摆动开关、踏板等
	按压控制器	如钢丝脱扣、按钮、按键、键盘等
	牵拉控制器	如拉环、拉手、拉圈、拉钮等

2. 手、脚的测量尺寸及控制器设计（图 6-13、图 6-14、图 6-15、图 6-16）

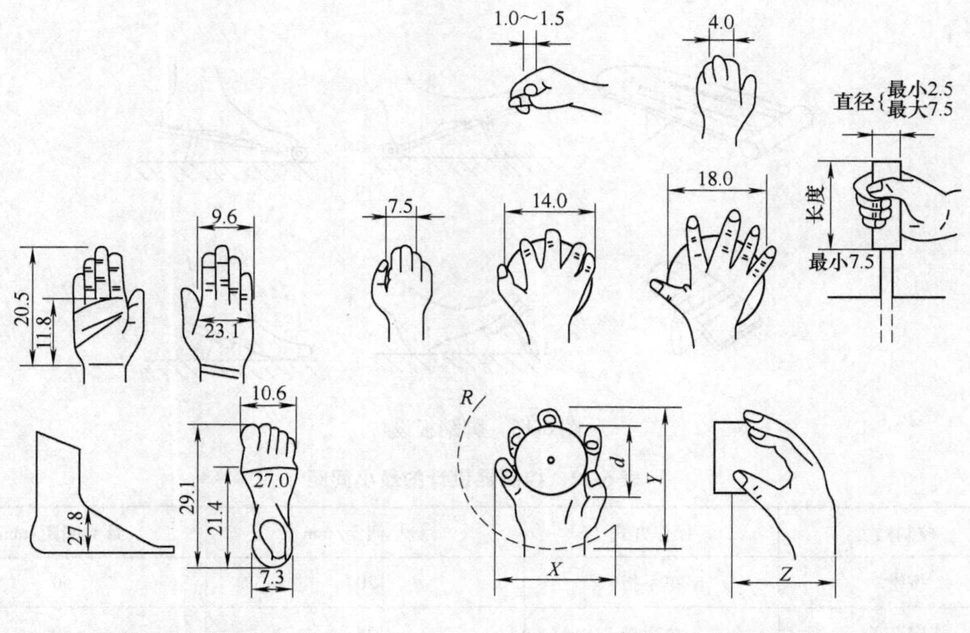

图 6-13　手和脚的测量尺寸　　　　图 6-14　旋钮设计考虑的尺度

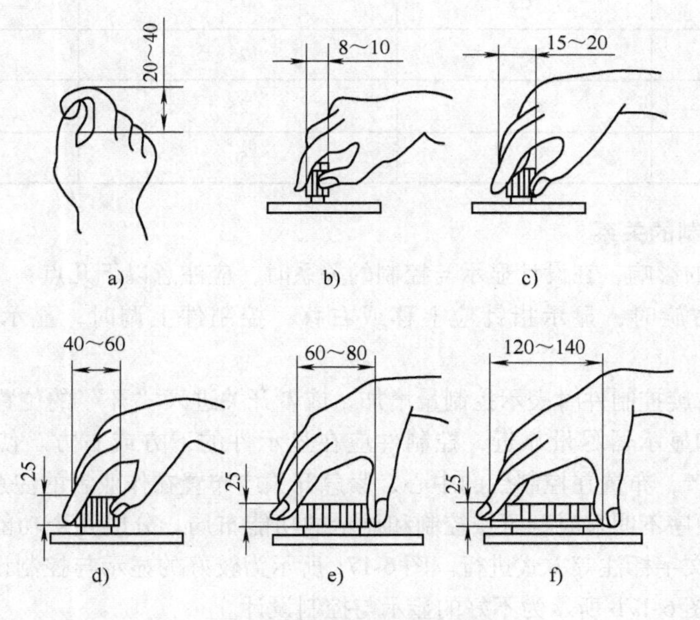

图 6-15　旋钮设计尺度参考

3. 控制器的间距

由于控制的复杂性，控制器在人机界面上往往是多种组合的，故涉及控制器间最小间距

和合理布局的问题，以保证足够的操作活动空间和有效识别，同时又可以避免误操作。控制器的间距可参考表6-12。

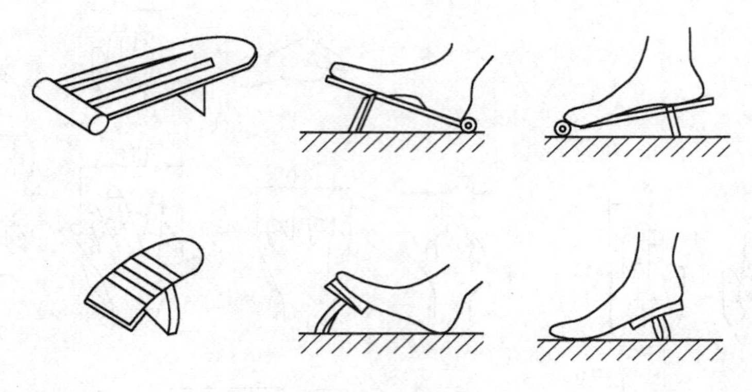

图6-16 脚踏板设计

表6-12 控制器设计的最小间距

控制器	操作方式	最小间距/mm	最大间距/mm
按键	单手指	20	50
拨臂开关	单手指	25	50
主开关	单手 双手	50 75	100 125
手轮	双手	75	125
旋钮	单手	25	50
脚踏器		50	100

4. 显示与控制的关系

受习惯模式的影响，在设计显示与控制的关系时，应注意以下几点：

1）控制件右旋时，显示指针应上移或右移；控制件上调时，显示指针应上移或右移。

2）右移或右旋控制件时表示控制量增加，或者开关进入“开”的位置。

3）控制器和显示器尽量靠近，控制件应在显示件的下方或右方。使用频率高的控制件，应靠近作业者，布置在控制台的中心，紧急开关应布置在作业者的注意区。

4）若控制顺序不明显时，可按控制和显示的功能布局，分成几个功能区。分组编码可用颜色、形态、文字标注等方式进行。图6-17a所示为较好的显示与控制设计，仪表显示与控制对应排列。图6-17b所示为不好的显示与控制设计。

图6-18所示为1967年丹麦设计师Jacob Jensen设计的Beolab5000立体声收音机。他创造性地设计了一种全新的线性调谐面板，其精致、简练的设计语言和方便直观的操作方式确定了B & O经典的设计风格，并广泛地体现在其后的一系列的产品设计中。

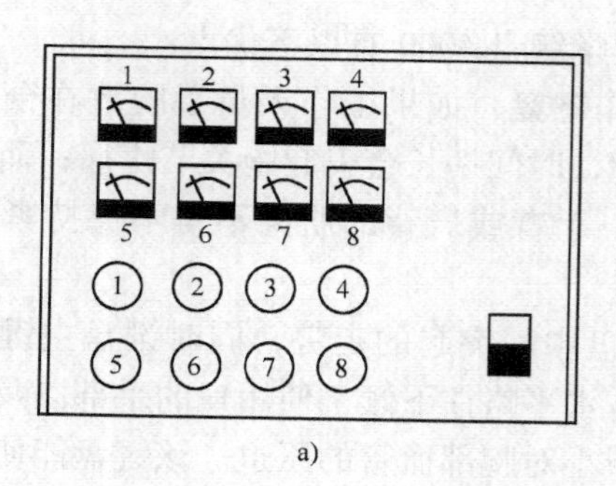

a)

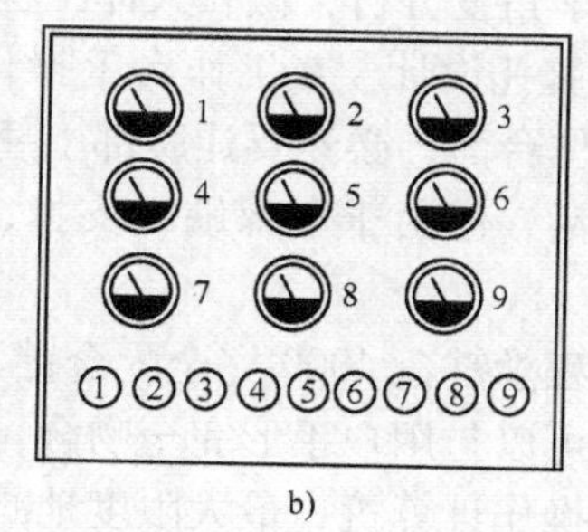

b)

图 6-17　显示与控制设计示例

a）较好　b）不好

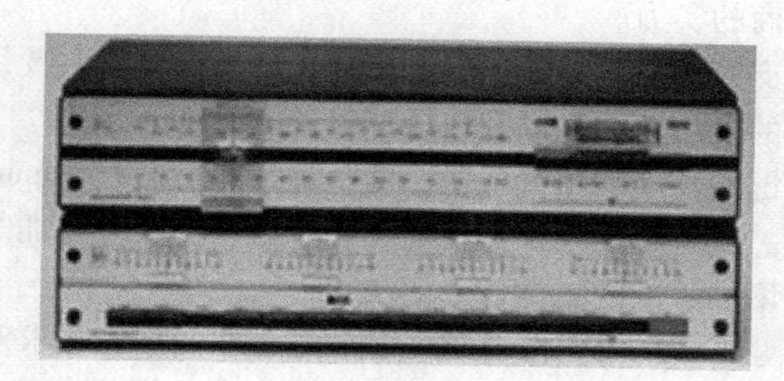

图 6-18　Beolab 5000 立体声收音机

6.4.3　人-计算机界面的设计

狭义的人机界面是指计算机系统中的人机界面。其中，硬件人机界面是指键盘、鼠标等。

1. 微软人体工程学键盘 4000 的设计（图 6-19）

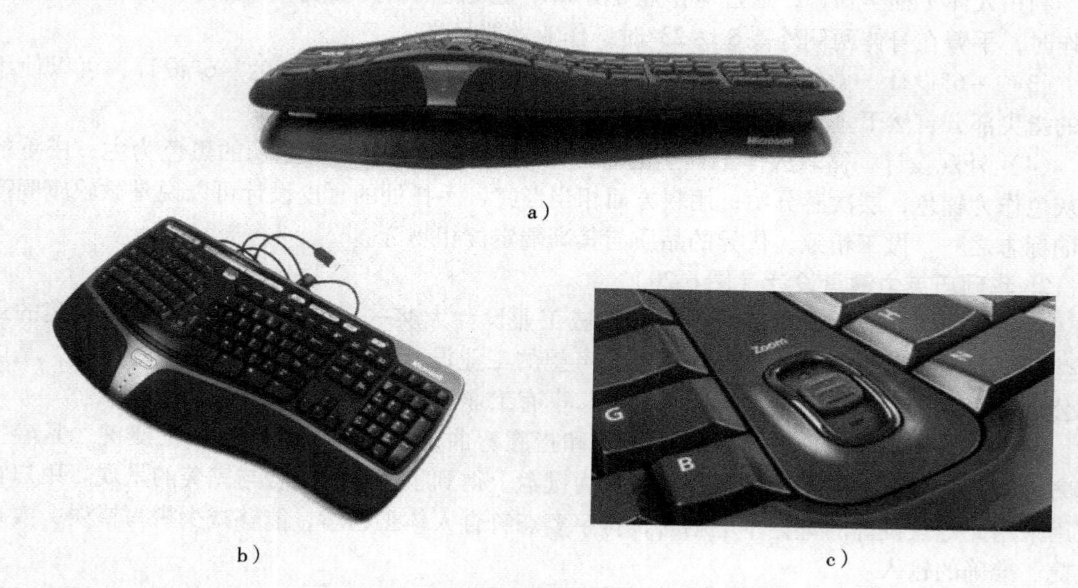

a）

b）

c）

图 6-19　微软人体工程学键盘 4000

从人体工程学角度分析，微软人体工程学键盘4000有以下优点：

（1）键盘的腕托设计　在工作台上操作键盘，如果工作人员手腕放在台面上，由于键盘的键面高于工作台面，必然要让腕部上翘，时间一长会引起腕关节疼痛；而悬腕或悬肘的操作虽然较为灵活，但由于手部缺乏支撑，手臂或肩背的肌肉不得不保持紧张，故不能持久，也易疲劳。

微软人体工程学键盘4000完全配合键盘中间突起的走势，同时键盘主键区正中央有一个凸起的部分，可以与用户手形完全吻合，水平略往下倾，使用户的手部以及臂部可以在最为自然的姿势下操作计算机，最大限度地减小对腕部血管的压迫。该键盘能使用户的手始终处于最省力、放松的状态，长时间敲击时疲劳感也降到了最低限度。

皮质的腕托有非常好的手感，也不易打滑。这些关键的细节设计明显体现出了微软作为人体工程外设王牌制造商的实力。

此外，有一个可以支撑键盘下方的底座，安装在键盘前侧，主要用于调整键盘纵向倾斜的角度，完全适合用户的使用习惯，以及作为匹配桌椅高低的调整。人体工程学研究分析：键盘自台面至中间一行键的高度应尽量降低，键盘前沿厚度超过50mm就会引起腕部过分上翘，从而加重手部负荷。此厚度最好保持在30mm左右，必要时可加掌垫，即通过减薄键盘本身的厚度和在键盘前增加手部的支撑件来解决。

（2）“八”字形键盘设计　由于传统的一字形键盘在使用时要求双手摆放在字母中间位置，所以操作时不得不缩进肩膀，悬臂且夹紧手臂，长期这样就会疲劳，极易造成伤害。微软人体工程学键盘4000的主按键采用微软独家的“八”字形键盘设计，左、右键区14°的分列式扇形布局可减轻用户操作过程中的手腕疲劳，以适应人手的角度。微软称“这会使按键更靠近用户的手指，减少不必要的手指移动，同时带来更自然舒适的输入姿势”。中间分离的键盘可以使使用者的手部及腕部较为放松，处于一种自然的状态，这样可以防止并有效减轻腕部肌肉的劳损。这种键盘的键处于一种对使用者而言舒适的角度。

利用人体工程学知识，通过对作业姿势和作业效能的研究发现，当操作者在水平工作面操作时，手臂在身体两侧外展8°~23°时，作业效能最高。

（3）-6°设计　微软人体工程学键盘4000使用了微软最新研发的-6°设计，可以使用户的指尖部分自然下垂，使用更加省力。

（4）外观设计　微软人体工程学键盘4000外观霸气十足，以沉稳的黑色为主，庄重的银灰色作为辅色，层次感分明；用料方面相当考究，手托处的真皮设计可以说是微软旗舰产品的标志之一，做工精致，优异的品质与其高端定位相吻合。

2. 华硕巧克力键盘设计（图6-20）

华硕笔记本巧克力键盘荣获了国际权威工业设计大奖——2009德国红点设计大奖的最高奖项——红点奖。红点奖作为欧洲最具声望的工业设计奖项，拥有50多年的历史，是国际公认的全球工业设计顶级三大奖项之一，享有工业设计界的“奥斯卡”称号。

简明清洁的外观、19.02mm最佳键程和指腹弯曲设计、强对比色标注快捷键、紧凑按键防尘功能、极舒适的手感，在这款巧克力键盘上得到了创新的融合与完美的呈现。用户在使用采用此键盘设计的笔记本电脑时，打字姿态符合人体工程学，能够减少拼写错误，实现快捷、准确的输入。

键盘细节设计方面，用巧克力块独立式键帽，让每个按键如同巧克力块浮在水面上一般

放置在键盘底座上，在保证了键盘区尺寸的情况下，增大了手指与键帽接触的面积，击键更加准确，手感更加舒适。凹帽状按键依据人体工学特征设计；同时，非粘连设计也减少了按错键的概率。这与传统键盘相比，不论是键程还是键距都有着明显的提高，增加了操作者操作的舒适度。

3. 鼠标设计

鼠标被称为20世纪最伟大的十种人机界面之一。鼠标的设计主要集中在鼠标外形的大小以及重量方面。

图6-21所示为微软最新“纵横滚轮技术”鼠标，深灰色调设计，背上的隆起弓形曲线将其一分为二。滚轮上横向的凸起起着防滑的作用。鼠标按键的凹陷一直延伸到背板上，形成两道凹槽，可以让用户的手指在不经意间得到最大的放松。

图6-20 华硕巧克力键盘

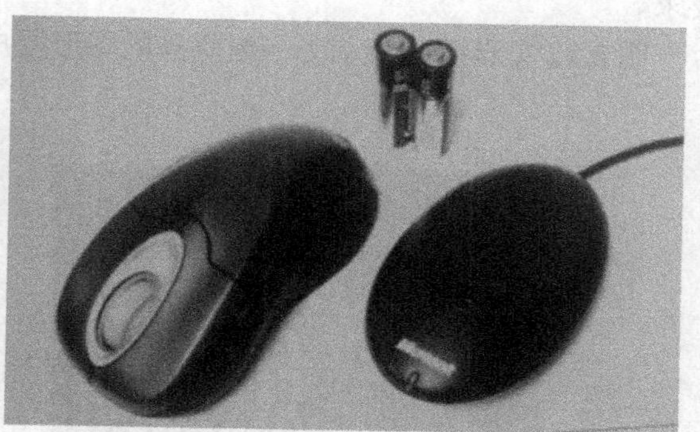

图6-21 微软“纵横滚轮技术”鼠标

6.5 图形用户界面的设计

图形用户界面又名GUI，是Graphical User Interface的简称。准确地说，GUI就是屏幕产品的视觉体验和互动操作部分。

GUI是一种结合计算机科学、美学、心理学、行为学及各商业领域需求分析的人机系统工程，强调人、机、环境三者作为一个系统进行总体设计。其设计目的是优化产品的性能，使操作更人性化，减轻使用者的认知负担，使其更适合用户的操作需求，直接提升产品的市场竞争力。

1. GUI的应用领域

目前，GUI主要用在手机通信移动产品、计算机操作平台、软件产品、PDA产品、数码产品、车载系统产品、智能家电产品、游戏产品及产品的在线推广等上。

2. GUI的设计原则

1）界面的元素要有一定的规范性，要保持界面的色彩及风格与系统界面的一致性。一致的图形用户界面不会增加用户的负担，让用户始终用同一种方式思考与操作。最忌讳的设计是每换一个屏幕，用户就要换一套操作命令与操作方法。

2）操作流程系统化。

3）易用。减少用户的认知负担，每个按钮的名称都应该易懂，用词要准确，并且要与这个界面上的其他按钮有所区别。最好达到用户不使用帮助就能够知道该界面的功能并进行相关的操作。例如，以问号图标表示帮助，以磁盘图标表示存盘，以打印机图标表示打印等。

4）图形用户界面要人性化并具友好性。图形用户界面的设计中。要考虑人的感觉和知觉能力、图形的识别能力，视觉特征及规律等。界面设计中，要提供一定的帮助设施，如详尽而可靠的帮助文档，在用户使用产生迷惑的时候能自行寻找解决的办法。帮助文档的位置应当出现在一般系统都出现的地方，不可随意改变方位，否则会让用户不易找到。

5）界面效果应具整体性和传承性。

6）界面色彩的个性化设置应体现企业产品的文化内涵，满足不同目标用户的创意要求。

图 6-22（彩插）所示为一组优秀的图形用户界面设计。

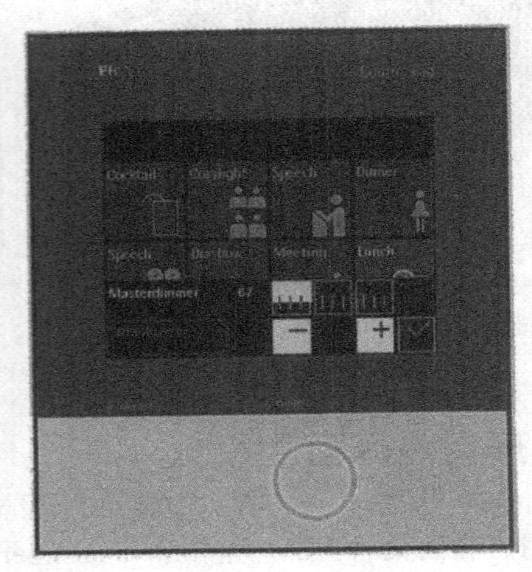

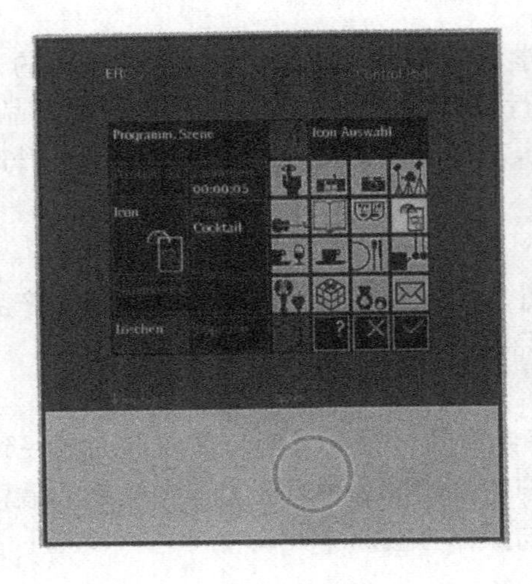

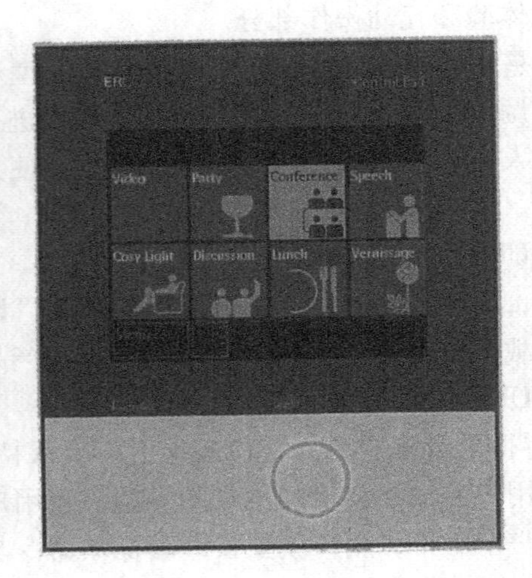

图 6-22　控制板触摸屏界面

6.6 作业空间的设计

人在操作机器时所需的操作活动空间，加上机器设备及工具所占空间称为作业空间。对于一个大范围的作业场所来说，作业空间设计就是解决如何把机器、设备和工具等操作和使用对象按人的操作要求进行空间布置的问题；而针对人所操作的机械而言，作业空间的设计就是解决如何合理地布置操纵器、显示器、控制台及工作座椅的人体尺度问题。

控制台的设计应尺寸宜人、造型美观、方便使用、给人以舒适感。

（1）视觉问题　根据人体尺度，将控制器与显示器布置在作业者正常的作业空间范围内，保证作业者能方便地观察必要的显示器，操作所有的控制器，以及为长时间作业者提供舒适的作业姿势。有时在操作者前侧上方也有作业区，所有这些区域都必须在可视、可及区内。

为了方便认读，减少误读，提高认读效率，仪表板上的仪表位置设计原则如下：

常用的主要仪表应尽可能排列在视野中心3°范围内；对视野最佳范围内的目标，认读迅速而准确；对视野有效范围内的目标，不易引起视觉疲劳。因此，重要的仪表应布置在最佳视野范围内；一般性显示仪表可安排在20°~40°视野范围内；次要的显示仪表可布置在40°~60°的视野范围；对80°以外不宜布置显示仪表。图6-23所示为仪表面板显示区域位置。图6-24所示为火车驾驶室的控制台设计。

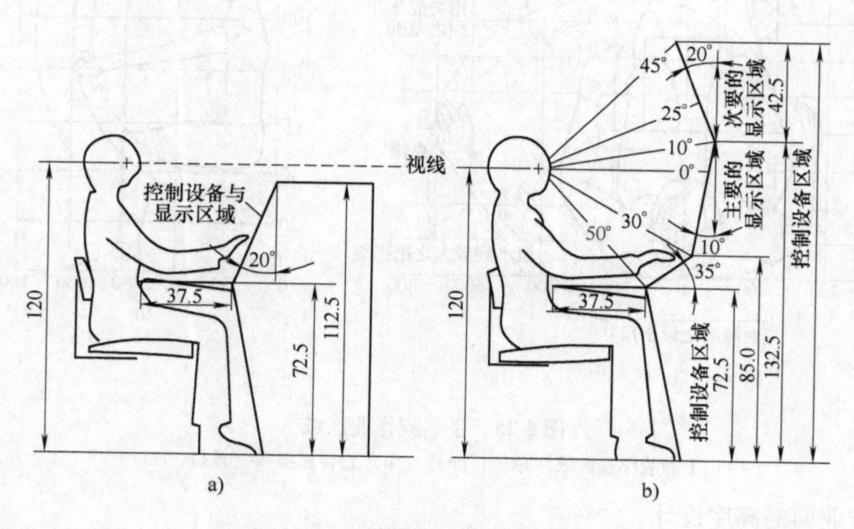

图6-23　仪表板显示区域位置（单位：cm）

（2）作业区域的确定　人在操作时，手和脚在一定范围内运动，从而形成左右平面和上下垂直面的动作区域，即作业域。图6-25所示为手和脚的作业域。经常操作的或者比较重要的操纵器放在可以比较轻松达到的范围之内，一般来说，比较轻松的活动范围为最大活动范围的一半左右。

图 6-24　为火车驾驶室的控制台设计

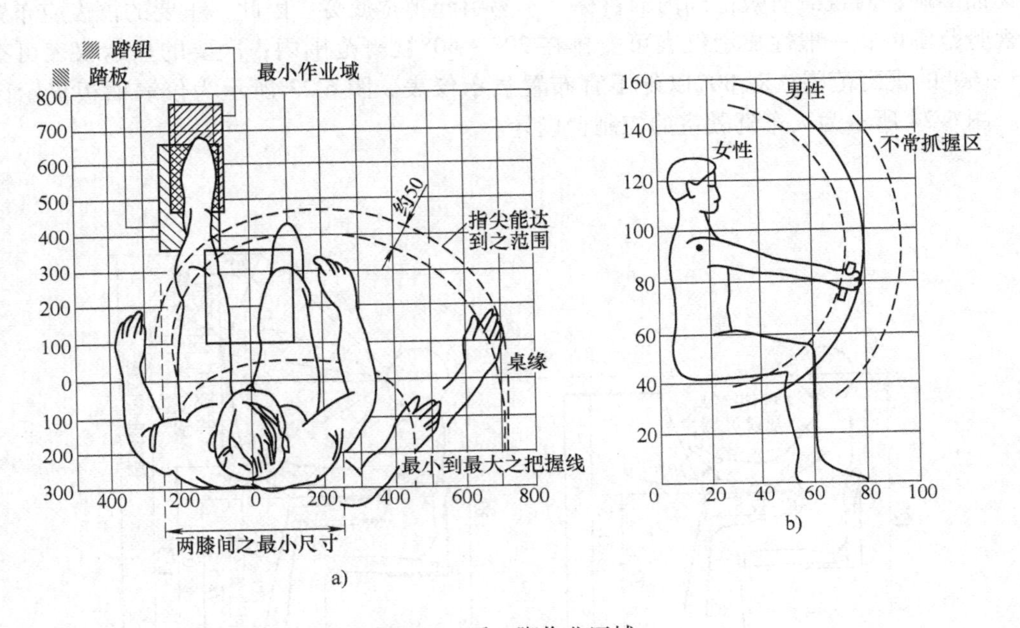

图 6-25　手、脚作业区域

a）手脚的作业区域（单位：mm）　b）直臂抓握弧（单位：cm）

（3）作业面的高度设计

作业面高度指作业时手的活动面。作业面的最佳高度应略低于肘部。当作业面高度略低于肘部时，随着作业面高度的下降，能量消耗增加很快，这是由人体自身的重量造成的。对于不同的作业性质，设计者必须全面分析，以确定合适的作业面高度。

1）作业面高度设计原则如下：

① 作业面高度最好可调，工作时可将高度调至适合操作者身体尺度及个人喜好的位置。

② 应使臂部自然下垂，处于合适的放松状态；小臂一般应接近水平状态或略下斜；任何场合都不应使小臂上举过久。

③ 不应使脊椎过度屈曲。

④ 若在同一作业面内完成不同性质的作业，则作业面高度应可调节。

2）水平作业面高度：应按身材较高的人设计，身材较低的人可使用垫脚台。精密作业时，考虑视觉问题，作业面高度略高于肘部。若作业所需体力强度较高，作业面应降低到肘部以下15～40cm。图6-26所示为各种不同劳动强度下的作业面高度参考。

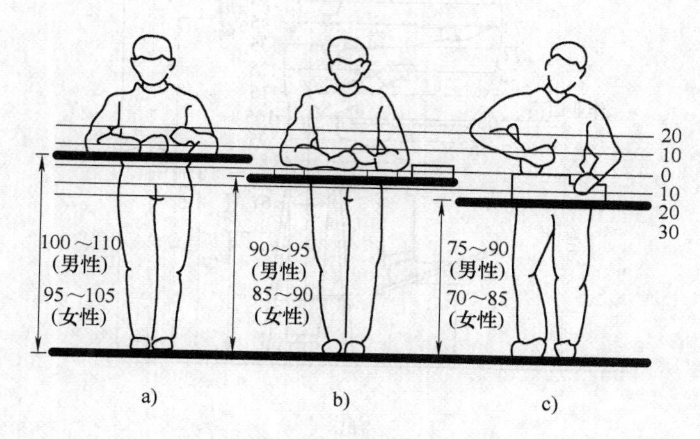

图6-26　作业面高度（单位：cm）

a）精密的工作　b）轻体力的工作　c）较重体力的工作

表6-13列出不同作业条件下作业面高度的尺寸。

表6-13　不同作业条件下作业面高度的尺寸

（单位：cm）

作业类型	站姿		坐姿	
	男（肘高105）	女（肘高98）	男	女
精密作业	100～110	95～105	90～110	80～100
轻体力作业、学习	90～95	85～95	74～78	70～75
重体力作业	75～90	70～85	69～72	66～70

3）斜作业面的高度：工位设计中，绝大多数作业面设计成水平面。实际工作时，人的头和躯体的姿势受作业面高度和倾斜角度两个因素的影响。研究表明，阅读时，斜作业面有利于保持躯体自然姿势，避免弯曲过度，有利于视觉活动。斜作业面桌子前缘的高度应在65～130mm内可调，倾斜度应在0°～75°内可调。

从适应性而言，可调工作台是理想的人体工程学设计。

4）坐立交替式作业面高度：坐立交替式作业面适合频繁坐立的工作，符合生理学。坐立交替可解除部分肌肉的负荷，还可使椎间盘获得营养。坐立交替式作业面的高度推荐数值女性为93cm，男性为105cm。图6-27所示为坐立两用工作台的设计参考尺寸。图6-28所示为坐立两用控制台的岗位尺寸。图6-29所示为美国邮递员使用的摩托车，其设计就是按坐立两用设计的。

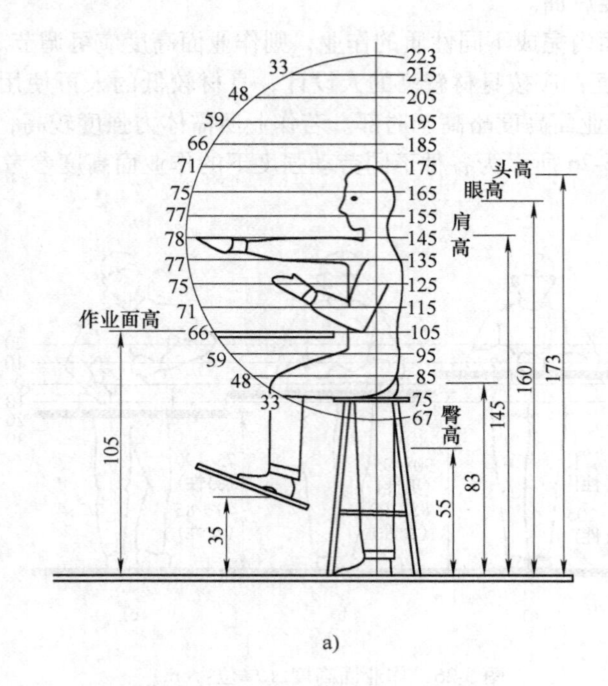

a)

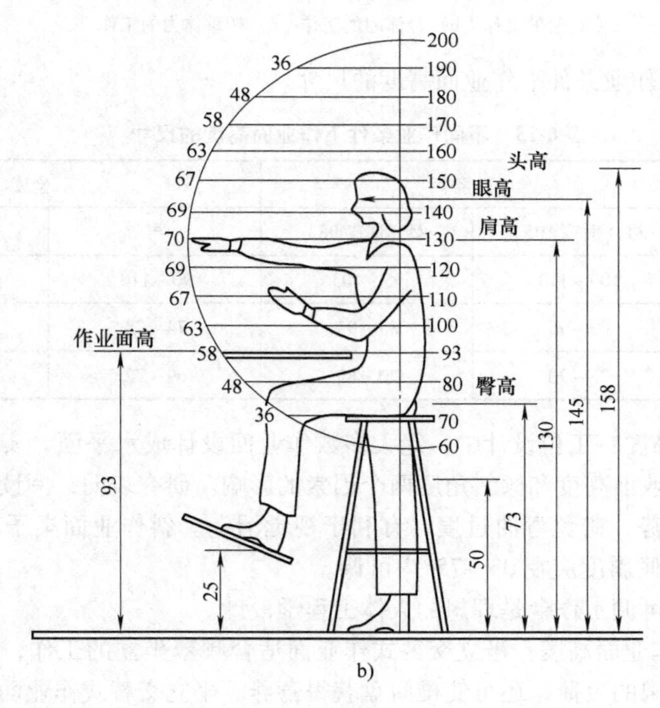

b)

图 6-27 坐立两用工作台设计参考尺寸（单位：cm）

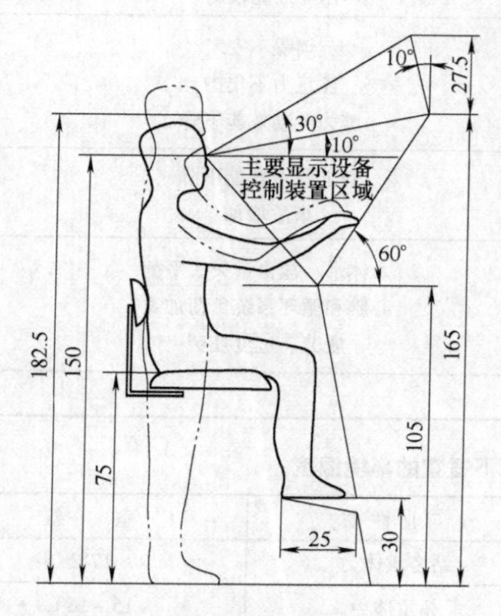

图 6-28　坐立两用控制台作业岗位尺寸（单位：cm）

图 6-29　美国邮递员使用的摩托车

6.7　工作环境对设计的影响

作业者首先是在一定环境下进行作业的，保持工作环境中的物理、化学、生物学的条件对人体无害，同时保证其工作能力，是对工作环境的要求。光环境是一切作业的前提，温度环境与噪声环境是作业者所处环境中对其作业效率影响最突出的两个因素。

（1）光环境　照明应为所需的活动提供最佳的视觉感受，应特别注意照明的亮度、颜色、光的分布、眩光、颜色和亮度的对比度及操作者的年龄。工作照明宜采用适宜的照明器具，要求有适宜的亮度、合理的光源布置。不同性质的作业要求的照度不同，见表 6-14。

表 6-14　不同作业要求的照度

作业种类	举　例	照度/lx
粗	库房	80 ~ 170
中等精度	实验室、车床装配、木匠	200 ~ 250
精密	阅读、写作、精密装配	500 ~ 700
高精密	电子装配	1000 ~ 2000

（2）温度环境　作业区的温度取决于空气的温度和湿度、周围物体的表面温度、空气的流动速度。不同温度下人的反应及作业效能见表 6-15。此外，表 6-16 列出了不同性质的作业下，作业环境的适宜温度。

表 6-15　不同温度情况下人体的反应

20℃	舒适温度	作业效能较高
↓	不舒服	烦躁不安 注意力不集中 脑力劳动效能下降
	人为失误增加	技能作业效能下降 事故增加
	重体力作业效率下降	人体水、盐含量失去平衡 心脏和循环系统负荷加重 疲劳、过度疲劳
40℃	可忍受温度的极限	

表 6-16　不同性质的作业下适宜的环境温度

作业性质	室　温	作业性质	室　温
坐姿脑力	21℃	站姿重体力	17℃
坐姿轻体力	19℃	超重体力	15~16℃
站姿轻体力	18℃		

由表 6-15 可见，随着温度的增加，首先影响的是脑力劳动，其次是技能作业，最后当温度上升到一定阶段，体力作业也开始受到影响。可见，舒适的办公温度是保证脑力作业效率的重要因素。

（3）噪声环境　噪声对体力作业影响不大，但对人思维活动和需要集中精力的活动干扰极大。因此，在进行产品设计时，降低噪声和在环境设计时考虑噪声是设计师的职责。

设计应用一

数控机床界面设计

数控机床是一种高科技的机电一体化产品，是由数控装置、伺服驱动装置、机床主体和其他辅助装置构成的可编程的通用加工设备，它被广泛应用在加工制造业的各个领域。与通用机床和专用机床相比，数控机床最适宜加工结构较复杂、精度要求高的零件，以及产品更新频繁、生产周期要求短的多品种小批量零件的生产。当代的数控机床正朝着高速度、高精度化、智能化、多功能化、高可靠性的方向发展。数控机床的人机界面设计直接影响其工作效率和操作舒适性。因为良好的人机界面操作简单、有效，且具有引导功能，使用户感觉愉快、增强兴趣，从而提高工作效率。

目前，在数控机床设计过程中仅注意了高技术的应用和多功能的要求，而忽视了人和机器的协调关系，这导致产品在国际市场上缺乏竞争力。数控机床中的人机界面设计直接关系到操作人员的操作效率和准确性，应用人机工程的原理进行合理化设计，使之更适合于人的使用，以保证人的健康和提高工作效率，就显得格外重要。

数控机床的使用过程包括工件安装、程序调试、工作状况的观察。为保证界面设计的科学性，人体尺寸的应用是值得注意的问题。人体的尺寸有很大的变化，它不是确定的数值，

而是分布于一定的范围内。这就是百分位的方法要解决的问题。

1. 产品设计中人体尺寸的运用原则

百分位是表示具有某一人体尺寸和小于该尺寸的人占统计对象的百分比。常用百分位有5、50、95。产品设计中，人体尺寸百分位的运用原则可参考本书第2章的2.1.7节。

特殊情况下，如果以第5百分位或第95百分位为限值会造成界限以外的人员使用时不仅不舒适，而且有损健康和造成危险，尺寸界限应扩大至第1百分位和第99百分位，如紧急出口的直径应以第99百分位为准，栏杆间距应以第1百分位为准。

2. 百分位在数控机床设计中的应用

（1）安全性设计　在数控机床的设计过程中，对安全性的考虑是“人-数控机床-环境”这一系统发展的基本保证。要保障人的安全，人体各部分的基本测量尺度是某些安全性措施设计的决定性前提。例如，在半封闭的数控机床上，为了防止切屑乱飞伤人，挡板的高度就需要高于人的身高。在这类设计中，为了满足所有人的要求，这个尺寸就应采用人体测量尺寸中身高的最大值作为参考依据，即第99百分位。

（2）工件处理区和显示控制区的尺寸设计　数控机床的自动化程度越高，人的操作活动就越少，也就更加强调使用的方便性和舒适性。对于操作者而言，操作活动主要集中在工件处理区和显示控制区。

1）设计工件处理区。在工件处理区，主要是工件的装卸操作。其中，开门和关门是在这一过程中经常进行的动作。因此，门的设计是关键。此外，操作数控机床时，首先要打开防护门，装夹工件，然后关上防护门，开始加工工件，门的移动频繁。因此，一方面要求移动门移动要轻快；另一方面防护门把手的位置应在人方便操作的位置。把手位置的高低和安装方式决定了人能否抓到把手；把手位置不合理会使人体的姿势也处于一种不合理状态，从而增加人的负担。

立姿工作时，门把手位置的选择应依据第50百分位，防护门把手中心线应选择距地面1000mm左右，在较佳的操作位置。这样能尽量使手腕保持自然状态，手与小臂处于一条直线（图6-30）。门手柄的尺寸多取适于亚洲人手握的第50百分位，直径约4~5cm。

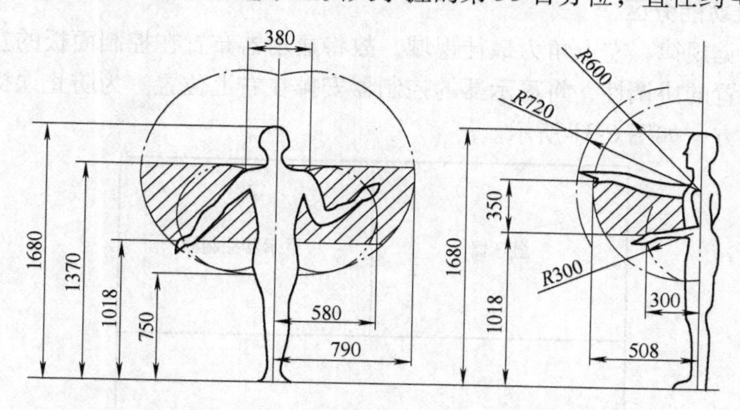

图6-30　人站立时手臂在正前方的活动范围（单位：mm）

考虑视觉因素时，机床轴中心高为1050mm，这个区域为人可视操作的最佳位置；根据手臂长度尺寸，机床主轴中心离机床前侧板为260~280mm，装卸工件时，操作者手臂伸出的距离短，操作极为方便，避免了肌肉的静态施力。

2）设计显示控制区的尺寸。显示控制区包括监控区和操作区，即数控机床数控面板的显示区域和控制区域。

① 设计显示器的高度。显示器所显示的信息要便于人观察，因此，显示器的位置要根据人的眼高来确定，以保证操作者能准确地获取显示信息。根据人的生理特点，显示仪表应尽量放置在人的水平视线向下 0°～30°的水平视野和左、右各 15°的垂直视野内。操作者手臂正常舒展的位置决定了数控面板离人体的大致距离（图 6-30），建议该尺寸根据身高 170cm 左右的人体模型尺寸来设计，这样可以保证身高为 160～180cm 的操作者保持比较有利的作业姿态，以确保设计出来的数控面板适合于绝大多数操作者。

② 设计控制面板。数控机床加工过程中的大部分操作活动是观察和按键操作，操作者通过控制按键和旋钮来使数控机床完成相应的工作，所以控制面板的位置和高度要符合人的尺度，如根据肘高尺寸设计，使人能方便舒适地操作。控制面板安装在合适的高度，可以避免操作人员在调试机床和调试程序时频繁地向前弯曲腰部而产生疲劳。按钮的位置应考虑人的最佳视线高度和最有效的操作范围，一般推荐站姿为 1500mm，坐姿为 1200mm。控制面板上的按键、旋钮和其他控制器的设计也会影响使用的方便性，控制器的形状、大小和所需力度等都应从人的角度来考虑，应选择合适的百分位作为设计依据，避免操作的不灵活性，增加安全性。

3. 适合的字型和大小

一个界面中，最好不要有太多的字型，更不宜选用字型太复杂或软弱无力的字体，越简洁清晰则辨识性越佳。例如，字符高宽比可取 2∶1 或 1∶1，以便清晰识别。

4. 合理的警示装置

大部分数控机床有警示装置，目的是当操作者出现误操作或由于机床的原因而发生危险时给出信号提示。但如果该设置没有考虑到人的尺度而进行安装，或者没有选择正确的尺度，那么当危险出现的时候，可能会造成操作者因根本无法观察到信号而无法做出应有的反应，警示装置则成为虚设。

5. 控制面板功能分区

根据人的视觉规律，左上角为最佳视域，故将显示器布置在控制面板的左上角。考虑显示装置与控制装置的协调性，将显示器的控制器安排在右上位置。为防止误操作，将机床控制装置布置在下方，如图 6-31 所示。

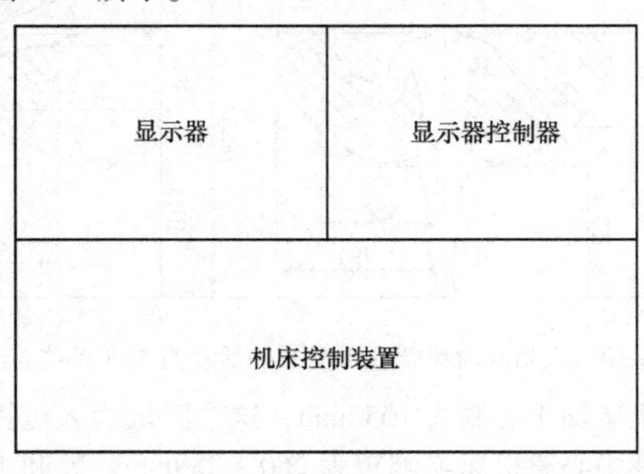

图 6-31　控制面板的功能分区

6. 造型及色彩的确定

数控机床整体造型的流畅性，要体现功能性，避免傻、大、黑、粗的呆板感，一般采用方体为主体造型，在方中配合曲线，稳重而不失美感，活泼而不轻浮。

色彩上，采用科技含量高的色彩，如浅灰色、深蓝色、绿色等与白色等搭配，给人以明快清新的感觉，打破机械加工设备的沉重感，给人以亲切的感觉，体现出现代加工产品的时代风格。由于机床固定安置，工作气氛平静，因此色彩不宜过于刺激与兴奋，也不宜过于沉闷，应使操作者在工作时心情愉快。一般以纯度低而明度高的颜色为宜，不宜大面积采用有刺激和兴奋作用的色彩，但应有适当的对比效果，如采用装饰色带、面板色及警惕色与主体形成对比。对于大型机床设备，不宜采用太浅的颜色，如略带中性灰的颜色可产生坚固有力及稳重的视觉感，同时可采用多色配置，避免整体色调较暗，达到既稳重又生动、和谐的效果。有些机床形态，竖向长且有高耸、不稳定之感，为达到视觉上的稳定性，可用线条或色带对床身进行横向分割，利用分割错觉调整视觉上的尺寸比例感觉，从而增加稳定感。

图6-32a 所示是日本公司 hardford 在中国台湾工厂生产的 SUM01800 型加工中心，其操作面板的设计充分体现了操作和显示的协调关系。如图 6-32b 所示，操作面板完全依据人体工程学原理设计，具有流线型的外观；显示区和操作区划分明显，手的动作和眼睛接受信息更为协调地同步进行；功能配置整齐，组装维修方便；操作板旁边的支架装饰了优雅舒适的曲线，使操作者备感亲切，工人在操作上心情舒畅，不易疲劳，效率提高。

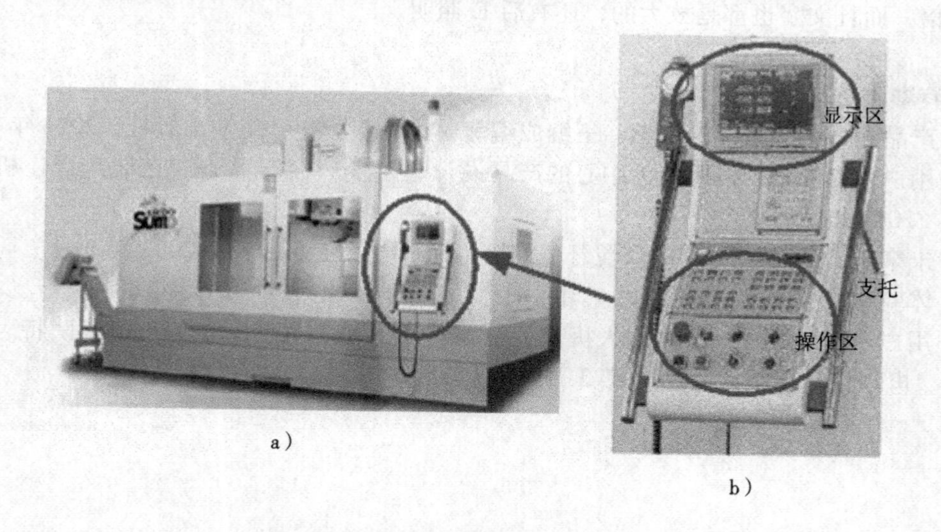

图6-32　SUM01800 加工中心

a）外观　b）操作面板

设计应用二

Clarity 近日公布了一款专为老年人设计的手机 ClarityLife C900（图6-33）。该机易于使用，目前在生产商网上销售价格约 269.5 美元。

对于 ClarityLife C900，人们谈论最多的是其放大功能。这款手机可以放大传入的声音高达 20dB，这也是第一个为那些听力受损的老年人设计的手机。它还是一个兼容助听器，拥有功能强大的振动铃声，一个橙色 LED 闪烁信号来电提示和一个有用的手电筒。

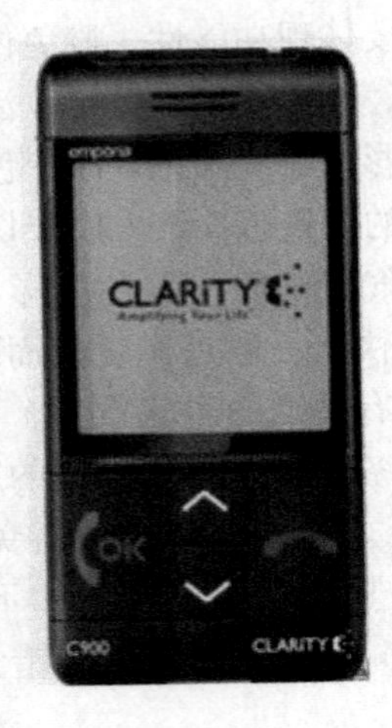

图 6-33　ClarityLife C900 手机

此外，ClarityLife C900 采用了紧急帮助按钮。该按钮为心形设计，位于手机的背面，一旦按下该按钮，就可呼叫和发送短信至预先设置好的 5 个号码，如家人、朋友、邻居等。它会循环着联系这 5 个号码直到有人知晓情况为止。老年人通过 4 个超大的按钮可以很容易地接听电话，还能使用全滑出带有大数字显示的键盘。另外，ClarityLife C900 的屏幕比普通手机大两倍，而且文字也都是放大的，还有后 E 照明。

推荐参考资料

1. 产品设计中的人机工程学　王继成编著　第 2 版　化学工业出版社　2011 年 1 月

2. 用户体验要素：以用户为中心的产品设计　（美）加瑞特著　范晓燕译　机械工业出版社　2011 年 7 月

3. 未来产品的设计（美）诺曼著　刘松涛译　电子工业出版社 2009 年 6 月

4. 体验与挑战产品交互设计　李世国著　江苏美术出版社　2008 年 1 月

5. 用户界面设计——有效的人机交互策略（美）施耐德曼，（美）普莱萨特著　张国印等译　电子工业出版社　2011 年 3 月

人性化设计

人性化设计是指在设计过程中，根据人的行为习惯、人体的生理结构、人的心理情况、人的思维方式等，对人们衣、食、住、行及一切生活、生产活动的综合分析。人性化设计是在设计中对人的心理、生理需求和精神追求的尊重和满足，是设计中的人文关怀，是对人性的尊重。设计人性化是人类追求理想化、艺术化生活方式的永不言止的设计境界，设计的层次越高，其精神性的因素就越多、越圆满，物质性和精神性、理性化和人性化的结合就越完美、越融洽。

人性化设计是科学和艺术、技术与人性的结合，科学技术给设计以坚实的结构和良好的功能，而艺术和人性使设计富于美感，充满情趣和活力。

21 世纪，环境已不仅仅作为人类的承载之舟而存在，她包容、给予，却又敏感、脆弱，她与我们同呼吸共命运，她唤醒了人类保护自然的意识，“人性化设计”、“绿色设计”、“可持续性”已成为全球设计领域的重要课题。

本章将从通用设计、老年人产品设计和乘坐轮椅者空间设计和情感化设计等几个方面进行介绍。

7.1　通用设计

7.1.1　通用设计的概念

通用设计是指对于产品的设计和环境的考虑是尽最大可能面向所有的使用者的一种创造设计活动。通用设计又名全民设计、全方位设计或通用化设计，系指无需改良或特别设计就能为所有人使用的产品、环境及通信。通用设计所传达的意思是：如果能被失能者所使用，就更能被所有的人使用。

通用设计的发展经历以下三个过程（图 7-1）：

最早是残障设计，在公共场所没有设置残疾人的专用设施，将残疾人与健康者完全区分开。发展的第二阶段为无障碍设计，即在公共场所增加了满足残疾人使用功能的设施。所谓“无障碍设计”，实际指无障碍物、无危险物、无操纵障碍的设计，就是向残疾人提供各种特殊的生活器具及环境，使他们在生活上得到照顾，在精神上得到安慰。设计这类产品时，在人机关系上应该更科学、更仔细地观察和更严谨地分析研究，使最终的设计成果实现他们在生活中得到照顾的目的。

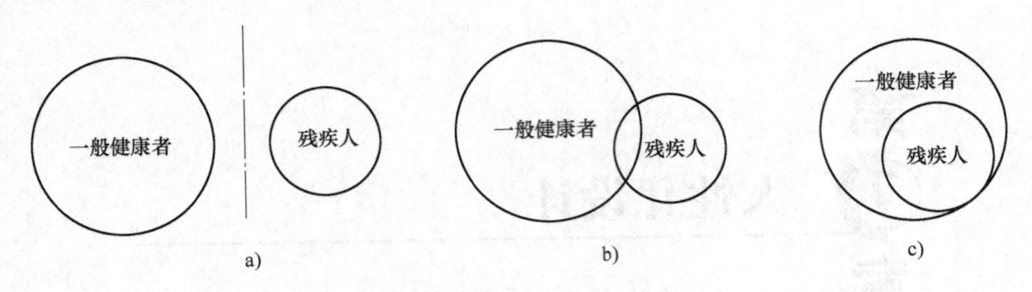

图 7-1　通用设计的发展历程

a）残障设计　b）无残障设计　c）通用设计

发展的第三阶段即通用设计，从残障设计—无障碍设计—通用设计，从身体无障碍到心理无障碍，体现人的尊重需求。

科勒公司设计的浴缸就颇让人出乎意料，居然在浴缸的侧面开了一个门（图 7-2）。这是技术发展的结果，也是人性化在设计中的体现。普通浴缸一般较高，老人、儿童或身体有残疾的人进出浴缸并不方便，甚至有时会因为在进出时滑倒而造成意外伤害。浴缸是一个很大的容器，开门浴缸的必要条件之一是不会漏水。在防水技术的支持下，这种可开门浴缸便在设计师充满人性化的设计理念中诞生了，它不仅可以方便老、弱、病、残人士的使用，健康的成年人用起来也十分方便。

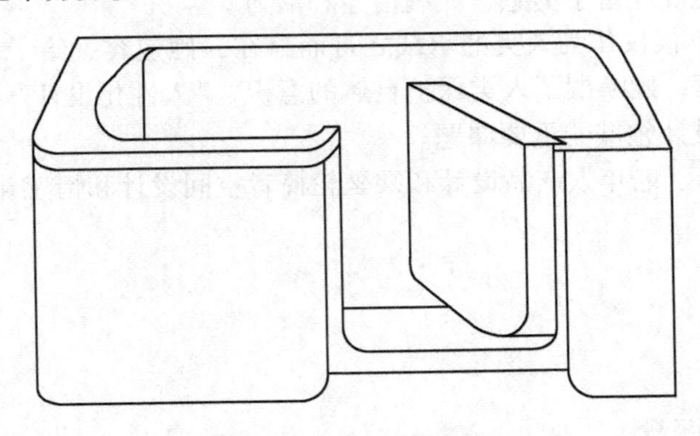

图 7-2　科勒公司设计的浴缸

7.1.2　通用设计的原则

（1）公平使用的原则　对具有不同能力的人，产品的设计应该是可以让所有的人都公平地使用。

（2）灵活使用的原则　设计要迎合广泛的个人喜好和能力。

（3）简单而直观的原则　设计出来的产品的使用方法是容易明白的，不受使用者的经验、知识、语言能力及当前的集中程度影响。

（4）能感觉到信息的原则　无论四周的情况或使用者是否有感官上的缺陷，都应该把必要的信息传递给到使用者。

（5）容错能力　设计应该可以让误操作或意外动作所造成的反面结果或危险的影响减

到最少。

（6）尽可能减少体力上的付出的原则　设计应该尽可能让使用者有效和舒适地使用，而丝毫不费他们的气力。

（7）足够的空间和尺寸原则　设计应能提供适当的大小和空间，让使用者接近、够到、操作，并且不被其身型、姿势或行动障碍所影响。

7.1.3　通用设计的应用

（1）TVM（Ticket Vending Machine，自动售票机）设计人机尺寸分析　TVM 设计中，充分考虑了不同人群的身体尺寸。研究表明，成年人身高基本上集中在 1.50 ~ 1.8m（图 7-3），操作高度范围为 0.74 ~ 1.40m。最佳操作范围为 0.9 ~ 1.25m。将比较常用的功能模块设置为 0.8 ~ 1.35m 高度，能够满足成人、残疾人及 1.3m 以上儿童的使用需求。

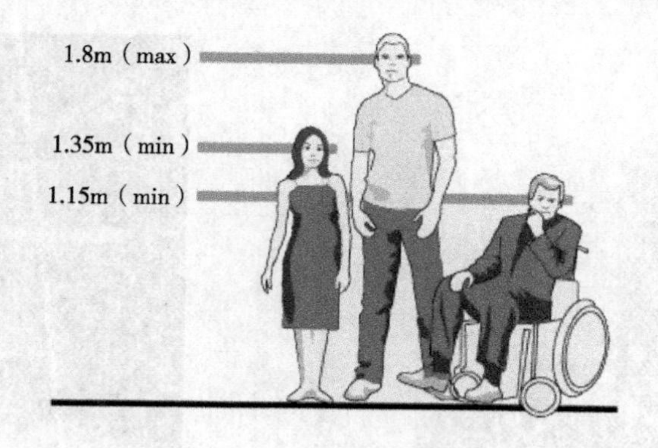

图 7-3　成年人身高

（2）视觉设计　研究表明，操作者最大仰视角在视水平线以上 25°，最大俯视角在视水平线以下 35°，松弛视线为视水平线以下 15°。因此，操作者的舒适视角范围为视角中心垂直方向的 0° ~ 15°。

（3）界面设计　考虑到儿童及轮椅乘坐者等人群的使用，设计将产品的高度定为 1.3m，既使成人操作者的视角保持在舒适范围内，也可供 1.3m 的儿童及其他有障碍的人群使用（图 7-4）。

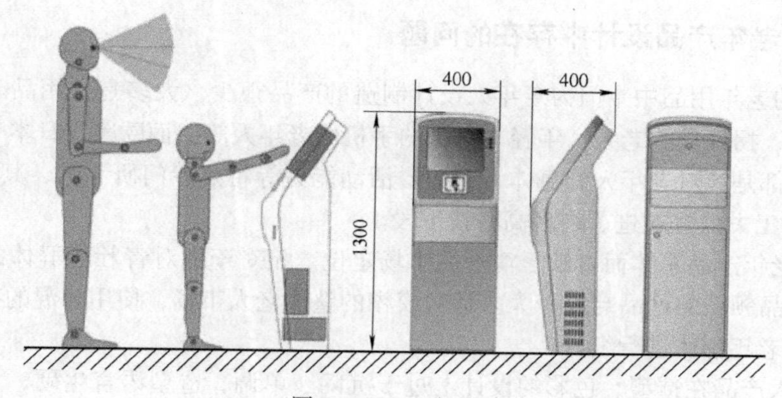

图 7-4　TVM 的设计

图7-5、图7-6、图7-7为优秀的通用设计作品。其中，图7-5所示为指套，可方便老年人、手不灵便的人剪指甲使用，正常人使用也会觉得很有意思；图7-6所示为一种省力设计；图7-7所示为能轻松调整高度的洗手台，是德国Donnini Gian Paolo设计的Lavabomobile水槽，也是一款着重于通过调整高度来适合不同使用者的设计，能从650mm的高度调至1005mm。

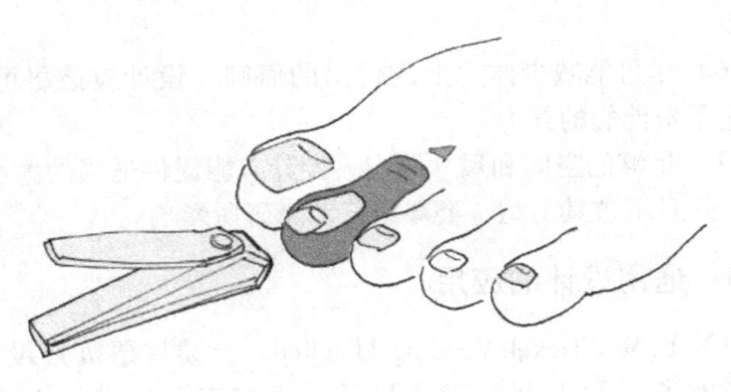

图7-5　指套

图7-6　省力设计示例

图7-7　能轻松调整高度的洗手台

7.2　老年产品的设计

7.2.1　我国老年产品设计中存在的问题

1）我国的老年用品中专门为老年人设计制造的产品很少，大多是代用品。例如为残疾人使用的轮椅、拐杖卖给老人，年轻人淘汰的手机给老年人等。而欧美、日本等发达国家的很多老年产品都是针对老年人的身体、精力、活动能力等特点专门研制的，其主要在“防”与“护”上下工夫，且融进了许多高科技手段。

2）现有老年产品总体而言缺乏清晰的市场定位。相对于针对青壮年群体的细分化市场策略，老年产品领域的产品与服务大多针对模糊的整体老人市场，使用含混的整体语言，没有明确的针对老年群体进行细分。

3）老年人产品在造型、色彩的设计上过于沉闷、单调，造型语言生硬，无法给人安全感、亲切感。

4）规模层次小而低。现阶段，传统老年产业涉及的产品单一，层次低。老年产品多以保健和医疗产品为主，而现代老年产业涉及的老年人的文化娱乐和精神享受方面的产品没有得到很好的开发。老年产品设计中，只提供简单的使用功能，只考虑行为需求，忽略了审美需求、心理需求等。

5）产品设计、服务上不够人性化。许多老年产品在设计、服务上忽略老年消费者的特殊需求，从而降低了老年人的消费欲望。相当多的老年产品在运用高科技时不遗余力，而在方便消费者理解和运用高科技产品上却很不用心。例如计算机的设计中，操作界面复杂，有的产品的操作界面使用外文标注，尽管一些老年人渴望接受计算机教育，但缺乏适合老年人生理特征的计算机产品和有效的计算机学习途径。老年人使用的产品，方便使用这一点很重要。如果产品的使用说明晦涩难懂，会让许多老人产生畏难感，或者经过了学习还不能很好地掌握的话，会使老人产生不良情绪，使产品的功能达不到最佳效果。

6）系统性设计。老年用品之间缺乏联系，造成使用上的障碍；整个社会缺少老年产品的整合设计。

7.2.2 老年产品的设计原则

（1）产品定位应准确清晰，功能合理的原则　老年人随着年龄的增加，生理和心理都有别于青壮年。当然，老年人群体中也有个体差异，如老有所乐型、老有所学型等；身体方面有健康运动型、需要护理型、康复型等；闲暇需要方面有家务型、消闲型、文化娱乐型、社会服务型等。设计师必须考虑老年群体的差异性，设计适销对路、廉价物美的新产品，来吸引老年人消费。对老年人的生理特征、心理特征和生活方式的正确分析是老年产品设计定位的依据。

由于老年人生理机能的逐渐衰退，他们在使用现有的常规产品时存在着一定的障碍，所以要了解老年人有哪些特别的需求，有针对性地解决现有产品中存在的问题。

老年产品要为老年人的需要而设计，功能不要过于复杂，精简多余的附加功能，因为大多数的额外功能华而不实，影响操作的简便性。

此外，体能休闲产品和精神休闲产品的开发中，在满足功能的同时，还要符合老年人的行为需求、心理需求、审美需求，使其成为名副其实的老年用产品。

（2）产品造型、色彩设计的原则　老年产品如果仅仅满足使用功能，那么会是很乏味的。老年人的生活也需要活力和热情。通过研究资料发现，经济发展使老年人在心理上趋于“年轻”。因此，老年产品的造型应在满足功能需求的前提下突出稳健、大方、亲切的感觉。色彩对比不另类，不宜过强，宜采用较明快的中间色调，局部配件可采用较纯的色彩，具有点缀装饰性。另外，通过产品造型、色彩设计，创造一种能刺激和激励老年人的感觉，有益于保持其健康的心理状态，激发老年人的情趣。

（3）体验设计、包容设计和人性化设计的原则　设计不单是对功能问题的简单回答，更是对人的生活过程与体验的全面深入研究。老年产品设计中，包容设计和体验设计显得尤为重要。设计师应该通过对老年生活的体验，获得老年产品需要的各方面的数据，包括生理方面的和心理方面的，了解老年人特有的生活习惯，从人体工程学的角度来进行设计，注重产品的实用性、方便性、保健性和安全性，增加产品的亲和力。

（4）注重产品设计中文化性的原则　好的设计不会一味追求极简或极繁，也不会一味依靠和拒绝科技，科技越来越先进，人文越来越有价值。科技会越来越无形，相对外显的是跟过去文化的融合。老年人阅历多，有宝贵的人生体验、不同的人生故事、独到的价值理念，设计师应该将追求物质与精神的完美结合作为设计的目的，使老年人的生活都拥有了自己的意义。

（5）应为老年人设计适当的教育和培训方案的原则 《联合国老年人原则》（第46/91号决议）：联合国原则强调老年人的独立、参与、照顾、自我充实和尊严；老年人应能享用社会的教育、文化、精神和文娱资源；老年人应能参加适当的教育和培训方案。

老年顾客对新产品，尤其是结构较为复杂、性能难以认知、使用不大方便的新产品不易接受，往往是新产品已经被众多消费者接受后才开始感兴趣。因此，要加大老龄产品和服务的宣传力度，扩大老龄产品和服务的宣传范围，还要对老年消费群体进行培训、指导，完善售后服务。设计上也要关注对未来老年消费市场的引导，积极引导老年人更新消费观念。

7.2.3 老年人室内空间的设计应用

应用人体工程学为老年人进行室内设计时，可从以下几个方面考虑：

1. 家具及用品的舒适性

在老年人的相关方面资料缺少的情况下，至少有两个问题应引起注意：

1）无论男女，年老时的身高均比年轻时矮，而身体的围度却会比一般成年人大，需要更宽松的空间范围。

2）由于肌肉的退化，老年人伸手取东西的能力不如年轻人。因此，老年人手、脚所能触及的空间范围比一般成年人小，图7-8所示为有关数据可供参考。

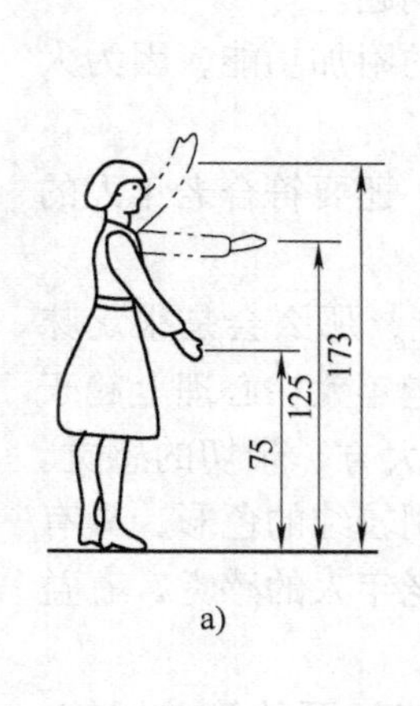

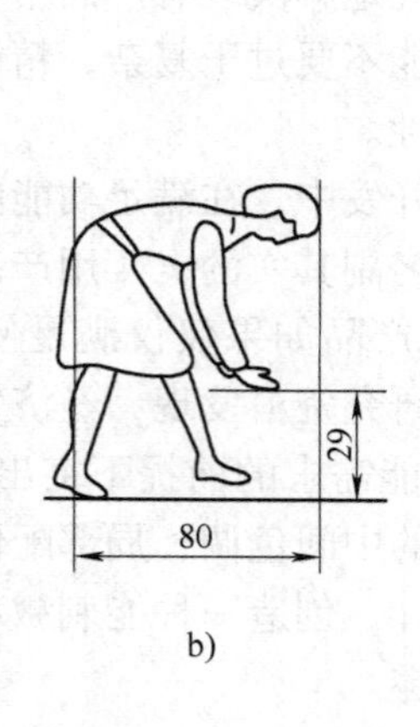

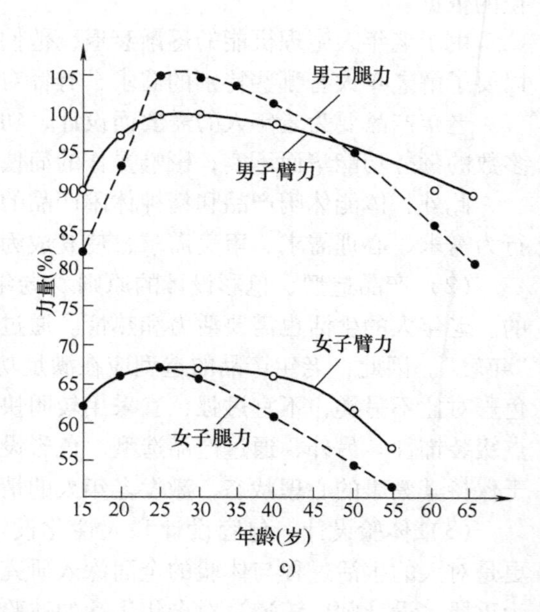

图7-8 老年人的相关数据资料（单位：cm）
a）老年妇女站立时手所能及的高度（单位：cm）
b）老年妇女弯腰手所能及的范围（单位：cm） c）人的臂力和腿力随年龄的变化

设计人员在考虑老年人的使用功能时，务必对上述特征给予充分的考虑。家庭用具的设计中，首先应当考虑到老年人的要求。因为家庭用具一般不讲究工作效率，而首先需要考虑的是使用方便，而在使用方便方面年轻人可以迁就一些老年人，所以家庭用具，尤其是厨房用具、柜橱和卫生设备的设计，照顾老年人的使用是很重要的。在老年人中，老年妇女尤其需要照顾，她们使用合适的产品，其他人使用一般不困难（虽然也许并不十分舒适）。反之，倘若只考虑年轻人使用方便舒适，则老年妇女有时使用起来会有相当大的困难。

家具产品本身是给人使用的，是服务于人的，所以，选择的家具的尺寸、造型、色彩及其布置方式，都必须符合人体生理、心理尺度及人体各部分的活动规律，以达到安全、实用、方便、舒适、美观的目的。老年人房间的家具造型端庄、典雅，色彩深沉，图案丰富。老年人多半腿脚不够灵便，但是因许多家庭的老人承担了家中家务的工作，收拾东西在所难免，如果柜子过高一定会给他们带来不便，所以为了老年人的安全，家里最好不要设置太多“高大”的家具，不妨试试多一些矮柜。

2. 安全性

由于生理原因，老年人对外界刺激的反应能力下降，表现为反应时间长，动作灵活性降低，不稳定，协调性差。另外，随着年龄增加，老年人骨骼中无机盐含量增加，而钙含量减少，骨骼的弹性和韧性减低，脆性增加，故老年人易出现骨质疏松症，极易发生骨折。出于安全考虑，老年人空间设计应注意：

1）家里不应有不稳固的家具，如摇摆晃动的椅子。

2）在走道里，不要铺放滑溜或容易钩绊的地面铺设物。地面上的铺设物应该固定，不要铺放那些会因为行走的力量使其移动的东西。

3）屋里的家具或其他东西的摆放以不妨碍老人走路为宜。

4）在浴盆、淋浴处和抽水马桶边安装可以够得着的把手，铺防滑地面。

5）楼梯处、走廊里及卧室和卫生间里的照明要充足。灯的开关应安在容易够得着的地方。

6）在老人经常需要走过的地方，清除电线和电话线之类的绊脚物。

7）为了保证老年人行走方便和轮椅通过，室内应避免出现门槛和高差变化。必须做高差的地方，高度不宜超过2cm，并宜用小斜面加以过渡。

图7-9（彩插）所示为德国 Phoenix Design 设计的淋浴间底盆，该产品完美地达到了安全与美观的结合，使任何使用者，尤其是年老行动较不便的使用者们，不再需要担心因边缘撞伤脚趾、被绊倒甚或被割伤。

图7-9　设计案例

3. 人的感觉、知觉与室内环境

感觉器官老化是衰老的开始和表现。老年人因感觉和知觉功能减退，对外界各种刺激往往表现出反应迟钝、动作缓慢。

（1）视觉因素　和谐的色彩和形象给人一种平静和愉悦的感觉，而灰暗和杂乱的环境给人一种焦躁不安的感觉。研究表明，老年人对光线、色彩的反应都比年轻人弱，因此，在老年人居住环境中，室内的采光和照明应改善，创造一个色彩明亮、光线充足的室内环境，激励老年人的感觉，激发老年人的情趣。老年人需要一个有色彩的家，正如鲜艳的服装能提起老年人的精神气儿一样。老年人患白内障的较多，而白内障患者往往对黄色和蓝绿色系的色彩不敏感，容易把青色与黑色、黄色与白色混淆，因此处理室内色彩时应加以注意。

（2）触觉因素　从触觉因素来看，物品的尺度要合适，提、握、拉的操作要符合老年用品的人体工程学要求，没有对人体皮肤产生刺激的表面质感等，门把手要避免静电以免对老人造成刺激和伤害，这些都将给老年人在使用这些产品时带来舒适感。

（3）听觉因素　老年人房间装修的隔声效果一定要好，以求安静的整体居住氛围。老年人爱静，对居家最基本的要求是门窗、墙壁隔声效果好，不受外界影响。老人的房间应尽量远离客厅和餐厅。

4. 操作界面的便利性

据调查，我国约有一半左右的老人不同程度地患有“科技恐惧症”。表现为电脑不敢开、遥控不会用、短信不会发、……，老年人不能像年轻人那样熟练使用稍具科技含量的生活用品确实是非常普遍的现象。室内设计中，操作界面应充分考虑老年人的行为能力，最简便、最省力、最安全、最准确地达到使用的目的，最大限度地满足老年人的愿望。例如灯具及开关应简单，易识别、门把手、家用电器的插头位置要适中，电话摆放位置、急救物品的放置都要予以考虑。

老年人记忆力的特点是近记忆力减退显著，对近期内发生的事件、获得的信息，常瞬息即忘，保存效果差。因此，在老年人空间设计中，物品存放装置最好有明显的形状区别和颜色区别，以便于寻找和记忆。

5. 学习环境的设计

实验表明，记忆的正常老化是可以延缓和逆转的，老年记忆功能具有一定的可塑性。有很多的老人寄情于琴棋书画，或回首往事写回忆录，因此在有条件的空间中应设计必要的书架和书桌，便于丰富老年人的精神生活。创造一个适合老年人学习的环境，对老年人的身心健康都大有益处。脑功能的状况还与学习环境的物理因素有关。光线要适合，太强烈，可导致日射病，损害脑的功能；光线昏暗，可引起视力疲劳。温度要适合，最佳温度为23℃左右，高温环境可导致神经系统的协调功能降低，以致大脑反应迟钝，注意力不集中；避免噪声引起的头晕、耳鸣、情绪烦躁、注意力不集中、记忆力减退及学习效果降低。大脑在工作时，耗氧量极大，故用脑时应选择空气清新的环境，可摆放有益的绿色植物，来保持空气的清新，也有利于视觉上的放松。另外，家中养一些花草，对于老人来说，也是一种修身养性的方式，对于保持精神上的轻松愉悦有着良好的作用。

6. 心理环境的设计

（1）习惯心理固化　老年人的习惯心理改变较难。这是由于老年人长年累月的生活习惯和工作习惯，决定了老年人的习惯心理固化，要改变老年人的习惯心理是不容易的。在设计中要尊重老人的个性习惯，同时也十分重视作为使用者的人的个性对环境设计提出的要求，充分理解使用者的行为、个性，在塑造环境时予以充分尊重；但也可以适当地动用环境对人的行为的“引导”，对个性的影响，甚至一定程度意义上的“制约”，在设计中辩证地掌握分寸。

（2）私密性与怀旧感　如果说领域性主要在于空间范围，那么私密性要求是在居住类室内空间中更为突出。要尊重老人的隐私权，选择合适的家具摆放位置，使老人在生活、就

寝时有相对独立的环境，能较少受干扰。老年人有多年生活的积累，物质上的积累如旧的家具，可在设计中有选择性地应用，使老人有一种亲切感；精神方面的积累可通过一定的方式体现出来，如一面装饰板、一个陈列柜将老人的喜好及收藏展现出来等。

当然，老年人房间的人性化设计远不止这些，关键在于设计师如何去关爱老人。此外，设计师们在全心构思设计作品的同时，可从正面加以引导。设计师需要获得整个社会群体（包括老年人和残疾人）的数据资料，包括：生理学方面（譬如：肢体活动范围、力量、视觉、听觉）、心理学方面（譬如：感知、反应时间、记忆）的数据，同时需要人体测量学的数据。具备了以上资料，尽职的设计师就形成了一个知识数据库，可以随时提取想要的数据，应用到设计中，才能做到以人为本。

老年人家装设计是一个前景广阔的市场，我们每个人都不可避免地要走近白发世界，因此，关爱老年人就是关爱全人类，为老人的需要而设计，是一个对全社会都有益的事情。

7.3　轮椅乘坐者空间的设计

设计时的尺寸选择主要考虑两个问题：高度和轮椅空间范围。表 7-1、表 7-2 为成年女性、男性坐在轮椅上的测量尺寸。图 7-10 所示为轮椅尺寸和乘坐轮椅时所需的活动空间。

表 7-1　成年女性坐在轮椅上的测量尺寸　　（单位：cm）

	百分位		
	2.5	50	97.5
a——垂直所及的最大距离	143	158	171
b——头高	113	125	137
c——肩高	88	101	109
d——肘高	61	70	76
e——关节高	40	43	46
f——脚高	9	15	21
g——椅子的前边缘高	—	49	—
h——膝盖的水平高度	55	61	67
i——眼的水平高度	104	116	128
j——向前垂直所及的最大距离	119	131	143
k——倾斜垂直所及的最大距离	134	146	158
l——向前所及的最大距离	40	49	57

表 7-2 成年男性坐在轮椅上的测量尺寸 （单位：cm）

	百分位		
	2.5	50	97.5
a——垂直所及的最大距离	158	171	183
b——头高	122	134	146
c——肩高	94	104	116
d——肘高	64	70	76
e——关节高	37	40	43
f——脚高	9	15	21
g——椅子的前边缘高	—	49	—
h——膝盖的水平高度	55	61	67
i——眼的水平高度	110	122	134
j——向前垂直所及的最大距离	131	140	149
k——倾斜垂直所及的最大距离	149	158	168
l——向前所及的最大距离	46	55	64

图 7-11 所示为设计师哈里给汉森女士设计的无障碍厨房。在这样的厨房里虽然汉森女士坐在轮椅上，但是她仍然可以得心应手地为全家人准备晚餐。如图 7-11 所示，洗菜池和炉灶底下是留空的，方便她的轮椅进出，所有的把手都是长条形的，她可以轻松地开启。此外，厨房台面的高度也做了调整。

在住宅的室内空间中，一般桌子下部应预留出乘坐轮椅者的脚踏部位插入的必要空间，其水平高度≥600mm、进深≥450mm，可供乘坐轮椅者使用的有效幅度为 700～800mm。书架类家具的进深最好小于 400mm；上部门尽量采用横拉或上下拉的开启方式；电器开关与插座等的位置不宜太高或太低，距地面高度为 500～1000mm 较为适宜。

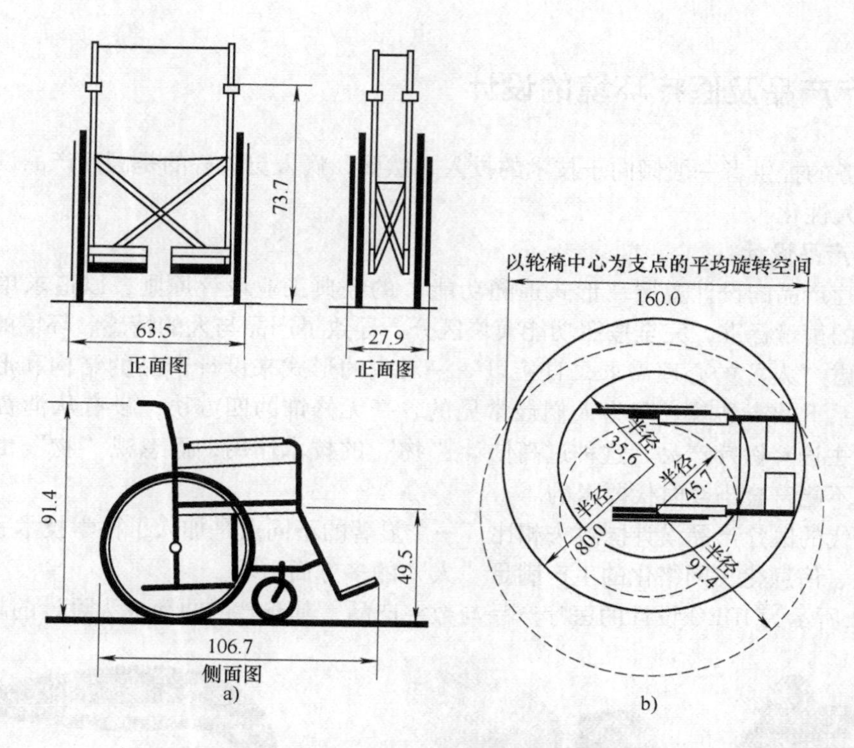

图 7-10 轮椅尺寸和乘坐轮椅时所需活动空间（单位：cm）

a）轮椅尺寸 b）乘坐轮椅时所需活动空间

图 7-11 无障碍厨房

7.4 医疗产品及医疗环境的设计

医疗服务的提供者一般倾向于技术的投入，然而，病人更关心的是医疗产品设计、医疗环境设计的人性化。

1. 医疗产品设计

以往医疗产品的设计遵循“形式追随功能”的经典工业设计原则，以追求单一的使用功能为唯一的衡量标准，完全按照功能模块区分，导致了产品与人的情感、环境的疏远。产品设计不考虑“人”的心理需求，直接以一一对应的形式来设计产品的结构和形态，这种传统对应关系下的产品就表现为人们最常见的、毫无修饰的四方块，没有从消费者“人性化”的角度去诠释医疗产品，这种过高估计“物”的技术作用，而忽视“物”的人文价值的做法，是不能符合当今时代要求的。

信息时代的医疗产品设计同过去相比，一个显著的不同点是加入了科学技术手段。数字化、电子化、信息化、网络化的生产满足“人”的多方面需求。

图 7-12 所示为 IDEO 设计的医疗产品与数字产品，其奇妙的曲面成为设计的趣味中心。

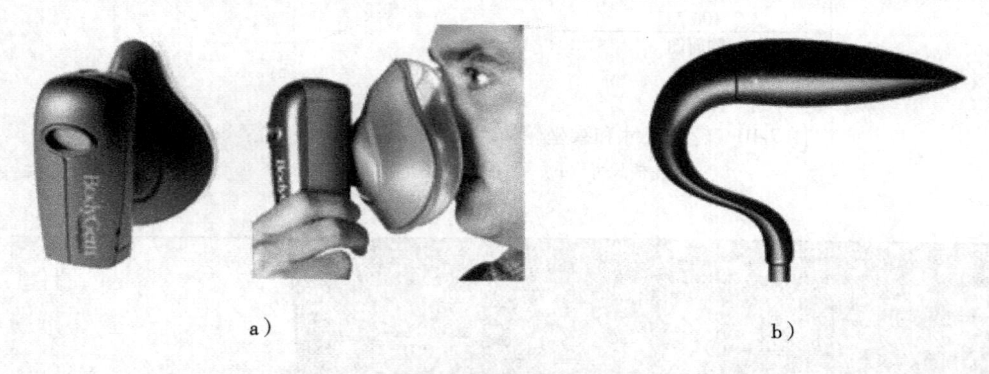

a） b）

图 7-12 IDEO 设计的医疗产品和数字产品

图 7-13 所示为医疗儿童床设计。该儿童床设计以活泼的色彩、可爱的曲线造型及必要的功能设计，为患儿提供人性化的关怀。

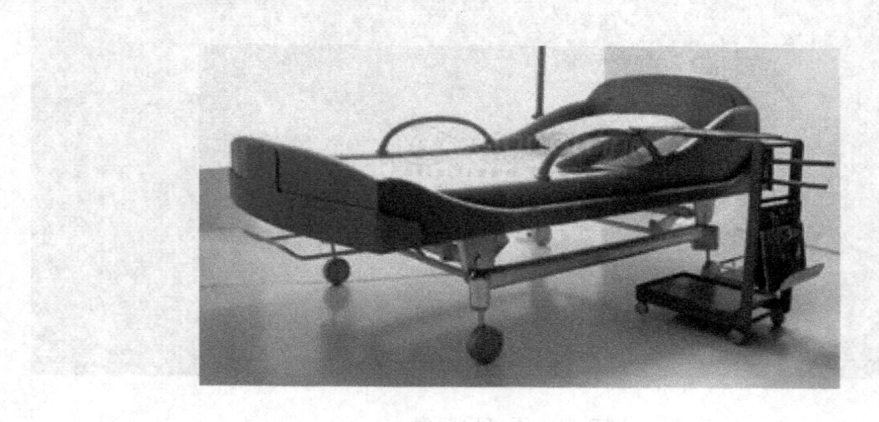

图 7-13 医疗儿童床

2. 医疗环境设计

医疗环境设计除了要考虑行为空间，还要考虑空间布局。除此之外，要通过一些细节的人性化设计，给患者以周到的服务和良好的心理感受。

图 7-14 所示为诊所候诊区的设计。这一设计来自东西方医学的结合；木质橱柜的色调温暖，好似问候客人；盆栽将绿色自然气息带入室内，并且使候诊区陈设的棱角略显柔和。

如图 7-15 所示，检查室中用木制梳妆台储物，以台灯提供柔和的间接照明光线，提供一个非医院的环境。安装一面镜子，以便病人治疗后整饰仪容。

图 7-14　诊所检查室

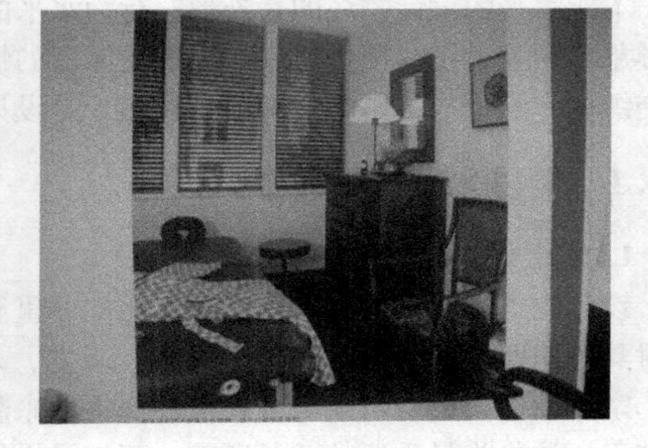

图 7-15　候诊区

如图 7-16（彩插）所示，诊所入口处的喷泉将自然的声音带入室内，为病人和医护人员营造平静慰藉的气氛。喷泉后边的仿古日式屏风，成为计算机和病人之间一道迷人的视觉屏障。

图 7-17 所示的医生病历室内的橱柜材料为木制，使这里暖意融融，而且这里和候诊区建立了视觉联系。椅子可供病人就座。

图 7-16　诊所入口

图 7-17　医生病历室

7.5 情感化设计

人们的消费需求已由低层次的物理功能需求转向高层次的精神功能需求，产品设计的人性化应该从人的需求方面进行深层次的研究，透过了解使用者跟产品的需求与情境，使产品具有情感。人脑有三种不同的加工方式：本能的、行为的和反思的。与人脑的三种加工方式相对应，产品的设计也有三种水平：本能水平的设计、行为水平的设计和反思水平的设计。

本能水平的设计关注的是外形；行为水平的设计关注的是操作；反思水平的设计关注的是形象和印象，是在用户心中产生的更深度的情感、意识、理解、个人经历、文化背景等种种交织在一起造成的影响，即触景生情，是设计的最高水平。

7.5.1 情感化设计的几个方面

1. 本土化

设计的本土化是对人的地域和文化的尊重和关怀，特别强调文化的差异性，设计中必须针对具体问题具体分析。文化差异有：历史、人的风俗习惯、生活方式、价值标准、伦理道德、宗教信仰、消费习惯等。在世界变得越来越一致时，地方的艺术、文化氛围、风土人情等本土资源作为最重要的差异所在，不仅被人们欣赏，也被人们消费。地域文化的差异性成为攻占全球市场的重要策略。“越是本土化的文化产业，越具有吸引他者而进入全球化的潜力”。民族情感元素在设计中的运用不仅使人们对产品更具认同感，而且能够给人们带来精神上的慰藉。

图 7-18 所示为泰国 Trim ode 三人工作室所设计的钻石椅。钻石在泰国就像中国“招财进宝”中的元宝一样，是财富和生活安康的象征；加之泰国是东南亚的宝石之乡，钻石椅既表达了泰国民俗文化中的祈福愿望，又通过现代设计语言体现了时代特征，成为在现代社会有生命力、有思想性的本土设计典型。

随着人们民族文化意识的觉醒，体现民族情怀、凸显传统生活方式的产品设计将是一个发展方向，以三星和索尼公司为代表，这两个公司都是在各地聘请设计师。这些公司的国际化策略是因地因时因需而变，设计师作为设计文化的传感器，敏锐地捕捉和把握国际市场的需求方向，及时地调整自己的设计策略，改变产品的形式，以适应国际市场。

2. 情感化

反思层水平的设计，必须把人性思考带入设计，要去洞悉人类最新的、潜在的需求，人们真正感到兴奋的是什么，内在的真正的人性反应是什么？情感是生活中一个必要部分，将情感效果融入到设计中，解决可用性与美感之间的矛盾。有魅力的物品更好用。图 7-19（彩插）所示为意大利史第发诺·皮罗瓦设计的滤茶器，一个可爱的服务生双手恭敬的托着茶碟，贴心地提供服务。

3. 个性化

人类的发展是建立在对自身需求不断满足的基础上的。个性化设计是根据用户的具体要求，区别对待，真正体现不同个体的个性、习惯等，以产品的多样性来满足人们的不同生活方式和喜好。个体自由全面的发展所决定的“体现个人价值”的需要，就必然要求能够体现出独一无二特征的个性化设计。个性化产品体现的是个体对于自我价值的理解和自我定

位。个性化需求得到满足的过程，也就是建立在个人判断基础上的自我塑造的过程；同时，由于个性化产品对于自我建构的支持，个体才能更多地了解自己、审视自己，走向个体的全面发展。

图 7-18　钻石椅

图 7-19　滤茶器

7.5.2　产品设计人性化理念的实现方式

1. 关注人类行为，发现需求而不是创造需求

人的行为跟人的需求是分不开的，行为是需求的表达，行为的目的就是满足某种需求。研究用户的行为也是人性化设计必不可少的部分。设计应从人的生活世界的角度出发去研究设计问题，设计师要关注他人的生活，积累有关人类行为的知识，以开放的心态通过跟人谈话、通过观察人如何使用某种机器，发现潜在消费群体的需求而不是创造需求，然后经过系统化的思考，把知识内化，在脑中建立一个过程，激发新灵感，以一定的方式来体现。当人们意识到需要这样的服务之前，设计师已经感知到了他们的需要。

从某种意义上说，设计的不断发展和提升的过程即是人的认识、思想和情感的不断完善的过程，人类设计是人类情感、文化精神及伦理道德的观照。

2. 体验设计

体验设计的目的是在设计的产品或服务中融入更多人性化的东西，让用户能更方便地使用，更加符合用户的操作习惯。它是将消费者的参与融入设计中，是企业把服务作为“舞台”，产品作为“道具”，环境作为“布景”，使消费者在商业活动过程中感受到美好的体验过程。在体验经济时代，产品的娱乐性、游戏化正是人们本性回归的体现，是人们日益追求一种休闲的、愉悦的生活方式。娱乐不仅是一种最古老的体验之一，而且在当今是一种更高级的、最普遍的体验。将创意融入休闲和乐趣的生活，以独特的角度细心观察，总能捕捉到自然和人类之间的细微互动，带领人们进入一场又一场的诱惑体验。

美国 IEDO 是全球首屈一指的产品及服务的设计公司。这里，观察使用者是每一项设计方案的起点，并以 IDEO 的认知心理学家、人类学家和社会学家等专家为主导，与企业客户合作，以了解消费者体验。“通过体验，你可以与你的客户用合适的方式沟通” Brown 说，“我们可以关注他们更宽广的需要，提供给他们更有效的服务。”

IDEO 服务最多的是医疗机构，大约占它的收入的 20% 。在与美国最大的医疗保健组织凯萨医疗机构的合作中，从一开始，凯萨医疗机构的护士、医生、设备操作人员与 IDEO 的社会学家、设计师、建筑师、工程师组成一个观察小组来观察病人在接受医疗检查时的状况。有时候，他们甚至自己扮演病人角色，观察、体验整个就诊过程。凯萨医疗机构从IDEO学到，就医应该像购物一样，是一种可以和他人分享的社会体验。因此，提供更舒适的候诊室和有着明确的指示牌的休息大厅，可以容纳更多人的检查室，且配上可以保护隐私的窗帘，这样可以让病人感到舒适；为医护人员设计专用的走廊，以提高其工作效率。“IDEO让我们知道了我们要设计人的体验，而非建筑。”

在服务经济、体验经济时代下，人们的需求是高度的人性化，甚至是单独的、纯个人性的精神层面。设计中应更多地关注人的体验，发现人的潜在需求，设计出更加人性化的产品和服务。

推荐参考资料

1. 新版简明无障碍建筑设计资料集成 （日）日本建筑学会编 杨一帆，等译 中国建筑工业出版社 2006年8月

2. 无障碍通用设计 黄群著 机械工业出版社 2009年9月

3. 无障碍建设指南 王志宏 住房和城乡建设部标准定额司编著 中国建筑工业出版社 2009年8月

作业

1. 老年人卧室体验设计

（1）老年人生理特点分析

（2）老年人心理特点分析

（3）方案的确定与信息反馈

2. 无障碍卫生间设计

（1）轮椅空间和尺寸

（2）坐便及面池的尺寸设计

（3）空间设计

第8章 发展中的人体工程学

8.1 绿色设计

绿色设计也称生态设计、环境设计等，它是利用生态思维将物的设计纳入“人-机-环境”系统，既考虑满足人的需求，又以注重生态环境的保护与可持续发展为原则，既实现社会价值，又保护自然环境，促进人与环境的共同繁荣。

绿色设计的特点有：减缓地球上资源财富的消耗——REDUSE；从源头上减少废气物的产生——RECYCLE；绿色设计是并行闭环设计——REUSE。这也是有名的3R原则。

8.2 计算机辅助人机工程设计

20世纪60年代以来，计算机技术的飞速发展为人体工程学的研究与应用注入了新的活力。它不仅为人体工程学的研究提供了新的方法，更重要的是为其在实际生活中的应用提供了强有力的支持。计算机辅助人机工程设计将成为今后人体工程学发展的主要趋势。

计算机和网络技术彻底改变了产品的设计与开发的模式，产品的设计与开发更多是在计算机硬、软件环境下完成的，人们实现了无图样的虚拟设计和异地协同产品开发。在产品的虚拟设计和虚拟制造的全过程中，所涉及人的因素的研究必须借助数字化手段来实现。在这种大环境下，一些研究部门和工业组织已经开始了人体工程学的虚拟研究，引入计算机辅助人机工程设计工具，实现人体工程学科与其他学科的集成与协作。

1. 虚拟现实的特征

虚拟现实（Virtual Reality，VR）是一种可以创建和体验虚拟世界的计算机系统。它充分利用计算机硬件与软件资源的集成技术，提供了一种实时的、三维的虚拟环境（Virtual Environment），使用者完全可以进入虚拟环境中，观看计算机产生的虚拟世界，听到逼真的声音，在虚拟环境中交互操作，有真实感，可以讲话，并且能够嗅到气味。

虚拟现实技术的发展历史最早可以追溯到18世纪。1990年在美国达拉斯召开的国际会议上，明确了虚拟现实的主要技术构成，即实时三维图形生成技术、多传感交互技术及高分辨率显示技术。虚拟现实技术系统主要包括：输入输出设备，如头盔式显示器、立体耳机、头部跟踪系统及数据手套；虚拟环境及其软件，用以描述具体的虚拟环境等动态特性、结构及交互规则等；计算机系统及图形、声音合成设备等外部设备三个主要部分。

虚拟现实具有以下三个基本特征：沉浸（Immersion）、交互（Interaction）和构想（Imagination），即通常所说的“3I”。

1）沉浸是指用户借助各类先进的传感器进入虚拟环境之后，由于他所看到的、听到的、感受到的一切内容非常逼真，因此，他相信这一切都“真实”存在，而且相信自己正处于所感受到的环境中。

2）交互是指用户进入虚拟环境后，不仅可以通过各类先进的传感器获得逼真的感受，而且可以用自然的方式对虚拟环境中的物体进行操作，如搬动虚拟环境中的一个虚拟盒子，甚至还可以在搬动盒子时感受到盒子的重量。

3）构想是由虚拟环境的逼真性与实时交互性而使用户产生更丰富的联想，它是获取沉浸感的一个必要条件。

虚拟现实技术可以广泛应用于各个领域。这些领域包括仿真建模、计算机辅助设计与制造、可视化计算、遥控机器人、计算机艺术、先期技术与概念演示、教育与培训、数据和模型可视化、娱乐和艺术、设计与规划及远程操作等。由于虚拟现实技术可以在很大程度上解决真实作战训练中的许多实际问题，如费用过高、危险、受真实环境的限制等，因此，虚拟现实技术从一开始便备受各国军方的青睐。

虚拟现实技术应用于CAD/CAM最典型的例子是用VR技术设计波音777。设计师戴上头盔显示器后，可以穿行于设计中的虚拟“飞机”中，去审视“飞机”的各项设计。这样，便可以减少建造实物模型的经费，同时也可以缩短研制周期，并实现了机翼与机身一次接合成功。

在当今的信息时代，虚拟现实技术还将作为一个信息处理支撑技术，为多维信息表示与处理提供必要的手段与支持，以突破原有的基于文字的单维信息表示与处理方法，为人们相互之间用更为直观的方法交流思想、传递信息打下基础。

2. 人体工程学模型

进行计算机辅助人机工程设计的工具不止一种，人体建模系统是功能最强大、能力最全面的一种。十几年来，国外研究机构独立或与企业合作进行人体建模系统的开发，成为人体工程学应用研究的一个新兴热点领域。最早开始此项研究的是英国诺丁汉大学。人体建模系统SAMMIE至20世纪80年代后期已经比较成熟。该系统在车辆人机工程设计中得到了应用。现在，各种人体建模已经广泛应用于飞机制造、航空航天、机械系统作业分析、汽车制造等领域。

人体建模的研究始于20世纪60年代末期，发展过程可以划分为3个阶段：实物模板阶段，计算机环境下二维数字人体模型阶段，三维数字人体建模阶段。

（1）实物模板　这种模板根据人体测量数据进行处理和选择得到标准人体尺寸，按第5、50、95百分位人体分别做成1:1、1:5、1:50人体各关节均可运动的人体模型，将人体模板放在实际的作业空间，校验设计的可行性和合理性（图2-16）。

（2）计算机环境下二维数字人体模型　计算机制图技术的发展，使得很多工程设计图都在计算机上完成，因而需要一个类似实物人体的虚拟人体模型来对数字化的工程设计原型进行功效评价。最初这种模型以二维的形式出现。ergoSHAPE就是这样的系统，它采用芬

兰、北美、欧洲的人体测量数据库。

（3）三维数字人体建模　三维数字人体建模系统以数字人体模型（Digital Human Model）为基础，可以借以在产品全生产周期中引入人体工程学元素，帮助企业和设计者解决与人的生理能力和行为相关的诸多问题。三维数字人体的出现是技术发展的必然结果，是现代设计技术的需要。三维数字人体建模将减少或消除昂贵的实际模型所需要费用，可在设计过程的初始阶段发现可能存在的问题，缩短设计时间，减少浪费。三维数字人体建模发展到今天，出现“数字化虚拟人”。目前，只有美国、韩国、中国掌握虚拟人的制作技术。“虚拟人数据集”将广泛应用于医学、国防、航空航天、体育、建筑、汽车、影视及服装等人类活动相关领域。虚拟人的发展有三个阶段：

第一阶段是“虚拟可视人”即“几何人阶段”，也称人体运动学模型，把实体变成切片，然后在计算机中变成三维的，但没有生理变化，应用也是有限的，可以作为人体模型模拟，以获得其静态、动态人体尺寸。人体运动学模型主要用于工位、人机界面、工作空间、工作姿势、操作范围和视觉设计等方面的设计和研究。

第二阶段人体动力学模型，是“虚拟物理人”。“虚拟物理人”可以模拟各种交通事故对人体的意外创伤的实验研究，以及防护措施的改进，他是有功能的。例如，人的骨头受到打击会断，血管受伤会出血。把所有对人体的研究成果通过计算机变成数字化，计算机中就会出现虚拟人，这个阶段的物理人就不同于可视人，他会像真人一样，骨头会断，血管会出血。该研究对人体工程学方面的应用主要是对人的工作环境、抗冲击能力等进行研究。

第三阶段是人体生物力学模型。“虚拟生物人”可以用于研究人体疾病的发生机理，预测疾病发展规律，以及进行各种新药的筛选等。举一个简单的例子，在临床上没有经验的外科医生必须要跟着有经验的医生做手术，有了“虚拟生理人”，就可以把过去手术的成功经验变成计算机语言表现出来。年轻医生可以在计算机上模拟无数次的手术，找出最成功的手术方式，这可以称之为“计算机带徒弟”。该阶段的虚拟人（图8-1）可以用来研究人体工程学中人对环境变化的适应能力、操作环境等方面的研究。

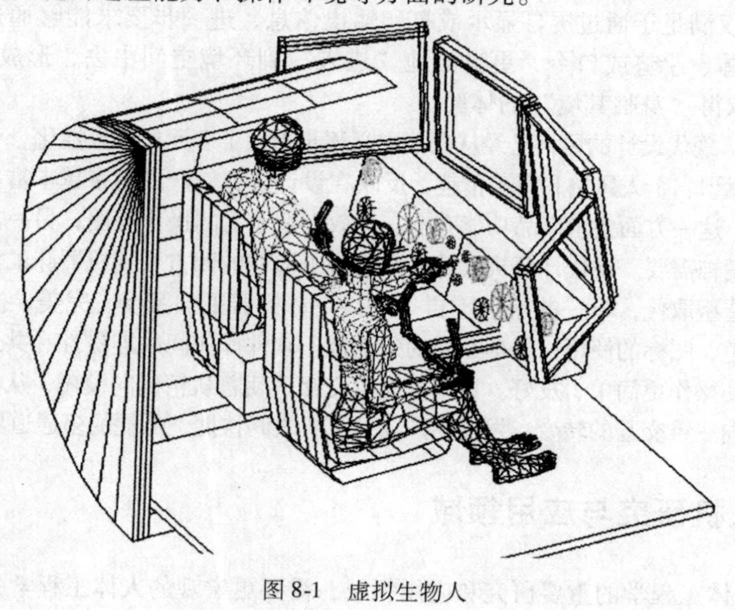

图8-1　虚拟生物人

3. 人机工程软件

计算机技术对人机工程的辅助最终以计算机软件的形式体现：一类为研究方法软件，如用于可靠性分析的STARS，用于质量分析的FMS等；另一类是用于各种实际应用的人机系统软件，如SAMMIE、JACK、ERGO等。

国内虚拟人体建模研究已取得一些成效，但对于虚拟环境下用于产品人机工程设计、试验和评估的人体建模技术还没有深入研究，处于起步阶段。真正开发出实用系统的较少；已开发的系统，功能也明显不足，有待进一步研究。由于很多用于人机工程分析、评价的软件来自国外，很多功能模块与我国实际情况不符，因此开发适合我国国情的人机工程分析、评价、仿真软件迫在眉睫。

8.3 信息化人机系统

20世纪80年代以来，随着软件工程学的迅速发展和新一代计算机技术研究的推动，人机界面设计和开发已成为国际计算机界最为活跃的研究方向。随着计算机技术、网络技术的发展，人机界面学的发展，会朝着以下几个方向发展：

（1）高科技化　信息技术的革命，带来了计算机业的巨大变革。计算机越来越趋向平面化、超薄型化；便捷式、袖珍型计算机的应用，大大改变了办公模式；输入方式已经由单一的键盘、鼠标输入，朝着多通道输入化发展。追踪球、触摸屏、光笔、语音输入等竞相登场；多媒体技术、虚拟现实及强有力的视觉工作站提供真实、动态的影像和刺激灵感的用户界面，在计算机系统中，各显其能，使产品的造型设计更加丰富多彩，变化纷呈。

（2）自然化　早期的人机界面很简单，人机对话都是机器语言。由于硬件技术的发展及计算机图形学、软件工程、人工智能、窗口系统等软件技术的进步，图形用户界面、直观操作、“所见即所得（What you see is what you get）”等交互原理和方法相继产生并得到了广泛应用，取代了旧有“键入命令”式的操作方式，推动人机界面自然化向前迈进了一大步。然而，人们不仅仅满足于通过屏幕显示或打印输出信息，进一步要求能够通过视觉、听觉、嗅觉、触觉及形体、手势或口令，更自然地“进入”到环境空间中去，形成人与机的“直接对话”，从而取得“身临其境”的体验。

（3）人性化　现代设计的风格已经从功能主义逐步走向了多元化和人性化。今天的消费者纷纷要求表现自我意识、个人风格和审美情趣，反映在设计上亦使产品越来越丰富、细化，体现一种人情味和个性。这一方面要求产品功能齐全、高效，适于人的操作使用；另一方面又要满足人们的审美和认知精神需要。现代计算机设计已经摆脱了旧有的四方壳纯机器味的淡漠，尖锐的棱角被圆滑的过渡造型取代，单一的米色不再一统天下；机器更加紧凑、完美，被赋予了人的感情。软界面中颜色、图标的使用，屏幕布局的条理性，软件操作间的连贯性和共通性，都充分考虑了人的因素，使操作更简单、友好。目前，人机交互正朝着从精确向模糊，从单通道向多通道以及从二维交互向三维交互的转变，发展用户与计算机之间快捷、低耗的多通道界面。

8.4 现代人机研究与应用领域

新出现的人体工程学的重要研究和应用领域，需要更宏观的人体工程学的系统性研究方

法，来帮助提高复杂的社会—技术性制造系统的生产率、健康、安全和作业过程质量。例如与心理相关的工作负荷，与生理相关的工作环境的人机工程设计、组织设计与心理—社会性工作组织、人—计算机接口软件等方面的研究，是国际范围内的以技术为中心的人体工程学研究转向以人为中心的人体工程学研究的一种反映。图 8-2、图 8-3（彩插）所示为两种现代界面设计。

图 8-2　飞利浦概念人机界面设计

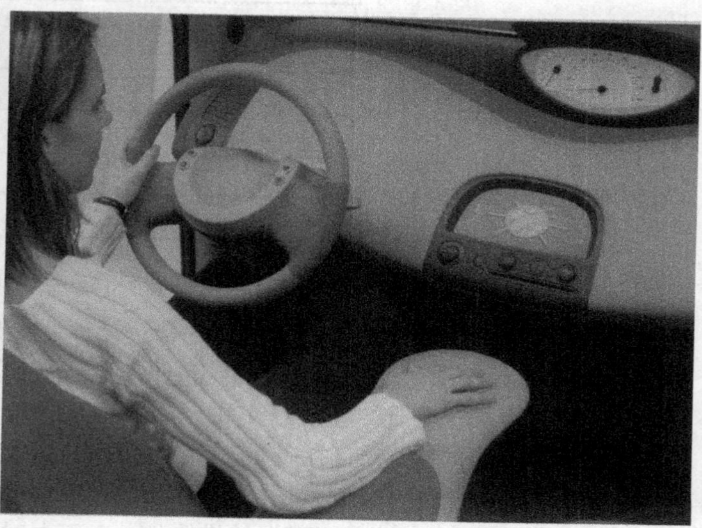

图 8-3　驾驶室人机界面设计

设计应用

整体橱柜的设计是一个复杂的过程，不同类型的产品的设计过程不尽相同。传统的整体橱柜的设计程序是一个串行设计的过程，从一开始设计任务的提出、任务分析、设计调研，到设计展开以至设计结束，尤其是设计展开中的整个设计环节与过程是一个环环相扣的过程，每个步骤完成的效果都将直接影响下一个环节的实现，甚至关系到整个设计的成败。因此，设计展开中的每个程序和步骤都是很重要的，而且要进行反复的分析论证与数据的修改。产品开发设计的周期长是传统设计的一个缺点。虽然目前在整体橱柜设计中也引入了虚拟设计的方法，但是经常在装配设计或者在运动仿真中才发现很多人机不配合的情况，而不得已返回到前面步骤进行数据的修改，这样势必增大设计的工作量，造成设计工作的浪费，因此提出在设计建模阶段引入人机设计的理念。

整体橱柜建模是设计展开部分中一个很重要的环节，基于这种理念的建模程序和传统的产品建模程序有所不同，首先是要对设计任务和对象的类别与特点，使用对象与所处环境等详细信息进行分析与研究。不同的产品类别表现在以下几个方面也是不同的：产品整个生命周期中所涉及的人的因素、产品的功能结构与材料、产品的总体设计流程等。

接下来的步骤是人体工程学数据体系的建立。在对具体整体橱柜进行设计的时候，所要进行的人机环境分析、人机数据论证、人机要素的设计内容也是不一样的。图8-4所示是基于数据转换的整体橱柜虚拟建模流程。

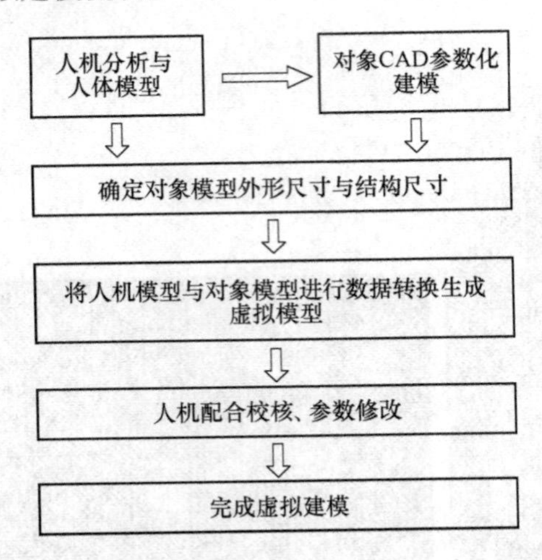

图8-4 基于人机工程学的机械产品虚拟建模流程图

最后进行计算机辅助整体橱柜设计评价。设计评价是一个系统工程，通过多种评价方法，进行整合、优化，从目标评价、专家打分，到点积分、名次积分、优度图等逐一评价，可以构建一个全面、客观的综合评价系统，最终给出综合评价结果。

结合整体橱柜的这一产品的特点，设计评价从人机环境系统的计算机模拟入手，建立人体的几何模型，并把人体生理特征加入到几何模型中。利用 CATIA V5 软件进行人体工程学分析。CATIA V5 软件的人体工程设计模块是一个面向对象的系统，利用这个模块可以形象地模拟实际生产中人的各种操作状态和运动姿势。

针对整体橱柜，进入 CATIA V5 软件后，进入人体模型设计添加界面，即在菜单中逐次单击下拉式菜单中的选项：Start→Ergonomics Design & Analysis→Human Builder 选项，进入创建人体模型设计界面。在 Optional 栏中 Population 选择 Korean 选项，建立常用百分位人体模型。进入人体模型姿态分析，在菜单栏中逐次单击下拉式菜单中的选项：Start→Ergonomics Design & Analysis→Human Posture Analysis，建立整体橱柜中常用的人体姿态。进入人体运动分析界面：在主菜单逐级选择 Start→Ergonomics Design & Analysis→Human Activity Analysis，建立整体橱柜中常用的人体姿态运动仿真。

通过上述的计算机辅助设计评价，找出整体橱柜设计中各部分不符合人体工程学的尺寸，进行再设计，在投产前使产品最大限度地符合人体工程学的要求。

推荐参考资料

1. 仿人机器人　肖南峰著　科学出版社　2008年3月
2. 虚拟人技术及应用　孙守迁、吴群、吴剑锋编著　高等教育出版社　2010年7月
3. 虚拟设计　陈定方等著　机械工业出版社　2007年9月

参考文献

[1] 朱祖祥．人类工效学［M］．杭州：浙江教育出版社，1994.
[2] 严扬．产品设计中的人机工程学［M］．哈尔滨：黑龙江科学技术出版社，1997.
[3] 刘春荣．人机工程学应用［M］．上海：上海人民美术出版社，2004.
[4] 刘盛璜．人体工程学与室内设计［M］．北京：中国建筑工业出版社，2006.
[5] 何灿群．人体工程学与艺术设计［M］．长沙：湖南大学出版社，2004.
[6] 黄群，无障碍通用设计［M］．北京：机械工业出版社，2009.
[7] 安秀．公共设施与环境艺术设计［M］．北京：中国建筑工业出版社，2007.
[8] 高桥鹰志 + EBS 组．环境行为与空间设计［M］．陶新中译．北京：中国建筑工业出版社，2009.
[9] DONALDA. NORMAN. 情感化设计［M］．北京：电子工业出版社，2005.
[10] 刘怀敏．人体工程学应用与实训［M］．上海：东方出版中心，2008.
[11] 李文彬，朱守林．建筑室内与家具设计［M］．北京：中国林业出版社，2002.
[12] 张月．室内人体工程学［M］．北京：中国建筑工业出版社，2005.
[13] 芭芭拉·柯瑞丝普．人性空间［M］．孙硕译．北京：中国轻工业出版社，2002.
[14] 钟蜀珩．新编色彩构成［M］．沈阳：辽宁美术出版社，2001.
[15] 奥托·伍德．产品设计［M］．齐春萍，等译．北京：电子工业出版社，2011.
[16] 赵江洪，谭浩．人机工程学［M］．北京：高等教育出版社，2006.
[17] 阿尔文·R·蒂利．人体工学图解—设计中的人体因素［M］．朱涛译．北京：中国建筑工业出版社，1998.
[18] 董俊华．基于人机工程学的整体橱柜虚拟建模的研究［J］．艺术与设计（理论），2010（9）.
[19] 丁玉兰．人机工程学（修订版）［M］．北京：北京理工大学出版社，2004.
[20] 阮宝湘，邵华祥．工业设计人机工程．北京：机械工业出版社，2005.
[21] Mark S Sanders & Ernest J Mc Cormick. 工程和设计中的人因学［M］．北京：清华大学出版，2006.
[22] 朱翔，商业空间展示设计［M］．北京：机械工业出版社，2007.
[23] 朱丽敏，巴黎城市公共设施设计［J］．装饰，2006（7）.
[24] 孔小丹，戴素芬．空间设计实训［M］．上海：东方出版中心，2008.
[25] 诺曼．未来产品的设计［M］．刘松涛译．北京：电子工业出版社，2009.
[26] 李亦文．产品设计原理［M］．北京：化学工业出版社，2003.
[27] 施耐德曼，（美）普莱萨特．用户界面设计——有效的人机交互策略．北京：电子工业出版社，2011.
[28] 申黎明，人体工程学：人·家具·室内［M］．北京：中国林业出版社，2010.
[30] 张绮曼、郑曙旸，室内设计资料集［M］．北京：中国建筑工业出版社，2005.
[31] 曹方．视觉传达设计原理［M］．南京：江苏美术出版社，2005.
[32] 景峰．从私密性角度探讨户外公共空间中的座位设计［J］．装饰 2011（3）.

[33] 刘峰，朱宁嘉．人体工程学［M］．沈阳：辽宁美术出版社，2005.
[34] 赵云川，等．公共环境标识设计［M］．北京：中国纺织出版社，2004.
[35] 布尔德克．产品设计．历史理论与实务［M］．胡飞译．北京：中国建筑工业出版社，2007.
[36] 邓伊均．浅谈明式家具造型设计中的人机工程学应用［J］．濮阳职业技术学院学报，2011（2）.
[37] 杜伟．论公共设施设计的五个原则［J］．装饰，2006（7）.
[38] 王继成．产品设计中的人机工程学［M］．北京：化学工业出版社，2011.
[39] 叶艳莉．浅谈人性化的居住区园林景观设计［J］．沿海企业与科技，2006（10）.
[40] 扬盖尔．交往与空间［M］．何人可译．北京：中国建筑工业出版社，1992.
[41] 董俊华．基于 CATIA V5 的计算机辅助人机工程分析［J］．价值工程，2010（20）.
[42] 周佳春．浅论室内设计中色彩的运用［J］．现代现代交际，2010（11）.
[43]（美）施耐德曼．用户界面设计——有效的人机交互策略［M］．北京：电子工业出版社，2011.
[44] 罗丽娟．试论包装的色彩设计与消费者心理［J］．厦门科技，2001（4）.
[45] 王郁新．人体工程学与室内设计［M］．沈阳：辽宁美术出版社，2005.
注：还有一些参考资料因年代久远或其他原因无法查出出处，对被引用者表示诚挚谢意。